新版

溶接実務入門
手溶接からロボットまで
[増補4版]

日本溶接協会編

産報出版

まえがき

　健全な溶接構造物の製作には，溶接技術者による適切な溶接施工計画と管理が不可欠です．さらに，溶接作業を指揮・指導する溶接作業指導者の役割も非常に重要であるとの考えから，1983年に日本溶接協会規格としてWES 8107「溶接作業指導者認証基準」が制定されました．この規格では，資格を取得するために所定の講習会を受講することが義務付けられており，本書はその講習会で使用するテキストとして作成され，1996年に初版が刊行されました．なお，本書は溶接作業指導者向けに作成されているため，他の溶接技術書とは構成や記述内容が少し異なっています．

　第1章では，作業長や班長と呼ばれる溶接指導者の重要性とその業務内容について説明しています．第2章から第5章では，各種溶接方法に関連する重要な事項を「被覆アーク溶接・厚板と高張力鋼の溶接及び切断」「半自動アーク溶接・薄板の溶接」などの章題のもとに記述しています．特に第2章から第4章では，溶接指導者が溶接実技を教えることも重要な職務であるため，溶接実技に多くのページを割いています．第6章では，溶接現場の管理者として行うべき業務や知っておくべき事項，災害事例について解説しています．第7章では，溶接構造物の破壊の多くが溶接部から生じていることを踏まえ，溶接部の強度や破壊形態について詳述しています．第8章では，非破壊試験に関する基本的な情報を提供しています．

　増補3版からの主な改訂内容は以下のとおりです．

- 規格（JISやWES）の改正を取り入れた見直し
- 第1章，第2章：溶接割れとその防止策，予熱，直後熱の解説を見直し
- 第3章：半自動アーク溶接のワイヤ溶融特性や作業要領を補足
- 第5章：多電極サブマージアーク溶接法の解説を見直し
- 第6章：品質マネジメントシステムの概説を見直し
- 第7章：許容応力と基準強さの解説を見直し
- 付録：アーク溶接作業に関わる法令の追記 特定化学物質の取扱いと管理，障害予防，溶接作業に関わる日本溶接協会規格（WES）一覧の追加

本書が，溶接作業指導者資格の取得を目指す方々のテキストとして活用されるとともに，溶接に従事している方々や，溶接に関心を持っている方々にも有益な手引書として利用されることを願っています。

令和7年3月

(一社)日本溶接協会　溶接作業指導者運営委員会

最後に，本書の成立に尽力された方々を記憶に留めるため，初版，新版，増補版に携わったワーキンググループのメンバーを以下に記します。

「初版」　執筆・編集ワーキンググループ（平成8年10月）
　主　査　中村　明弘　　㈱酒井鉄工所・酒井エンジニアリング㈱技術顧問
　　　　　大村　和彦　　大阪府立東淀川高等職業技術専門校　講師
　　　　　黒田　　進　　㈱ダイヘン　メカトロ事業部FAセンター課長
　　　　　高島　一之　　㈱クリハラント　技術管理部部長代理
　　　　　高野　　登　　近畿車輛㈱車両事業本部製造部主査
　　　　　牧野　良一　　松尾橋梁㈱管理部生産管理課課長代理
　　　　　山内　洋三　　㈱酒井鉄工所　品質保証部長
　　　　　横山　基夫　　㈱酒井鉄工所　生産技術部生産技術課課長代理

「新版」　執筆・編集ワーキンググループ（平成14年3月）
　主　査　中村　明弘　　(社)日本溶接協会　技術アドバイザー
　　　　　金井　昭男　　(社)日本溶接協会　技術アドバイザー
　　　　　久保田喜俊　　元㈱クリハラント技術管理部
　　　　　黒田　　進　　㈱ダイヘンテクノス西日本FAセンター
　　　　　藪田　豊次　　元近畿車輛㈱技術開発室

「増補版」 追加教材ワーキンググループ（平成22年4月）
主　査　中村　明弘　　（社)日本溶接協会　技術アドバイザー
　　　　黒田　　進　　㈱ダイヘンテクノスFAセンター
　　　　信田　誠一　　神鋼溶接サービス㈱溶接研修センター
　　　　中島　國凱　　元㈱横河ブリッジ　品質保証室
　　　　横野　泰和　　ポニー工業㈱

「増補3版」 テキスト改訂ワーキンググループ（令和2年4月）
主　査　中島　國凱　　（一社)日本溶接協会　技術アドバイザー
　　　　横野　泰和　　ポニー工業㈱
　　　　黒田　　進　　（一社)日本溶接協会　技術アドバイザー
　　　　信田　誠一　　元㈱神戸製鋼所
　　　　仁科　直行　　（一社)日本溶接協会　技術アドバイザー
　　　　小口　　力　　三菱重工業㈱
監　修　中村　明弘　　（一社)日本溶接協会　技術アドバイザー

目　次

第1章　溶接指導に必要な一般知識 ……………………………………………15

1.1　溶接指導者の役割 …………………………………………………………15
　1.1.1　溶接指導者の業務内容 ………………………………………………15
　1.1.2　新技術と溶接指導者 …………………………………………………18
1.2　溶接の基礎知識 ……………………………………………………………18
　1.2.1　溶接法の分類 …………………………………………………………19
　1.2.2　鋼材の種類と溶接部の性質 …………………………………………20
　1.2.3　電気・磁気の知識とアークの特性 …………………………………24
　1.2.4　溶接欠陥の種類と防止法 ……………………………………………29
　1.2.5　溶接用語と記号 ………………………………………………………34
　1.2.6　溶接工具と安全装備 …………………………………………………48
1.3　溶接作業者に必要な資格 …………………………………………………49
　1.3.1　安全作業資格 …………………………………………………………49
　1.3.2　技能資格 ………………………………………………………………50

第2章　被覆アーク溶接・厚板と高張力鋼の溶接及び切断 ………53

2.1　被覆アーク溶接機器 ………………………………………………………53
　2.1.1　被覆アーク溶接機の種類とその特徴 ………………………………53
　2.1.2　被覆アーク溶接用機器の準備 ………………………………………57
　2.1.3　自動電撃防止装置 ……………………………………………………60
　2.1.4　定格出力電流と定格使用率 …………………………………………62
2.2　被覆アーク溶接棒 …………………………………………………………64
　2.2.1　被覆アーク溶接棒の種類とJIS ………………………………………64
　2.2.2　被覆アーク溶接棒の取扱い …………………………………………68
2.3　溶接実技の基礎練習（初心者の溶接練習） ……………………………71

2.3.1　アークの発生と運棒方法 …………………………… 71
　2.3.2　ビードの継ぎ方とクレータ処理 ……………………… 77
　2.3.3　基礎練習の次のステップ ……………………………… 79
　2.3.4　タック溶接 ……………………………………………… 80
2.4　溶接実技の基礎練習（裏当て金付き片面溶接） ………… 82
　2.4.1　下向姿勢の溶接 ………………………………………… 82
　2.4.2　立向姿勢の溶接 ………………………………………… 86
　2.4.3　横向姿勢の溶接 ………………………………………… 89
　2.4.4　上向姿勢の溶接 ………………………………………… 91
2.5　裏波溶接 ……………………………………………………… 94
　2.5.1　裏当て金溶接と裏波溶接 ……………………………… 94
　2.5.2　下向姿勢の裏波溶接 …………………………………… 94
2.6　厚板と高張力鋼の溶接 ……………………………………… 97
　2.6.1　低水素系溶接棒の使い方 ……………………………… 97
　2.6.2　溶接熱影響部の性質と予熱・後熱 …………………… 99
　2.6.3　連続溶接とパス間温度制限 …………………………… 104
　2.6.4　溶接入熱の制限 ………………………………………… 106
　2.6.5　高温割れと低温割れ …………………………………… 108
　2.6.6　厚板における溶接順序 ………………………………… 110
　2.6.7　多層溶接の積層法 ……………………………………… 111
2.7　ガウジングと熱切断 ………………………………………… 111
　2.7.1　ガスガウジング ………………………………………… 112
　2.7.2　エアアークガウジング ………………………………… 112
　2.7.3　プラズマアークガウジング …………………………… 113
　2.7.4　ガス切断 ………………………………………………… 113
　2.7.5　エアプラズマ切断 ……………………………………… 117
　2.7.6　レーザ切断 ……………………………………………… 121

第3章　半自動アーク溶接・薄板の溶接 …………………… 127

3.1　半自動アーク溶接機器 ……………………………………… 127

3.1.1	半自動アーク溶接とその種類	127
3.1.2	半自動アーク溶接における溶滴移行	130
3.1.3	溶極式ガスシールドアーク溶接装置	132
3.1.4	半自動アーク溶接用電源とその特性	135
3.1.5	定格出力電流と定格使用率	139
3.1.6	溶接機器の取扱い	139
3.2	半自動アーク溶接用溶接材料	141
3.2.1	ワイヤの種類とJIS	141
3.2.2	シールドガスと取扱い	148
3.2.3	ワイヤの保管	150
3.2.4	ワイヤの選択	150
3.3	溶接施工	152
3.3.1	溶接前作業	152
3.3.2	運棒方法とトーチ操作の基本	153
3.3.3	タック溶接の乗り越え	160
3.3.4	作業姿勢と溶接要領	161
3.4	その他の技術	171
3.4.1	裏当て材を用いた片面溶接	171
3.4.2	セルフシールドアーク溶接	174
3.5	薄板の溶接	178
3.5.1	溶接法の選び方	178
3.5.2	薄板の裏波溶接（下向姿勢）	184
3.6	溶接変形の防止と矯正	187
3.6.1	溶接変形の種類	187
3.6.2	溶接変形の防止	188
3.6.3	溶接変形の矯正	190

第4章　ティグ溶接，ステンレス鋼とアルミニウム合金の溶接 … 195

4.1	ティグ溶接機器	195
4.1.1	ティグ（TIG）溶接とその種類	195

4.1.2　ティグ溶接装置 …………………………………… 199
　4.1.3　ティグ溶接用電源とその特性 …………………… 200
　4.1.4　ティグ溶接機の機能 ……………………………… 201
　4.1.5　溶接機の接続 ……………………………………… 203
4.2　ティグ溶接用溶加棒 …………………………………… 203
　4.2.1　溶加棒の種類とJIS ………………………………… 203
　4.2.2　溶加棒の取扱い …………………………………… 205
　4.2.3　アルゴンの取扱い ………………………………… 205
4.3　基本姿勢の溶接 ………………………………………… 207
　4.3.1　溶接の準備と溶接前作業 ………………………… 207
　4.3.2　両手溶接での留意事項 …………………………… 211
　4.3.3　アーク発生と溶加棒送り要領 …………………… 211
　4.3.4　開先内の溶接要領 ………………………………… 214
　4.3.5　裏波溶接の要領 …………………………………… 215
4.4　パイプの溶接 …………………………………………… 215
　4.4.1　鉛直固定管の溶接要領 …………………………… 215
　4.4.2　水平固定管の溶接要領 …………………………… 216
　4.4.3　パイプの裏波溶接の要領 ………………………… 216
　4.4.4　ノンフィラーティグ溶接法 ……………………… 217
4.5　ステンレス鋼の溶接 …………………………………… 218
　4.5.1　ステンレス鋼の種類 ……………………………… 218
　4.5.2　クロム系ステンレス鋼の溶接 …………………… 219
　4.5.3　オーステナイト系ステンレス鋼の溶接 ………… 219
　4.5.4　二相ステンレス鋼の溶接 ………………………… 222
4.6　アルミニウム合金の溶接 ……………………………… 223
　4.6.1　アルミニウム合金の種類と用途 ………………… 223
　4.6.2　アルミニウム合金溶接の特徴 …………………… 225
　4.6.3　アルミニウム合金の溶接とクリーニング作用 … 226
　4.6.4　アルミニウム合金の溶接法 ……………………… 227
　4.6.5　アルミニウム合金のアーク溶接時の留意事項 … 228

4.6.6 アルミニウム合金の摩擦攪拌接合（FSW） …………………… 229

第5章　自動溶接・ロボット溶接 …………………………………… 233

5.1 サブマージアーク溶接 ………………………………………………… 233
　5.1.1 サブマージアーク溶接の原理と特徴 ……………………………… 233
　5.1.2 サブマージアーク溶接装置 ………………………………………… 235
　5.1.3 サブマージアーク溶接材料 ………………………………………… 237
　5.1.4 サブマージアーク溶接の施工要領と留意点 ……………………… 238
5.2 エレクトロスラグ溶接・エレクトロガスアーク溶接 ……………… 244
　5.2.1 エレクトロスラグ溶接 ……………………………………………… 244
　5.2.2 エレクトロガスアーク溶接 ………………………………………… 247
5.3 ロボット溶接 …………………………………………………………… 250
　5.3.1 溶接ロボットの特徴 ………………………………………………… 250
　5.3.2 アーク溶接ロボットの構成 ………………………………………… 252
　5.3.3 ロボットの操作と駆動・制御方法 ………………………………… 255
　5.3.4 教示方法 ……………………………………………………………… 258
　5.3.5 溶接ロボットを活用するための条件 ……………………………… 260
　5.3.6 産業用ロボット使用時の安全 ……………………………………… 264

第6章　溶接における品質管理と施工管理 …………………………… 269

6.1 製造工程における品質保証と品質管理 ……………………………… 269
　6.1.1 製品と製造工程の品質保証 ………………………………………… 269
　6.1.2 工程の実力と構成要因 ……………………………………………… 271
　6.1.3 製造工程での品質管理 ……………………………………………… 272
6.2 溶接の施工管理 ………………………………………………………… 277
　6.2.1 特別な管理が要求される溶接工程 ………………………………… 277
　6.2.2 溶接の管理項目 ……………………………………………………… 279
　6.2.3 溶接工程の管理記録 ………………………………………………… 282
　6.2.4 溶接部の試験と検査 ………………………………………………… 284
　6.2.5 不適合品の処置 ……………………………………………………… 286

- 6.2.6 検査記録の活用と是正処置・予防処置 ………………… 288
- 6.2.7 溶接作業者の教育管理 ………………………………… 289
- 6.2.8 溶接機器の管理 ………………………………………… 291
- 6.2.9 作業環境の整備 ………………………………………… 296
- 6.3 安全衛生とその管理 …………………………………………… 297
  - 6.3.1 溶接作業の傷害と疾病 ………………………………… 297
  - 6.3.2 溶接作業の災害防止 …………………………………… 298
  - 6.3.3 災害事例 ………………………………………………… 306

第7章 溶接構造物の強度と設計 ……………………………………… 319

- 7.1 応力とひずみ …………………………………………………… 319
- 7.2 外力と変形 ……………………………………………………… 320
- 7.3 応力集中 ………………………………………………………… 322
- 7.4 破壊の種類 ……………………………………………………… 324
  - 7.4.1 延性破壊（静的破壊） ………………………………… 324
  - 7.4.2 ぜい性破壊 ……………………………………………… 324
  - 7.4.3 疲労破壊 ………………………………………………… 326
  - 7.4.4 クリープ ………………………………………………… 328
  - 7.4.5 座屈 ……………………………………………………… 328
  - 7.4.6 腐食 ……………………………………………………… 328
- 7.5 材料の機械的性質と試験方法 ………………………………… 329
  - 7.5.1 引張試験 ………………………………………………… 329
  - 7.5.2 衝撃試験 ………………………………………………… 332
  - 7.5.3 その他の材料試験 ……………………………………… 334
- 7.6 残留応力の発生原因 …………………………………………… 336
- 7.7 溶接欠陥と強度 ………………………………………………… 338
- 7.8 継手の設計 ……………………………………………………… 339
  - 7.8.1 継手効率 ………………………………………………… 339
  - 7.8.2 許容応力と安全率 ……………………………………… 340
  - 7.8.3 強度計算 ………………………………………………… 341

7.8.4	開先形状	344

第 8 章　非破壊試験 …… **347**

8.1	非破壊試験の定義と目的	347
8.2	各種非破壊試験方法と溶接部への適用	348
8.2.1	非破壊試験方法の分類	348
8.2.2	非破壊試験技術者	349
8.2.3	外観試験	349
8.2.4	磁粉探傷試験	350
8.2.5	浸透探傷試験	353
8.2.6	放射線透過試験	355
8.2.7	超音波探傷試験	358
8.2.8	その他の試験方法	363
8.2.9	各種非破壊試験方法の特徴の比較	364

付録 1．鋼材の製造工程	366
付録 2．溶接構造物に使用される圧延鋼材の JIS	367
付録 3．アーク溶接作業に関わる法令等	369

索引 …… 375

第1章　溶接指導に必要な一般知識

1.1　溶接指導者の役割

　一般にものづくりでは，技術と技能が完全に融合することで，目的に合った品質のものを経済的に作ることができる。特に，溶接構造物や部品の場合，その品質は溶接作業者の技量，知識，モラル，責任感など，個人の能力に大きく依存する。このため，溶接作業者を指揮・指導する溶接指導者の役割は非常に重要であり，その任務と責任については，WES 8107：2017「溶接作業指導者認証基準」において，「溶接及び関連作業の指導・監督並びに溶接管理技術者への実務的助言」が求められている。

　特に現場でさまざまな問題が発生した際，その問題をいち早く把握するのは現場にいる班長や職長，すなわち溶接指導者である。その際，彼らがどのように判断し，対処するかが非常に重要であり，対応を誤ると重大な事故につながったり，企業に大きな損害を与えることになる。

1.1.1　溶接指導者の業務内容

　上記に記載した「溶接及び関連作業の指導・監督並びに溶接管理技術者に対する実務的助言」の具体的な業務としては，溶接管理技術者が作成する溶接施工計画書への参画から始まり，技術力向上のための改善活動に至るまで，幅広い範囲での対応が求められる。
　以下に，その主な項目を示す。
(1)　仕様書，図面及び溶接施工要領書内容の作業者に対する指示・徹底
(2)　材料及び溶接材料の確認並びに溶接関連機器の点検

(3) 施工条件詳細の微修正及びその指示並びに安全衛生も考慮した溶接作業の監督
(4) 作業結果の確認及びチェックシート類の確認又は記録
(5) 計画に対する改善提案及び異常発生の際の状況把握と報告
(6) 技量向上のための溶接技能者の教育・指導

〔1〕作業内容の事前確認

溶接指導者は，製造又は工事責任者から日程，予定工数，作業場所などを含む作業指示を受けて，溶接作業に着手する。しかし，作業準備を始める前に仕様書，図面及び溶接要領書の内容について，溶接管理技術者と協議し，作業内容を十分に把握しておかなければならない。疑問点があれば，着手前に自分自身が納得できるように準備することを最優先に心掛ける。

特に，新しい材料や工法を採用するときや，不慣れな製品を溶接するときには，溶接管理技術者との協議を確実に行い，溶接施工法確認試験の実施に積極的に参加するなど，作業方法や作業手順を事前に確立することが重要である。

また，工事に必要な資格を持つ溶接作業者の確保は最も重要な課題である。工事に必要な人員が不足する場合，資格取得や人員確保には長期間の準備が必要となるため，日頃から溶接作業者の資格保有状況に注意を払うことが求められる。

〔2〕溶接準備時の業務

溶接の準備では，まず溶接作業者に作業内容を徹底的に伝え，品質を確保するのに最も適した溶接条件や溶接手順を指示し，教育する。また，作業量を正確に把握し，必要な溶接材料が入荷しているか，溶接機の配置台数が十分か，隣でアークを出す際にこちらのアークがふらつかないように配置されているか，など確認する（図1.1）。

図1.1　溶接準備と溶接指導者

作業工程では，前工程での切断，組立，開先加工などが規定通りの寸法で行われているかをチェックする。後工程の検査，ひずみ（歪）取り，塗装作業に迷惑をかけないようにし，また，ひずみの多い製品ができないように拘束ジグ類が適切に確保されているかをチェックする。

〔3〕溶接作業中の業務

溶接作業中，溶接指導者は現場をしっかりとパトロールし，前工程から仕事が順調に流れてきているか，開先精度に問題がないかをチェックする。溶接作業では，作業の順序が正しいか，過大な電流で溶接していないかなど，指示通りに作業が行われているかを確認する。また，傷んだキャブタイヤケーブルやホルダが使用されていないか，保護具が完全に着装されて作業が行われているかなど，安全面でも点検を行わなければならない。さらに，仕事が進行するにつれて，後工程の受入準備状況にも気を配ることが望まれる（図1.2）。

溶接作業中のアークを観察し，溶接の出来映えを確認する。アークの発生の仕方，ビードの継ぎ方，運棒の方法，積層の仕方など，その溶接作業者の技量に応じた指導が求められる。場合によっては，実際に自分で作業を見せることが効果的な指導法となる。

図1.2 溶接作業中の溶接指導者

〔4〕溶接作業後の業務

一つの作業が終わると，まず溶接の位置，寸法，ビード外観を確認し，次いでチェックシートなどの記録が正しく記入されていることを確認したうえで，製品を次工程へ引渡す。その後，記録内容に基づいて，工程や工数面で問題がなかったか，品質や安全面で問題がなかったかなどを振り返り，溶接指導者として業務を自己評価する。さらに，今後同様の工事を受注した場合，どのような配員でどのような展開が好ましいか，そのために個々の溶接作業者にどのよ

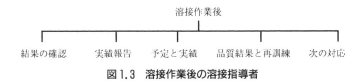

図1.3　溶接作業後の溶接指導者

うな訓練指導が必要かを考え，次の施策や改善提案に思考を広げて行く（**図1.3**）。

1.1.2　新技術と溶接指導者

　溶接技術は日進月歩で進化している。新しい技術を無視し，経験に基づいた昔ながらのやり方に固執していると，時代に取り残される恐れがある。明日からすぐに新技術を採用するかどうかは別としても，溶接分野でどのような技術が進展しているのかを把握しておくべきである。

　そして，新技術が採用されることになった場合には，積極的にその導入に参加し，新しい溶接工法の利害得失を理解し，有効な適用方法を模索することが重要である。さらに，溶接管理技術者と連携し，常に時代を一歩先んじる意欲的な溶接指導者を目指すことが求められる。

　また，初心者の指導や訓練にあたる際には，溶接指導者自身の技能が我流になっていないかを見直し，基本的な技能を正しく教えることに心掛けるべきである。それによって，将来応用の利く若手溶接技能者を養成し，時代の進歩に備えることができる。

　なお，国際的には，IIW（国際溶接学会）の溶接要員資格にIWP（International Welding Practitioner）の規定があり，日本国内では溶接作業指導者が同様の役割を果たすものと位置付けられる。

1.2　溶接の基礎知識

　溶接は複合的な技術であり，具体的には金属材料，電気，材料力学などの技術が組み合わさって成り立っている。したがって，その基礎を理解することが重要である。

1.2.1　溶接法の分類

　金属を接合する溶接法には多くの方法が実用化されており，私たちになじみの深い母材を溶かす融接による方法にも，図 1.4 に示すさまざまな溶接法がある。

　これらの方法は，①基本的に加熱をどのようにするか，②溶接時に大気から溶接金属をどのように保護するか，③溶接時に溶接金属中の酸素や窒素をどのように除去するか，などによって分類される。今日では，これらの溶接法をいかに自動化して，作業能率と製品品質を高めるかが，重要な課題となり研究が進められている。

　融接の一つであるアーク溶接では，溶加材として棒を使うものと，ワイヤを使うものがある。被覆アーク溶接（一般に手溶接とよばれている）では，短い溶接棒を絶えず取り替えながら作業するため，品質はともかく，能率の悪いことが短所の一つである。これに対して，棒の代わりにコイル状に巻いたワイヤを使い，連続溶接が可能な半自動や自動溶接が登場し，それぞれの得意分野で活躍している。

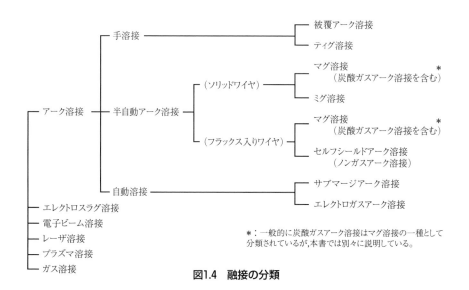

図1.4　融接の分類

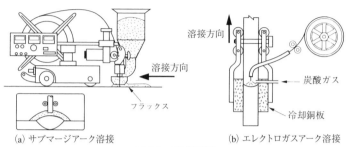

図1.5　自動溶接

　半自動アーク溶接は，ガスの種類によってマグ溶接とミグ溶接に分けられる。マグ溶接のうち100%炭酸ガスを用いる場合は炭酸ガスアーク溶接とよばれ，現在，鉄鋼の溶接で最も広く普及しており，使用するワイヤにはソリッドワイヤとフラックス入りワイヤがある。

　自動溶接には図1.5に示すような，主に下向姿勢のサブマージアーク溶接，立向姿勢専用のエレクトロガスアーク溶接などが一般化されている。そのほかにも，炭酸ガスアーク溶接を利用した自動溶接機が多く普及している。

　なお，セルフシールドアーク溶接は，一般にノンガスアーク溶接やオープンアーク溶接とよばれる，シールドガスを使用しない方法で，ガスシールドの準備が困難な現地作業や高所作業などで利用されている。

　また，ティグ溶接は，不活性ガス（アルゴン，ヘリウム）中で非消耗性のタングステン電極と母材との間にアークを発生させ，溶融池に溶加材を挿入して溶接する方法である。ティグ溶接は，ステンレス鋼，アルミニウム合金の溶接，配管の裏波溶接などの用途で使用されている。

1.2.2　鋼材の種類と溶接部の性質

〔1〕鋼の種類

　鋼は，炭素（C）の含有量が2.0%以下の鉄（Fe）の合金であるが，現在溶接構造用として広く用いられているのは，炭素含有量0.30%以下の低炭素鋼で

ある．鉄に炭素，マンガン（Mn），けい素（Si）を合金化した一般の炭素鋼と，これらにその他の合金元素（Ni，Cr，Cu，Mo，Nb，V，Al，Ti，Bなど）を加えた合金鋼とに大別される．合金鋼は，添加元素の種類と量により特別な性質を持たせた鋼で，合金元素の総量の多少により高合金鋼と低合金鋼とに分けられる．高合金鋼ではステンレス鋼，低合金鋼には耐熱鋼，低温用鋼のほか，熱処理により強度を確保している調質高張力鋼，あるいは制御圧延で強度を確保しているTMCP鋼とよばれる溶接構造用高張力鋼などがある．鋼材の製造工程の概略図を付録1に示す．また，主な鋼材のJIS抜粋を付録2に示す．

〔2〕鋼材の熱処理

金属の強さは，引張，曲げ，衝撃などの外力による変形や破壊に耐えうる能力として総称される機械的性質を表す．詳細については第7章に記述するが概略以下のように分類される．

強度 一般に，材料又は継手が静的な荷重を受け，十分な伸びを示して破断する場合の最大耐荷能力であり静的引張強さで示される．

延性 荷重を受けた材料が弾性限度を超えても破断することなく，塑性変形を生じる性質．

靭性(じんせい) 荷重を受けた材料が粘り強いか又は脆(もろ)くて破壊しやすいかの度合いを示す性質．

これらの性質は，含有元素の種類，結晶内での原子の並び方（結晶構造），合金の場合は合金成分の種類や量などによって異なる．また，同じ組成の金属材料でも，結晶粒の大きさ，加工による結晶粒の変形程度，いくつかの結晶構造の異なる結晶の混ざり具合など金属組織によっても違ってくる．そして，組織は，溶融状態や高温状態からの冷却の仕方によって大きく変わる．ここでは，鋼材について，所定の機械的性質を得るための，熱処理の種類を簡単に述べる．

焼入れ 高温に加熱した後，急冷して非常に硬い組織を生成させる熱処理．溶接の対象となる低炭素鋼では，850℃〜900℃程度に加熱しておき，水冷するのが通例である．

焼戻し 焼入れのままの鋼は硬くて強いが，反面，延性に欠け，脆いので割れたり欠けたりしやすい．この欠点を解消するため焼入れした後もう一度加熱する熱処理が焼戻しである．

調質高張力鋼は，焼入れ後550℃〜650℃程度に焼戻した後空冷して，強度を確保するとともに延性や靭性を回復したものである。
- **焼なまし** 鋼をある温度に加熱して一定時間保った後，徐冷する熱処理。低炭素鋼を例に取ると，850℃〜900℃程度に加熱した後炉中で徐冷すると，冷間加工によって変形した結晶粒が再配列されて大きくなり，材質が軟らかくなる。これを完全焼なましという。また，加熱温度を600℃〜700℃として炉中徐冷すると結晶組織は変わらないが，冷間加工によって生じた内部ひずみを除いて加工硬化をなくすことができる。これを低温焼なましという。
- **焼ならし** 完全焼なましと同様であるが，冷却を空気放冷とした熱処理。結晶粒が微細なまま保たれるので，靭性が劣化しない。このようにして作られる高張力鋼もある。

〔3〕溶接金属の生成

溶接時のアークによって，溶加材と母材の一部は溶融し，溶融池を作り，凝固して溶接金属となる。この場合，溶融金属を大気から保護して良好な溶接金属を得るために，フラックスや，炭酸ガス，アルゴン及びこれらの混合ガスを用いる。溶融の際，フラックスから生成された溶融スラグやガス雰囲気と溶融金属の間には，化学反応が起こり，その結果が溶接金属の性質に大きく影響する。

したがって，溶接する母材の種類や，構造物の使用目的に適した溶接材料を用いる必要がある。

〔4〕溶接部の組織と性質

鋼を溶接すると，溶接熱影響部（略称：HAZ）の組織は，**表 1.1**，**写真 1.1** のようになる。

溶接金属は，溶けた溶加材と，溶けた母材が混ざり合ったものである。

一般に溶接金属には凝固方向に柱状に伸びた組織（デンドライト組織）が発達し，圧延や鍛造された母材とは機械的性質が異なるが，現在では多種類の溶接材料が開発されているので，選択を誤らなければ，使用目的に適した溶接金属を得ることができる。

表 1.1　鋼の溶接熱影響部の組織[1)改変]

名　　　称	加熱温度範囲（約）	摘　　　要
① 溶 接 金 属	溶融温度 （1500℃）以上	溶融凝固した範囲，デンドライト組織を呈する。
② 粗 粒 域	1250℃以上	粗大化した部分，硬化しやすく，割れなどを生じる。
③ 混粒域（中間粒域）	1100℃～1250℃	粗粒と細粒の中間で，性質もその中間程度。
④ 細 粒 域	900℃～1100℃	再結晶で微細化，じん性など機械的性質良好。
⑤ 球状パーライト域	750℃～900℃	パーライトのみが変態，球状化，しばしば高Cマルテンサイトを生じ，じん性劣化。
⑥ ぜ い 化 域	200℃～750℃	焼入れまたはひずみ時効によりぜい化を示すことがある。顕微鏡的に変化なし。
⑦ 母 材 原 質 部	室温～200℃	熱影響を受けない母材部分。

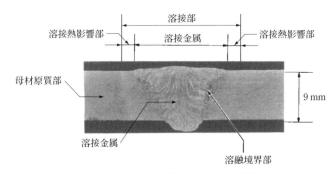

写真 1.1　軟鋼溶接部の断面マクロ組織

　また，多層溶接すると，前の層は後の層の溶接熱で再加熱され，組織は微細化されて，機械的性質は改善される。
　この溶接金属と母材の境界を溶融境界部（ボンド部）とよび，これに続く領域で，組織，機械的性質などが変化した，溶融していない母材の部分を熱影響部という。
　溶融境界部付近は，1,250℃以上に加熱されて結晶粒は粗大化しており，合金元素の多い鋼の場合には急冷組織（マルテンサイト組織）となり著しく硬化し，脆くなって割れなどの原因となるので，極力この硬化を抑えるため，予熱をして冷却速度を遅くしたり，また必要に応じて後熱などの処理も行われる。(2.6.2〔3〕参照)
　さらに母材側の 900℃～ 1,100℃に加熱された部分は，微細組織を示し，靭

性に富んでいるが，200℃〜750℃の加熱領域では，窒素（N）や炭素（C）と鉄（Fe）が結合した化合物の析出が保持時間と伴に増加する時効により硬化が起こり，軟鋼では靭性が低下することがある。

〔5〕残留応力と変形

溶接によって構造物を作る際，局部的に加熱・急冷されるので大きな温度勾配が生じ，膨張，収縮量が部分的に異なるため，残留応力と変形が発生する。変形の量は溶接部への入熱にほぼ比例するが，施工方法によってある程度緩和することができる。残留応力を除去するには，軟鋼の場合普通600℃〜650℃位で溶接後熱処理（PWHT：Post Weld Heart Treatment）を行う。保持時間は板厚25 mmにつき1時間が目安であり，保持後は炉内で徐冷する。

1.2.3 電気・磁気の知識とアークの特性

溶接機の原理やその取り扱いに対する知識を身につけるには，ある程度電気や磁気，それにアーク特性の基本を知っておく必要がある。

〔1〕電流・電圧・抵抗

電流，電圧，抵抗は，それぞれ**表1.2**に示すような記号と単位を用いる。
また，これら電流 I（A），電圧 E（V），抵抗 R（Ω）の3つの間にはオームの法則とよばれる関係がある。

$$I = E/R \quad 又は \quad E = I \cdot R$$

今，**図1.6**のような溶接用ケーブルの抵抗が R_1（Ω），母材側のケーブルの抵抗が R_2（Ω），溶接棒の抵抗が R_3（Ω）の状態で，溶接電流 I（A），アーク電圧 E_a（V）の条件で溶接すると，溶接機の出力電圧 E（V）は，

$$E = IR_1 + IR_2 + IR_3 + E_a$$

で表すことができる。

抵抗は電気を流す金属の材料によって大きく異なる。**表1.3**は各種金属の抵抗率（断面積 $1\,m^2$，長さ1 mでの抵抗値）である。溶接ケーブルなどの電気材料に，銅やアルミニウムがよく使われるのは，電気が通じやすく（抵抗率が低く）比較的安価であることによる。

表1.2 電流・電圧・抵抗の単位

	記号	単位
電流	I	アンペア（A）
電圧	E	ボルト（V）
抵抗	R	オーム（Ω）

表1.3 各種金属の電気抵抗率（Ωm, 20℃）

金属名	電気抵抗率
銀	1.59×10^{-8}
銅	1.75×10^{-8}
アルミニウム	2.62×10^{-8}
鉄	10.4×10^{-8}
ニクロム	100×10^{-8}

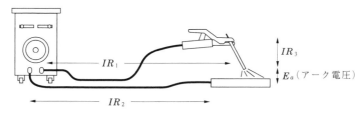

図1.6 溶接ケーブルの電圧降下

〔2〕 電力

電力は電気の量を表す用語で，単位はW（ワット）を用いる。一般的には電圧と電流の積で計算することができる。日常生活で使用している蛍光灯や電熱器では，1 kW程度までであるが，溶接機は5 kW～50 kWで，消費電力は非常に大きい。

具体的な溶接機で見ると，電源スイッチを入れたままでアークを出さないでいても，一般的な被覆アーク溶接用の溶接機では200 W～500 Wの無負荷損失を起こすので，昼休み時や終業時には確実にスイッチを切るように，溶接作業者に習慣づけるようにしなければならない。

また，電源設備容量は皮相電力（kVA）で示され，消費電力と等価な有効電力（kW）は皮相電力（kVA）と力率の積である。アーク溶接機の力率は一般的に1より小さいため，溶接機器の定格入力が有効電力（kW）のみで示されている場合，定格入力より，より大きい容量の電源設備に接続する必要がある。

電源設備がエンジン発電機の場合，エンジン発電機は負荷変動に対して出力が不安定になることがあり，溶接機器の定格入力の2倍から3倍の設備容量が推奨される。

〔3〕電流と磁界と力の関係

電流が流れると磁界が発生して磁石となる。これは、溶接用キャブタイヤケーブルの周辺に鉄粉が付着することなどで知ることができる。

電流の流れる導体が、磁界によって受ける力は、図 1.7 の (a) に示すように、磁界（磁力線で表す）の方向に対して、電流の方向を垂直に一致させると、磁界と電流それぞれに垂直になる方向に力が発生する。この力をローレンツ力といい、アークの磁気吹き（マグネティックアークブロー）現象を説明できる。

磁気吹きとは、図 1.7 (c) のように電流（アーク）によって発生する磁力線が、母材又は付近の導線中を流れる電流などによって発生する磁力線の影響を受けて、アークの中心に対して磁束密度が非対称となるために、アーク（この図では電流が流れている導体）が、磁束密度の高い方から低い方へ傾く現象をいう。

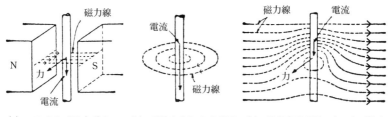

(a) フレミングの左手の法則による磁界・電流の方向と力の方向
(b) 電流自身による磁界
(c) 磁束密度が低い方へ力が働く

図 1.7　電流と磁界と力の関係[2]

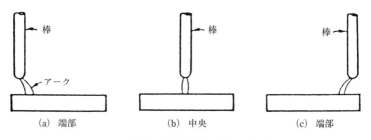

(a) 端部　　(b) 中央　　(c) 端部

（中央では磁気吹きは起こらない）

図 1.8　母材（鋼）端部における磁気吹き[2]

磁気吹きは，一般に直流で200 A以上の高電流溶接の場合に発生しやすく，交流ではほとんど発生しない。

一般に磁気吹きは，図1.8に示すように母材の端部で発生しやすい。また，図1.9 (b) のように，アークのすぐ近くに強磁性体（鋼材）がある場合は，アークが強磁性体の方へ引かれやすくなるが，これも一種の磁気吹きである。この他に，図1.10のように多電極溶接の場合，他の電極を流れる電流による磁力線によっても磁気吹きが起こる。

溶接時に磁気吹きが起こると，アークが不安定となって片溶け，溶込不良，融合不良，スラグ巻込み，ビード形状不良などの溶接欠陥が生じやすくなる。

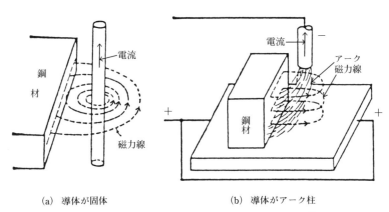

(a) 導体が固体　　　　　　(b) 導体がアーク柱

図1.9　アークに近接した鋼材の磁気吹きへの影響[2)]

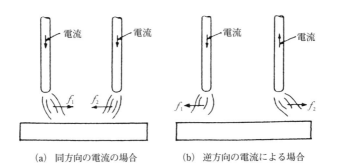

(a) 同方向の電流の場合　　(b) 逆方向の電流による場合

図1.10　電流の方向とアーク間における磁気吹き

電流の経路は目に見えず複雑で，対策は簡単ではないが，一般に次のような対策がとられている。
① 両端部の磁気吹きは，大きめのエンドタブを付けて本溶接部から逃がす。
② 細長い溶接物では，母材接続を両端にとる。
③ 導線の母材接続部から遠ざかる方向に溶接を進める。
④ 余分な溶接ケーブルは，溶接線のすぐ近くに置かないようにする。
⑤ 溶接ケーブルを溶接物に何回も巻きつけないようにする。
⑥ アークの硬直性を利用して，アークが吹かれている反対方向に溶接棒あるいはトーチを傾けて矯正する。

〔4〕アークの性質

アーク溶接は電極と母材の間にアークを発生させ，そのアーク熱を利用する溶接法であり，アークの性質をよく知っておく必要がある。

図1.11のように，陽極と陰極との間にアークを発生させると，光と熱が出る。アークの温度は，溶接の場合では6,000℃又はそれ以上といわれている。このアークは3つの部分に分けられる。アーク長を変化させると，アーク電圧はアーク柱降下の部分だけが，その長さに比例して変化することが知られている。

溶接の場合には，図1.12に示すように，溶接電流が変化してもアーク電圧はあまり変わらず，わずかに溶接電流の増加とともに大きくなる傾向がある。また，アーク長が長くなるに従って，アーク電圧は高くなる。

一方，アークは周囲の条件によっても特性が異なる。たとえばアルゴン中で

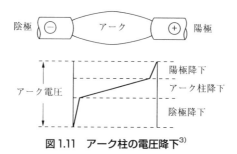

図1.11　アーク柱の電圧降下[3]

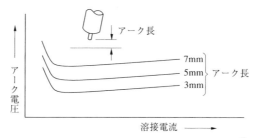

図 1.12 溶接電流・アーク電圧・アーク長の関係[3]

は炭酸ガス中よりアーク電圧は低くなり，アルゴンと炭酸ガスの混合ガスを使うと中間的なものとなる．

1.2.4 溶接欠陥の種類と防止法

開先の設計，継手の準備，材料の選定，溶接施工などが適切でないと溶接部に種々の溶接欠陥を生じ，そのために溶接部の性能が損なわれることになる．

〔1〕ビード形状不良・のど厚不足・アンダカット・オーバラップ

ビード形状不良には，脚長不足，余盛不足や過大などの寸法不良，ビードの不整，クレータ処理不良やビードの溶落ちなどがあり，アンダカット及びオーバラップとともに，これらの溶接欠陥はほとんど不適切な溶接条件や未熟な溶接技量によって生ずることが多い（**写真 1.2**）．

のど厚や脚長が不足すると継手強度が低下し，アンダカットやオーバラップがあるときはもちろん，過剰な余盛やビードの不整なども疲労強度を低下させる．

アンダカットやオーバラップの防止策としては，適正な溶接条件で，溶接棒（トーチ）の保持角度や運棒操作（トーチ操作）を正しくすることが基本であるが，特に過大電流・過小電流を使わないようにすべきである．

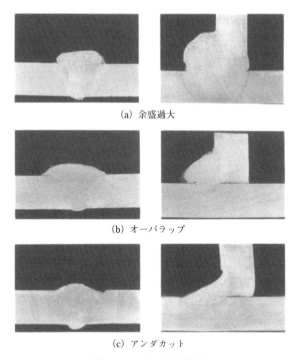

(a) 余盛過大

(b) オーバラップ

(c) アンダカット

写真 1.2　ビード形状不良

〔2〕 ブローホール及びピット

　溶接金属中に発生するほぼ球状の空洞（気孔）をブローホール，表面に開口しているものをピットとよび，空洞の形が細長いものをウォームホール（芋虫状気孔）という。また，これらの気孔を総称して，JISではポロシティと定義している。
　ブローホールなどは溶融金属中のガスの泡が浮上しきれずに溶接金属内に残留したものであるが，泡の発生するメカニズムには次の3つがあるとされている。
① 　溶融金属に溶解していた窒素（N）や水素（H）などは，凝固時に大量に放出されてガスの泡となる。シールド不良による空気中の窒素，吸湿した溶接棒，開先に付着した塗料や油に含まれる水素などが原因となる。
② 　鉄鋼では，マンガン（Mn）やけい（珪）素（Si）などの脱酸元素の添加量が不足して十分に脱酸できない場合は，酸化鉄（FeO）と炭素（C）が化

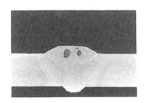

写真 1.3　ブローホールとピット

学反応を起して一酸化炭素（CO）が生成し，これが泡になる。表面にミルスケールや赤さびが付着したまま溶接したときには特に発生しやすい。

③　シールドガスが溶滴移行の乱れに伴って溶融池の中に巻き込まれて微小な泡となる。ソリッドワイヤによる炭素鋼やステンレス鋼のマグ・ミグ溶接で，アーク長が適正より短くなった場合に発生しやすい。また，亜鉛めっき鋼板の重ね継手をすみ肉溶接すると，アーク熱によって蒸発して気化した亜鉛が封じ込められて発生するブローホールもよく知られている。これらの溶接欠陥は，継手強度に及ぼす影響は比較的小さいとされているが，数が多くなったり，大きなものでは強度低下が起こることもある（**写真 1.3**）。

鋼の溶接の場合，ブローホールの防止策としては，母材の開先近傍表面のペイント，錆，ミルスケールなどの，異物の清掃を十分に行うほか，溶接棒の吸湿，シールドガス流量，風，アーク長，溶接電流，ウィービング幅などに注意が必要である。

〔3〕溶込不良・融合不良

溶込不良，融合不良のいずれも継手強度や延性を低下させる溶接欠陥である。溶込不良は，設計上で完全に溶け込むべき箇所が，溶け込まないで残る溶接欠陥である。これは，目的箇所にアークが十分に当たらないことにより起こるもので，電流が低いときや，アーク電圧が高すぎたり溶接棒が太すぎるとき，あるいは溶接速度が遅く溶融池がアークより先行するときに発生しやすい。また，ルート面が大きすぎたり，ルート間隔が狭すぎるときや溶接線がずれて目違いがあるときにも起こりやすい（**写真 1.4**）。

一般に開先形状，棒径，その他の溶接条件を適正に選ぶことで防止できるが，両面溶接では，溶込不良を防止するため，適切な形状に裏はつりを行うとともに，開先面に付着した炭素の粉（黒色）を除去することが重要である。

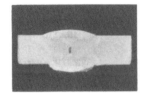  

写真 1.4　溶込不良

写真 1.5　融合不良

　融合不良は，**写真 1.5** のように溶接金属と開先面やビードのパス間が融合していない部分をいう。

　融合不良は，溶接条件やウィービング条件が不適切である場合や，溶接面にアークが当たる前に溶融金属が先行して流れる場合などに発生する。また，半自動アーク溶接では，電圧が低すぎるときも発生しやすいので，電流，電圧の調整は念入りに行うことが必要である。

〔4〕スラグ巻込み

　スラグ巻込みは，**写真 1.6** のように溶接金属が凝固する際，スラグが表面まで浮き上がりきれず，溶接金属中に閉じこめられたために生ずるもので，融合不良との区別が困難なことも少なくない。

写真 1.6　スラグ巻込み

小さなスラグ巻込みが単独で存在するときは，ブローホールなどと同様に継手強度への影響はあまり大きくないが，大きなスラグ巻込みや断続的に存在する場合には，継手の強度や延性を損なう。

この溶接欠陥は，下層のスラグを除去せずに溶接した場合や運棒速度が遅かったり，溶接電流が低いときにできやすい。特に多層溶接の場合，凹凸のはなはだしいビード表面では，層間にスラグを巻き込む可能性が高い。

その防止策として，ビード形状や外観が平滑となるよう運棒に習熟するとともに，不整が生じた場合は修正や清掃を適切に行い，適正な溶接条件で溶接を行う。

〔5〕溶接割れ

溶接部に発生する割れは，最も危険な溶接欠陥で，わずかな割れでも溶接構造物の重大な事故の原因となる。溶接金属に生じる割れを図1.13に，母材の熱影響部や原質部に生じる割れを図1.14に示す。

溶接割れは，溶接金属の凝固温度近辺の高温で発生する高温割れと，約300℃以下に冷却してから発生する低温割れに大別される。

溶接金属で発生する高温割れは，凝固割れともよばれ，凝固直前に低融点の不純物が濃化されて延性が乏しくなった部分に引張応力が作用して割れるもので，ビード中心の縦割れや，クレータ割れとして現れやすい。このほか，梨形割れ，いおう（硫黄）割れもその一種である。一般的に高温割れは入熱が過大

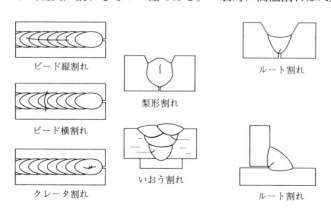

図1.13　溶接金属に生ずる割れ

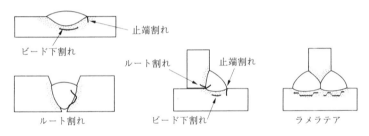

図1.14　熱影響部・母材に生ずる割れ

な場合や溶接速度が大きすぎる場合などに起こりやすく，特にビード幅が狭い開先内の溶接では注意を要する．

　低温割れは溶接熱影響部あるいは溶接金属において溶接終了後，数分あるいは数日経過してから発生する割れである．アーク溶接過程で，溶接金属に吸収された拡散性水素が拡散・集積して，水素ぜい化により割れが生じる．低温割れの発生要因は，①溶接による金属組織の硬化，②溶接部の拡散性水素量の増加，③溶接部に生じる引張応力の増大の3点である．初層溶接のルート割れ，熱影響部に発生する止端割れ，ビード下割れは，低温割れの代表例である．低温割れの防止策は，上記の発生要因を低減することであり詳しくは後述するが，予熱や直後熱も有効である．(2.6.5，2.6.2参照)

　割れの先端は鋭くとがった亀裂であり大きな応力集中源（7.3参照）となる．したがって，小さな応力でも進展しやすく，構造物全体の破壊につながるおそれがあるので，小さな割れでも確実に補修し排除する．

1.2.5　溶接用語と記号

　設計，製造に使う溶接用語や記号は，JISで規定されているが，海外製品などでは，独自の用語や記号を使っていることもあるので，不明なものについては，その国の基準を参照する必要がある．

〔1〕溶接用語

　溶接用語についての解説は，JIS Z 3001：2018「溶接用語」の規格群に規定されているが，その一部を抜粋して，**表1.4**に示す．

表 1.4（1）JIS Z 3001-1,-7 溶接用語（抜粋）

用語	定義
融接	接合面が溶融状態で外力を加えずに行う溶接。溶融溶接ともいう。 注記　通常，アーク溶接では，溶加材が用いられる。
溶接部	溶接金属及び熱影響部を含んだ部分の総称。
熱影響部	溶接，切断などの熱で組織，冶金的性質，機械的性質などが変化を生じた，溶融していない母材の部分。略記号は HAZ
溶接金属	溶接部の一部で，溶接中に溶融凝固した金属。抵抗溶接の場合は，ナゲット（JIS Z 3001-6 参照）という。 ［熱影響部］　　溶接金属（溶融部＋溶着金属）
溶着金属	溶加材から溶接部に移行した金属。
ボンド部	溶融部（溶接金属）と未溶融母材との境界の部分。溶融境界部ともいう。 注記　固相溶接及びろう接のように溶接金属がない場合には，母材間の境界又は溶加材と母材との境界をいう。
突合せ継手	同一平面上に置かれた部品がお互いに $135° \leqq \alpha \leqq 180°$ で向き合っている継手。 α
重ね継手	部品がお互いに $0° \leqq \alpha \leqq 5°$ の角度で平行に置かれ，かつ，お互いに重なっている継手。 注記　これには，重ねすみ肉，スポット，シーム，ろう接などの溶接がある。

表1.4（2）JIS Z 3001-1,-7 溶接用語（抜粋）

用語	定義
T継手	一つの板の端面を他の板の表面に載せて、T形のほぼ直角となる溶接継手。
十字継手	二つの部品が同一平面に向かい合って置かれ、第3の部品がその間に直角に配置された継手。
角（かど）継手	二つの部品の端面を互いに 30°＜ α ＜135°の角度で合わせた継手。
スカーフ継手	I形開先の母材を互いに斜めにそいで溶接面を広くする継手。主に、ろう付及び鍛接に用いる。
せぎり継手	重ね継手の一方の部材及び／又は部品に段を付け、母材面がほぼ同一平面になるようにした溶接継手の形式。

表 1.4（3）JIS Z 3001-1,-7 溶接用語（抜粋）

用語	定義
ヘリ継手	二つの部品の端面を$0° \leq \alpha \leq 30°$の角度で合わせた継手。
フレア継手	円弧と円弧と，又は円弧と直線とでできた開先形状部分をもつ継手。
当て板継手	母材表面と当て板との端面のすみ肉溶接した継手。 注記　片面当て板継手と両面当て板継手とがある。
すみ肉継手	ほぼ直交する二つの面を溶接する三角形状の断面をもつ継手。
完全溶込み溶接	継手の板厚の全域にわたって完全に溶け込んだ溶接（部）。

T継手　　　突合せ継手

表 1.4 (4) JIS Z 3001-1,-7 溶接用語 (抜粋)

用語	定義
部分溶込み溶接	溶込みが,意図的に完全溶込み状態より浅くした溶接(部)。 a：継手の部分溶込み　　b：ルートの部分溶込み
すみ肉のサイズ	すみ肉の溶接金属の大きさを示すために用いる寸法。 注記1　図 S_1, S_2 及び S_3 のように等脚及び不等脚の場合がある。 注記2　等脚の場合には，すみ肉溶接金属の横断面内に描くことのできる最大直角二等辺三角形の等辺の長さ (S_1) であり，不等脚の場合には，すみ肉溶接金属の横断面内に描くことのできる最大直角三角形の直角を挟む二辺の長さ (S_2, S_3) である。 等脚凹すみ肉溶接　　凸すみ肉溶接 不等脚すみ肉溶接
(すみ肉の-)脚長（きゃくちょう）	継手のルートからすみ肉溶接の止端までの距離。 脚長
(すみ肉の-)のど厚（あつ）	すみ肉溶接部の厚さを表す値。

表 1.4 (5) JIS Z 3001-1,-7 溶接用語（抜粋）

用語	定義
（すみ肉の一）公称のど厚	すみ肉溶接に内包される最大の二等辺三角形から求めたのど厚。この値は設計に用いる。（すみ肉の）設計のど厚，又は（すみ肉の）理論のど厚（実際のど厚の図参照）ともいう。 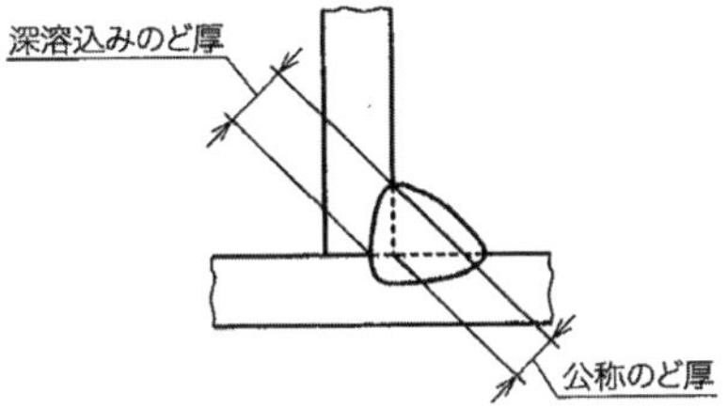
（すみ肉の一）実際のど厚	実際に溶接された部分ののど厚。すみ肉溶接の場合は，断面のルートから表面までの最短距離とする。ルート部まで溶込みが届かない場合は，溶融金属の最下部から表面までの最短距離とする。 注記　実際ののど厚は，設計のど厚の指示に依存する。 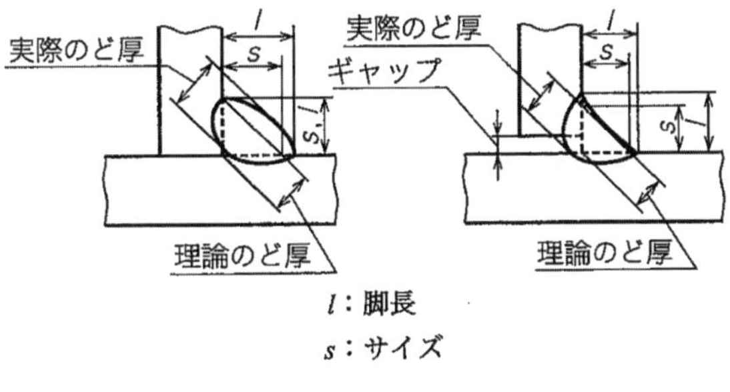 l：脚長 s：サイズ
溶接深さ（S）	突合せ溶接の余盛を除く実際に溶接された継手の部分の深さ（長さ）。継手溶込み深さともいう。 注記　継手強度に寄与する溶接の深さ（s）であって，開先溶接において開先面が溶融している部分の余盛を除いた溶接表面から測った最長距離。完全溶込み溶接では板厚に等しい。ビーム溶接などでは，設計の溶込み深さ（p）と溶接深さ／実際の継手の溶込み深さ（s）とが一致しないことがある（下図参照）。 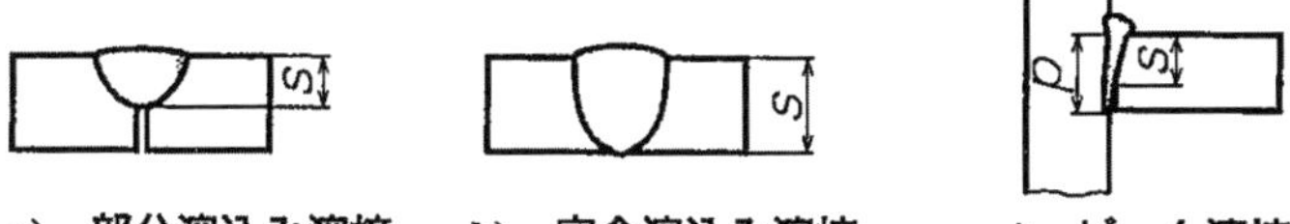 a) 部分溶込み溶接　　b) 完全溶込み溶接　　c) ビーム溶接

表 1.4 (6) JIS Z 3001-1,-7 溶接用語（抜粋）

用語	定義
溶込み	母材の溶けた部分の最頂点と，溶接中に母材又は前の溶接層で溶けた範囲の先端位置との距離。
止端 （したん） JIS Z 3001-7 : 2018	母材の面と，溶接ビードの表面とが交わる点
前進溶接 JIS Z 3001-7 : 2018	溶接棒又はトーチの方向を溶接の進行方向に向けながら行う溶接技法。プッシュ溶接法ともいう。

表 1.4（7）JIS Z 3001-1,-7 溶接用語 (抜粋)

用語	定義
後進溶接 JIS Z 3001-7 : 2018	溶接棒又はトーチの方向が，溶接の進行方向とは反対の方向に向けながら行う溶接技法。プル溶接法ともいう。
母材接続 JIS Z 3001-7 : 2018	溶接作業を行うときに，溶接電源の一方の端子と母材との間を溶接用ケーブルで接続する操作。帰線接続ともいう。

〔2〕溶接記号

溶接構造物の製作に当たっては，設計者の意図を製造現場に熟知させる必要がある。そのためにも継手の形式，開先形状，すみ肉溶接の脚長，工場と現場溶接の区別，ビードの仕上げ程度など指示すべきものは，明確に示す必要がある。しかし，これらを図面内に逐一文章で表すと複雑となるので，図面内では溶接記号として示される。

溶接記号は，図1.15に示す要素で構成され，使用される記号及び表示方法並びに使用例は，JIS Z 3021：2016「溶接記号」からの抜粋を表1.5～表1.7に示す。

なお，溶接記号の基線に対する位置は，元となる図面の製図投影法が，第3角法である場合と第1角法である場合とで上下逆になる。本書で用いている図は，一般に多く使われている第3角法による場合の記載とした。すなわち，溶接する側が矢の側又は手前側のときは基線の下側に，溶接する側が矢の反対側又は向こう側のときは基線の上側に，それぞれ記載されることになる。

矢は，基線の両端に付けない限り左右どちらの端につけてもよいし，2本以上つけてもよい。また，開先を取る部材の面又はフレアのある部材の面を指定する必要のあるときには，矢の先端をその面に向ける。このような場合の折れ

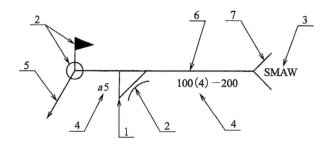

1 基本記号（すみ肉溶接）
2 補助記号（凹形仕上げ，現場溶接，全周溶接）
3 補足的指示（被覆アーク溶接）
4 溶接寸法（公称のど厚 5 mm，溶接長 100 mm，ビードの中心間隔 200 mm，個数 4 の断続溶接）
5 矢
6 基線
7 尾

図1.15　溶接記号各要素の配置例（JIS Z 3021：2016 から抜粋）

表1.5 基本記号 (JIS Z 3021：2016 から抜粋)

名称	記号	名称	記号
I形開先溶接		レ形フレア溶接	
V形開先溶接		すみ肉溶接	
レ形開先溶接		プラグ溶接 スロット溶接	
U形開先溶接		へり溶接	
J形開先溶接		肉盛溶接	
V形フレア溶接		抵抗スポット溶接	

表1.6 補助記号 (JIS Z 3021：2016 から抜粋)

名称	記号	名称	記号
裏波溶接		平ら	
裏溶接 (V形開先溶接後に施工する。)		凸形	
裏当て溶接 (V形開先溶接前に施工する。)		凹形	
裏当て		滑らかな止端仕上げ	
取り外さない裏当て	M	チッピング	C
取り外す裏当て	MR	グラインダ	G
全周溶接		切削	M
現場溶接		研磨	P

44　第1章　溶接指導の一般知識

表 1.7（1）　溶接記号の使用例（JIS Z 3021：2010 から引用，一部改編）

番号	溶接部の説明	実形	記号表示
2-1	V形開先 裏当て金使用 ルート間隔 5mm 開先角度 45° 表面切削仕上げ	切削仕上げ 45°／12／5	12 ⌴ 5／45°／M
2-2	V形開先 部分溶込み溶接 開先深さ 5mm 溶接深さ 6mm 開先角度 60° ルート間隔 0mm	60°／12／5／6／0	5(6)／60°
2-3	V形開先 裏波溶接 開先深さ 16mm 開先角度 60° ルート間隔 2mm	60°／19／16／2	16／60°
2-4	V形開先 裏はつり後 裏ビード	16	16／裏はつり
2-5	X形開先 開先深さ 　矢の側 16mm 　反対側 9mm 開先角度 　矢の側 60° 　反対側 90° ルート間隔 3mm	60°／16／9／90°	9／3／16／90°／60°
3-1	レ形開先 部分溶込み溶接 開先深さ 10mm 溶接深さ 10mm 開先角度 45° ルート間隔 0mm	45°／10／25／0	(10)／45°

1.2 溶接の基礎知識　45

表 1.7 (2) 溶接記号の使用例 (JIS Z 3021：2010 から引用, 一部改編)

番号	溶接部の説明	実形	記号表示
3-3	K 形開先 開先深さ 10mm 開先角度 45° ルート間隔 2mm		
9-1	すみ肉溶接 立板側脚長 6mm 横板側脚長 12mm		
9-2	すみ肉溶接 矢の側の脚長 9mm 反対側の脚長 6mm		
9-3	すみ肉溶接 並列断続 溶接長さ 50mm 溶接数 3 ピッチ 150mm		
9-4	すみ肉溶接 千鳥断続 矢の側の脚長 6mm 反対側の脚長 9mm 溶接長さ 50mm 矢の側の溶接数 n_1 反対側の溶接数 n_2 ピッチ 300mm		
22-1	チッピングによる へこみ仕上げ		
23-1	グラインダによる 止端仕上げ		

矢の使用例を**表 1.8** に示す。

また，**図 1.15** で，基本記号左側の溶接寸法の表示は，次のようにする。

(1) 開先溶接では，基線に沿って

<u>開先深さ（溶接深さ）</u>

と表示する。（表 1.7 2-2 の図参照）

ただし，I 形開先のときは（**溶接深さ**）だけを，完全溶込み溶接では**開先深さ**だけ（表 1.7 2-3, 3-3 の図参照）を，部分溶込み溶接で所要の溶接深さが開先深さと同じときは（**溶接深さ**）だけ（表 1.7 3-1 の図参照）を，それぞれ表示する。

表 1.8　折れ矢の使用例（JIS Z 3021：2016 から抜粋）

No.	図表 （破線は溶接前の開先を示す。）	記号
1		
2		
3		

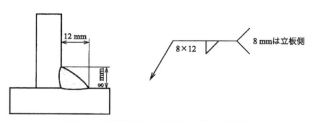

図 1.16　不等脚すみ肉溶接の断面寸法例

(2) すみ肉溶接では，基線に沿って，

小さい方の脚長×大きいほうの脚長

と表示する。(表1.7 9-1の図参照) なお，大小関係の詳細は図1.16のように，尾に示すか又は実形を示す詳細図によるのがよい。ただし，等脚長のときは，**脚長**だけとする。(表1.7 9-2の図参照)

JIS Z 3021：2016「溶接記号」の附属書として収録されている非破壊試験記号を記載する場合も同じ要領である。非破壊試験の記号を**表1.9**に，記載

表1.9 非破壊試験の記号（JIS Z 3021：2016 附属書JA）

a) 試験方法記号

区　分	記号
放射線透過試験	RT
超音波探傷試験	UT
磁粉探傷試験	MT
浸透探傷試験	PT
渦電流探傷試験	ET
目視試験	VT
ひずみ測定試験	SM
漏れ試験	LT
耐圧試験	PRT
アコースティックエミッション試験	AE

b) 補助記号

区　分	記号
垂直探傷	N
斜角探傷	A
溶接線の片側からの探傷	S
溶接線を挟む両側からの探傷	B
二重壁撮影	W
非蛍光探傷	D
蛍光探傷	F
全線試験	○
部分試験（抜取試験）	△

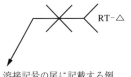

溶接記号の尾に記載する例

溶接記号に基線を追加する例

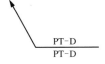

両面からPTを行う場合

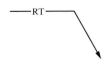

RTをいずれの面から行ってもよい場合

図1.17 非破壊試験記号の記載例

要領を図1.17に示す。

図1.17でわかるように，非破壊試験記号を溶接記号と併記する場合は溶接記号の尾の部分とするか，基線を追記するかどちらでもよい。また，試験を両面から行うときは，基線の両側に記号を記載し，試験をいずれの面から行ってもよいときは基線の位置に記号を記載する。

1.2.6 溶接工具と安全装備

溶接作業者が日常使う工具や保護具は，溶接品質や安全作業に深い関わりを持つので，使用目的に応じた適正なものを使うとともに，日常の点検手入れが重要である。

〔1〕工具及び計測機器の種類

溶接作業者の使う工具には，スラグ取り，スパッタ取りと開先を清掃するチッピングハンマやワイヤブラシがある。スラグ取りに効果的なエアチッピングハンマやジェットタガネもある。ほかにワイヤの先端を切断したり，ノズルやコンタクトチップの交換もできる専用のペンチなどがある。

計器に類するものでは，開先ゲージや脚長ゲージは常時携行すべきで，ときには携帯用の電流計や，予熱をする場合には温度チョークなどを必要とすることもある。

〔2〕保護具の種類

保護具には，感電，有害光線及び高温，スパッタ，スラグなどから身を守るための皮手袋や前掛け，保護面など，図1.18に示すものがある。

これらは作業環境により多少使い分けられるものもあるが，その作業上での着用は自らの安全を確保するためのものであるので，破れていたり，湿っていたりして，容易に通電するような状態であると，その目的が達せられないこともあるので，溶接作業者はもとより，始業時などには溶接指導者による個々の溶接作業者に対する点検指導が重要である。

このほか，有害光線が周囲の作業者へ影響を与えないようにするための遮光幕，つい（衝）立などがある。

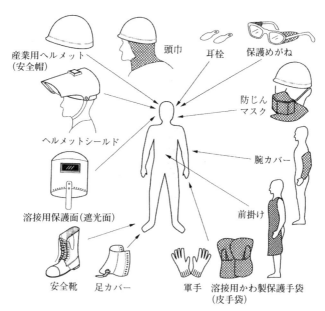

図 1.18　溶接保護具の例

1.3　溶接作業者に必要な資格

　溶接構造物を製作する工場として，その工場が目的の構造物を製作するに適しているかを判断するために，溶接設備や溶接技術者，溶接作業者の数，それに溶接品質の管理体制などをチェックする工場認定的な方向と，工場内の個々の溶接作業者に規定の資格を保有させる個人認定的な方向とがある。ここでは後者について述べる。

1.3.1　安全作業資格

　まず，厚生労働省が定めた「アーク溶接等の業務に係る特別教育」がある。これは労働安全衛生規則により定められているもので，事業者が溶接作業予定者に対し，学科教育 11 時間，実技教育 10 時間以上を行うことが義務付けられ

ている．もし，事業者が行えない場合は，その溶接作業予定者を専門の講習会に参加させ，教育を受けさせないと溶接作業はできず，違反すると事業者は罰せられることになっている．

これは溶接技能レベルなどには関係なく，安全に作業ができるということのみを証明するものである．なお，ここでいう事業者とは，安衛法第2条で「労働者を使用するもの」と定義されているが，「安衛法の詳解」には「労働者であっても，その人が同時にある事項について権限と責任を持っていれば，その事項についてはその人が使用者となる」と解説されて，たいていの場合，溶接作業の監督者は労働者であると同時に，事業者であることを認識しなければならない．

さらに，新たに職務につくことになった職長に対して労働安全衛生規則第四十条に定める「安全又は衛生のための教育」が義務付けられている．教育は作業手順の定め方，作業中の監督及び指示の方法，災害発生時の措置など12科目について，12時間以上とすることが定められている．また，これらの結果について事業者は，その記録を事後3年間保存することが必要である．

溶接に関連するものとして「ガス溶接技能講習」がある．切断だけでなく予熱やガスガウジング作業をする場合も，この修了証を持っていないと作業ができない．違反すると事業者，作業者ともに罰せられる．この講習会は，労働基準局長が認定した指定機関で行われる．講習内容はガス設備，構造，使用ガスの知識，法令など8時間の学科と5時間の実技で，修了試験の合格者に対して修了証が交付される．

1.3.2　技能資格

一般的に，溶接構造物を施工する場合は，ある技量水準以上の溶接作業者が従事することを前提としているので，構造物特有の資格を要求されることがほとんどである．その溶接技量水準の目安となり，広く普及しているものに，経済産業省が定めた JIS Z 3801：2018「手溶接技術検定における試験方法及び判定基準」などがある．

日本溶接協会では，試験実施に関する WES 8201：2021「手溶接技能者の資格認証基準」を定め，学科試験及び実技試験，判定方法及び合否判定基準，適

格性証明書（技術証明書）及び資格の登録期間などを規定している。

実技試験に使用する鋼材は，軟鋼（SS400，SM400など）で，試験の種類は，板の突合せ溶接（薄板，中板，厚板）及び管の突合せ溶接（薄肉管，中肉管，厚肉管）がある。溶接方法は，被覆アーク溶接，ティグ溶接，組合せ溶接（初めの1～3パスをティグ溶接で行う）及びガス溶接がある。溶接姿勢は，板の種目の場合は，下向・立向・横向・上向の全溶接姿勢，管の種目の場合は，水平及び鉛直固定管で一つの受験種目となっている。また，各種目には，基本級（下向）と専門級（下向以外のすべて）とに分かれ，基本級の資格がないと専門級の資格を受験できないことになっている。

資格の有効期限は，1年であるが，有効期限内にサーベイランス（従来の継続手続き）を2回受けられ，3年を経過する前に再評価（更新試験）を受ける必要がある。試験時の板厚区分と実際の作業での板厚区分の対応は，WES 7101：1965では**表 1.10**のように定めている。

類似の資格ではJIS Z 3841：2018「半自動溶接技術検定における試験方法及び判定基準」，JIS Z 3821：2018「ステンレス鋼溶接技術検定における試験方法及び判定基準」，JIS Z 3811：2000「アルミニウム溶接技術検定における試験方法及び判定基準」，JIS Z 3805：2022「チタン溶接技術検定における試験方法及び判定基準」などがある。

そのほか，構造物を対象とした産業別の資格には，ボイラー及び圧力容器安全規則「特別ボイラー溶接士免許及び普通ボイラー溶接士免許」，JPI-7S-31（WES 8102：2021）「溶接士技量検定基準（石油工業関係)」，一般財団法人 日本海事協会 鋼船規則「溶接士技量資格」などがある。

表 1.10　板厚区分の目安（mm）　WES 7101：1965 改変

溶接作業の区分	溶接母材		溶接作業の区分	溶接母材	
	形状	厚さ		形状	厚さ
薄　板	鋼　板	≦ 6.4	薄肉管	鋼　管	≦ 10
中　板	鋼　板	≧ 4.5 ≦ 19.0	中肉管	鋼　管	≧ 5.5 ≦ 22.0
厚　板	鋼　板	≧ 10.0	厚肉管	鋼　管	≧ 10.0

＊管は外径が400 mm以下のものをいい，それを超えるものは管または板としてよい。

《引　用　文　献》

1) 溶接学会編：溶接技術の基礎，1986，産報出版
2) 安藤・長谷川：溶接アーク現象〈増補版〉，1967，産報出版
3) 日本溶接協会編：JIS 手溶接 受験の手引き，1998，産報出版

《参　考　文　献》

1.1.1　成田「溶接指導者のためのマニュアル」溶接技術，1985 － 1，産報出版
1.2.4　大江「溶接部に発生する欠陥とその防止法」溶接棒だより技術ガイド，1992 － 1，神戸製鋼所
1.2.6　（社）日本鉄塔協会：鋼管鉄塔溶接施工基準，1986
1.3.1　中央労働災害防止協会：職長の安全衛生テキスト，2017

《本章の内容を補足するための参考図書》

溶接学会・日本溶接協会編：新版改訂 溶接・接合技術入門，2019，産報出版
（一社）日本溶接協会編：実技マニュアル新版炭酸ガス半自動アーク溶接，2018，産報出版

第2章　被覆アーク溶接・厚板と高張力鋼の溶接及び切断

2.1　被覆アーク溶接機器

2.1.1　被覆アーク溶接機の種類とその特徴

　被覆アーク溶接機には，交流アーク溶接機と直流アーク溶接機があるが，わが国では交流アーク溶接機が多く使用されている。表2.1 に，両者の比較を示す。また，商用電源が準備出来ない工事現場での溶接作業や，出張工事などではエンジン発電機を利用したエンジン溶接機が用いられる。それぞれの特徴や動作原理について述べる。

　被覆アーク溶接機には，半自動アーク溶接機やティグ溶接機と異なりトーチスイッチがなく，被覆アーク溶接機の電源を入れると，ホルダの溶接棒を挟む部分に電圧がかかるので，作業者は取扱いに注意する（6.3.2 項参照）。待機中に溶接機から出力される無負荷電圧は65V〜95Vと高く，電撃を防止する装置により低い電圧（25V以下）に切り替わる溶接機も多い。

表2.1　被覆アーク溶接用電源の比較

項　目	交流アーク溶接機	直流アーク溶接機
電撃の危険性	高い	低い
無負荷電圧	高い	低い
アークの安定性	やや劣る	良好
極性の選択	−	可
磁気吹き現象	起こりにくい	起こりやすい
構　造	簡単	複雑
保　守	簡単	手間がかかる

〔1〕可動鉄心形交流アーク溶接機

　可動鉄心形交流アーク溶接機は，図2.1に示すように，固定鉄心に入力（1次）側コイルと出力（2次）側コイルが巻かれ，それらの巻線の間に可動鉄心が配置された構造からなる。この可動鉄心を固定鉄心から出し入れすることにより漏れ磁束の量が変化し，出力側の電流を調整する。例えば，図2.1 ①のように可動鉄心が中央にあると，漏れ磁束が多くなり出力電流は減少する。また，③のように可動鉄心を引き出し，固定鉄心との空隙（くうげき）が大きくなると，漏れ磁束が少なくなり，出力電流は増大する。この可動鉄心形溶接機は，構造がシンプルで堅牢にできていて，取り扱いやすい溶接機である。

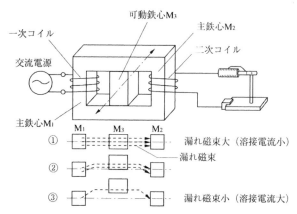

図2.1　可動鉄心形交流アーク溶接機の原理[1)]

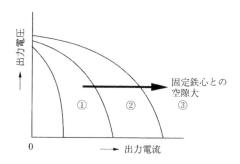

図2.2　可動鉄心形交流アーク溶接機の外部特性

図 2.2 は，可動鉄心形交流アーク溶接機の出力電流と電圧の外部特性曲線を示し，このような特性を垂下特性とよぶ。

可動鉄心の位置調整（出力電流調整）は，写真 2.1 のような手回しハンドルによる方法が一般的である。また，電動モータにより遠隔操作できるものがあり，作業者は図 2.3 に示すリモコン接触子を携帯し，電流調整の際にリモコン接触子を溶接棒ホルダに挟み母材と接触させる。リモコン接触子の向きにより電流の増減を選択し，母材に接触させる時間の長さにより電流の増減量を調整することができる。

写真 2.1　可動鉄心形交流アーク溶接機

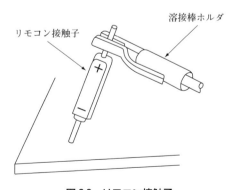

図 2.3　リモコン接触子

〔2〕直流被覆アーク溶接機

　直流アークは極性の変化がないためアークの安定性が良く，低い電流域でもアークが安定する。そのため直流アーク溶接機は，特に低い電流を必要とする薄板などで用いられる。また直流被覆アーク溶接機は，無負荷電圧が交流アーク溶接機より低く，電撃の危険性が少ない特徴がある。

　直流被覆アーク溶接機には交流商用電源から直流を作り出すため，半導体のサイリスタやインバータ制御（図3.11参照）が用いられている。構造は比較的複雑となり，やや高価である。また，ティグ溶接機，マグ溶接機やガウジング用電源には，そのパネル面に直流被覆アーク溶接に切り替えるスイッチを持った溶接機もある。

〔3〕エンジン溶接機

　建築・土木の現場や屋外工事など現場溶接作業では，エンジン発電機で発電した電気で溶接を行うエンジン溶接機が用いられる。電源設備の準備が不要であり，ガソリンエンジンは小型軽量で可搬性に優れ，ディーゼルエンジンは大きくなるがランニングコストが安いのが特徴である。

　構造は屋外の過酷な環境での作業性や設置を配慮して堅牢に作られており，溶接機の電源特性は，電撃に対する作業の安全性とアークの安定性のため直流電源で垂下特性又は定電流特性となっている。写真2.2にその例を示す。また，エンジン溶接機を室内で使用する場合には，排気ガスの換気に注意する。

写真2.2　エンジン溶接機

2.1.2 被覆アーク溶接用機器の準備

〔1〕電源周波数

可動鉄心形交流アーク溶接機は，50 Hz 又は 60 Hz の周波数ごとの専用機となっている。例えば，周波数 50 Hz 用溶接機を 60 Hz 地区で使用すると，変圧器の抵抗分（リアクタンス）が増えるため電流が流れにくく，定格出力が出なくなる。また，交流回路で消費される無効電力を減らして力率を改善する力率改善用コンデンサを内蔵しているものでは，コンデンサ用昇圧巻線に定格以上の過電流が流れるため，巻線を焼損するおそれがある。

逆に，60 Hz 用溶接機を 50 Hz 地区で使用すると，変圧器鉄心の磁束密度が増え，飽和すると励磁電流が著しく増加するため，入力側コイルを焼損するおそれがあるので，このような使用は避けなければならない。

〔2〕溶接機の設置場所

溶接機の設置場所は，湿気や塵，ほこり，特に金属粉末の多い場所を避け，床がコンクリートなどのようにしっかりした場所を選ぶ。壁や他の溶接機から少なくとも 30 cm 以上離し，直射日光や風雨のあたらない場所が好ましい。

〔3〕電源設備への接続

溶接機の接続は，溶接機の銘板に示されている相数，入力電圧，周波数，最大入力電流などを確認した上で行う。

入力側配線のケーブルの太さは，溶接機の最大入力電流によって決まり，溶接機の容量に従い，内線規程（日本電気協会）などを参考にして決める。使用する電線は JIS C 3327：2000「600V ゴムキャブタイヤケーブル」などを使用する。

また，入力側には必ず開閉器や遮断器を使用する。入力ケーブルと溶接機端子との接続には，①接続不良による発熱防止のため，接続部は圧着端子とボルトを用いてしっかりと接続すること，②１次側電圧による感電及び漏電防止のため，接続部は絶縁カバーなどを用いて十分な絶縁対策を行うこと，が重要で

ある。

〔4〕接地（アース）

　溶接機及び作業台又は母材は，安全のため接地をすることが，電気設備技術基準で定められている。溶接機本体と作業台又は母材はそれぞれ D 種接地（接地抵抗 100 Ω 以下）を施すことが必要である。作業台の接地は母材の電位が上昇することを防ぐ目的から，図 2.4 のように母材に近いところで接地を行うことが大切で，母材接続ケーブルを介して溶接機のすぐ近くで接地を行うことは避けなければならない。

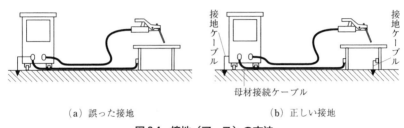

（a）誤った接地　　　　　　（b）正しい接地

図 2.4　接地（アース）の方法

〔5〕溶接棒ホルダ

　溶接棒ホルダは，作業性から軽量，小形で重心がにぎりに近い方が良く，安全面からは，通電部の露出部分の少ない方が良い。労働安全衛生規則では JIS C 9300-11：2023「溶接棒ホルダ」に適合したもの，又はこれと同等以上のものを使用するよう規定している。JIS に規定されている溶接棒ホルダの種類を**表 2.2** に示す。これらの溶接棒ホルダでは，使用率 60％においてホルダが許容温度上昇以下となる定格電流が定められている。

　また，溶接棒ホルダは労働安全衛生規則（第 352 条）で使用前点検が義務付けられており，ホルダの絶縁防護部やケーブル接続部に損傷がないことを確認しなければならない。

表2.2　溶接棒ホルダの寸法要求（J形ホルダ）[2)]

ホルダの定格電流 A	つかみ得る溶接棒径の 最小限の適合範囲 mm	溶接ケーブルの断面積の 最小限の適合範囲 mm^2
125	1.6〜3.2	14〜22
150	3.2〜4.0	22〜(30)
200	3.2〜5.0	(30)〜38
250	4.0〜6.4	38〜(50)
300		
400	5.0〜8.0	60〜(80)
500	6.4〜(10.0)	(80)〜100

（注）（　）の数値は，JIS C 3404：2000 および JIS Z 3211：2008 に規定されていないものである。

〔6〕出力側ケーブル

　溶接機と溶接棒ホルダを結ぶ電線及び溶接機と母材を結ぶ電線（母材接続ケーブルや帰線とよぶ。）には，過酷な取扱いを受けるので摩耗，衝撃，屈曲に十分耐え，耐水性のあることが要求される。このような点から，電気設備技術基準では，溶接用ケーブル又はキャブタイヤケーブルを用いることが規定されている。使用する電線の太さは，溶接棒ホルダ用，母材接続用ケーブル，それぞれ表2.2，表2.3に示すものを使用する。また，溶接棒ホルダに接続するケーブルは，JIS C 3404:2000 に規定された柔軟性に優れ作業性の良いホルダ用ケーブルが使用されることが多い。

表2.3　溶接機に使用する母材接続ケーブル（帰線）の太さ

2次電流（A）	JIS 溶接用ケーブル又は その他のケーブル (mm^2)	
100 A 以下	(14)	−
150 A 以下	22	
250 A 以下	38	
400 A 以下	60	
600 A 以下	100	

(1)（　）内は JIS 溶接用ケーブル以外を示す。
(2) 定格使用率 50％の場合を示す。

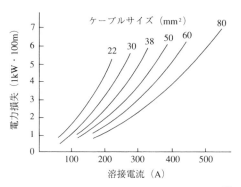

図 2.5 溶接ケーブル 100m での電力損失の例[3]

出力側配線の長さは特に規定はないが，ケーブル抵抗分による電圧降下と電流の流れを妨げる誘導起電力による電圧降下によって，溶接結果に悪影響を及ぼすことがあるので，これに対する配慮が必要である。図 2.5 は，出力側のケーブルでの電力損失を示したもので，例えば 60 mm^2 のケーブルに 400 A の溶接電流を流した場合，長さ 100 m での電力損失は約 5 kW（電圧降下 12.5 V）にもなる。

溶接電源の設置，接続及び使用に関わる法規について参考として付録 3 に示す。なお，法規や規格は改廃されることがあるので，必ず最新版を参照し，作業にあたっては，それぞれの作業に必要な資格を有する者が作業を行う。

2.1.3 自動電撃防止装置

交流アーク溶接機は最高無負荷電圧が高く，感電防止のための安全装置として自動電撃防止装置（以下「電防装置」という）が用いられる。労働安全衛生規則（第 332 条，第 648 条）では，導電体に囲まれた著しく狭あいな場所や墜落のおそれのある 2 m 以上での高所作業時など，作業環境により電防装置の使用を義務づけている。それ以外の場所で交流アーク溶接機を使う場合にも感電防止の点から電防装置を使用するのが望ましい。電防装置には，溶接機に内蔵されたものと外部取付けのものがある。

〔1〕動作原理

図2.6は電防装置の概要を示し，図2.7は電防装置の動作原理を示す．溶接休止時には交流アーク溶接機の入力側は，電磁接触器の接点 S_1 によって開放されており，別に設けられた補助変圧器により，安全な低い電圧（安全電圧*）が溶接機の2次側に印加されている．

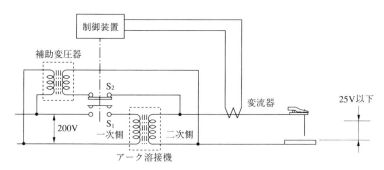

図2.6　自動電撃防止装置の概要[2]

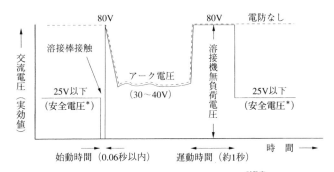

図2.7　自動電撃防止装置の動作原理[2]改変

---

*自動電撃防止装置の安全電圧に関しては，平成11年改正，労働省告示第104号（平成23年厚労省告示第74号により一部改正）「交流アーク溶接機用自動電撃防止装置構造規格」の第12条で「装置の安全電圧は，30ボルト以下でなければならない．」と定められている．また，JIS C 9311：2011「交流アーク溶接電源用電撃防止装置」では，安全電圧は，定格入力電圧において25V以下，入力電圧の変動の許容範囲内において30V以下とされている．

溶接棒を母材に接触させると出力側に弱い電流が流れ，それを検出し電磁接触器を動作させる。すると主接点 S_1 が閉路し，入力側に正規の電圧が印加されてアークが発生できる状態になり溶接が始まる。この間は 0.06 秒以内であり，作業性を損なうことはない。以後，溶接電流の検出信号が制御装置に流れ，電磁接触器は「ON」の状態を続ける。

アークを切ると，制御装置の遅動時間回路によってしばらく電磁接触器は「ON」の状態を保ち，遅動時間後「OFF」となる。電磁接触器が「OFF」になると，出力側電圧は再び安全電圧となる。

遅動時間中は，溶接機の高い無負荷電圧が出力側に印加されるため，遅動時間はあまり長いと危険であり，また短すぎると，すぐに引き続いてアークを出そうとする時に不便なため，JIS では「約 1 秒を標準とし，いかなる場合も 1.5 秒を超えてはならない」と定めている。

電防装置には，前述の溶接機の 1 次側に主接点 S_1 を設けた 1 次側開閉形とよばれているものと，溶接機の 2 次側に主接点を設けた 2 次側開閉形とよばれるものもある。また始動感度により高抵抗始動形（H 形）と，低抵抗始動形（L 形）に分類することもできる。高抵抗始動形は，母材の表面が錆びていたり塗装されているなど，溶接棒を接触させても接触抵抗が大きく，電防装置が始動しにくいような作業場で用いられている。

〔2〕電撃防止装置の取扱い

電防装置は，労働安全衛生法第 44 条の 2 により，型式検定に合格したものでなければ使用できないことになっている。また，その接続及び使用時の点検が大切であるので，厚生労働省より「交流アーク溶接機用自動電撃防止装置の接続及び使用の安全基準に関する技術上の指針」（平成 23 年：技術上の指針公示 18 号）が公示されている。指針には，電防装置を取り付けた溶接機を使用する時は，その日の使用を開始する前に電防装置の動作を確認することや，定期的に電防装置の検査を行い，その結果を記録することなどが明示されている。

2.1.4　定格出力電流と定格使用率

溶接電源には定格出力電流と定格使用率が定められている。

定格出力電流とは，その溶接電源に定められた電流容量のことで，使用できる最大の電流値となっている。

定格使用率とは，全時間に定格出力電流で連続して溶接することのできる負荷時間の全時間に対する比率であり，アーク溶接機の全時間の周期は JIS で 10 分と定められている。例えば，定格出力電流 500 A・定格使用率 60％の溶接電源の場合，500 A で 6 分間連続して溶接できるが，4 分間は休止する必要がある。一般的には定格出力電流で溶接することはまれなので，定格出力電流より低い場合は，次の許容使用率の計算式を用いて使用する。

$$許容使用率＝(定格出力電流／使用電流)^2 \times 定格使用率$$

例えば，定格出力電流 500 A，定格使用率 60％の溶接機を 400 A で使用する場合，

$$(500／400)^2 \times 60\% ＝ 93.8\%$$

となり，400 A で溶接すると約 9 分間は連続で溶接できるが，1 分間は休止しなければならない。許容使用率の計算は，溶接電源の変圧器や巻線の温度上昇を考慮したもので，これらの発熱は電流の 2 乗に比例することによる。溶接電源の取扱説明書には図 2.8 のように溶接電流値と使用率との関係をグラフで示したものもある。この例では 10 分間を超える連続溶接の使用は，溶接電流が 387 A 以下に限られることを示している。

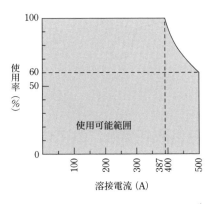

図 2.8　使用溶接電流値と使用率の関係[4]

2.2 被覆アーク溶接棒

　被覆アーク溶接棒を用いる溶接は，1907年（明治40年）にスウェーデンのチェルベルヒによって無機質被覆のアーク溶接棒（ガスシールドタイプ）が発明されて以来，最も基本的なアーク溶接法として発達し，定着している。この方法は，一般的に「手溶接」とよばれ，現在，あらゆる構造物の溶接に使われている。

2.2.1　被覆アーク溶接棒の種類とJIS

〔1〕被覆アーク溶接棒の用途

　被覆アーク溶接棒は，手溶接棒といわれるほど手溶接に多く用いられている。また，図2.9に示す水平すみ肉の簡易自動溶接法として，重力式溶接法（グラビティ溶接法）が，現在でも一部の造船所などで使われている。

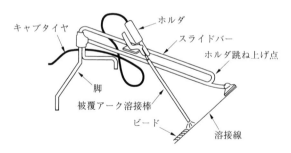

図2.9　重力式溶接法（グラビティ溶接法）

〔2〕用途別被覆アーク溶接棒と心線

　被覆アーク溶接棒は，金属の心線に被覆剤（フラックス）が塗布された棒状の溶接棒である。軟鋼用被覆アーク溶接棒と高張力鋼用被覆アーク溶接棒の心線には，いずれも極軟鋼が使用されており，被覆剤に含まれる合金成分によっ

て溶接金属の強度や靱性が調整される。この合金成分により軟鋼用と高張力鋼用の溶接棒が区別される。

〔3〕JISと被覆系統

被覆アーク溶接棒は，10から20種類ほどの被覆剤原料と水ガラスという固着剤を混合し，それを心線の周囲に均一に塗布した後，乾燥させて作られる。被覆剤は，①アークの集中と安定の確保，②空気中の酸素や窒素の溶接金属への侵入防止，③スラグの量や粘度の調整による溶接作業性向上，④溶接金属へ侵入した酸素や窒素の除去（脱酸，脱窒）⑤鉄粉及び合金金属粉の添加，などの役割がある。

軟鋼，高張力鋼及び低温用鋼用被覆アーク溶接棒はJIS Z 3211 : 2008に規定されており，記号のつけ方を図 2.10 に示し，溶接棒の種類の記号の例を次に示す。

例1　E4303
・溶着金属の引張強さの記号；「43」は，430 MPa 以上
・被覆剤の種類の記号；「03」は，ライムチタニア系
・溶着金属の主要化学成分の記号；「記号なし」は，Mn 1 %（公称レベル）

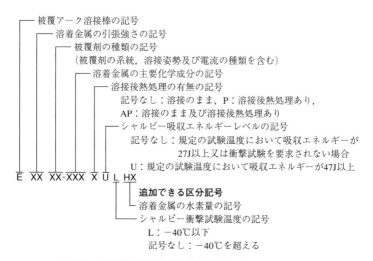

図 2.10　溶接棒の種類の記号の付け方（JIS Z 3211 : 2008）

- 溶接後熱処理の有無の記号；「記号なし」は，溶接のまま
- シャルピー吸収エネルギーの記号；「記号なし」は，要求なし又は規定試験温度にて 27 J 以上
- シャルピー衝撃試験温度の区分；「記号なし」は，－40℃を超える
- 追加できる区分記号；「記号なし」は，溶着金属の水素量の規定なし

例2　E4916
- 溶着金属の引張強さの記号；「49」は，490 MPa 以上
- 被覆剤の種類の記号；「16」は，低水素系
- 溶着金属の主要化学成分の記号；「記号なし」は，Mn 1%（公称レベル）
- 溶接後熱処理の有無の記号；「記号なし」は，溶接のまま
- シャルピー吸収エネルギーの記号；「記号なし」は，要求なし又は規定試験温度にて 27 J 以上
- シャルピー衝撃試験温度の区分；「記号なし」は，－40℃を超える
- 追加できる区分記号；「記号なし」は，溶着金属の水素量の規定なし

例3　E6216-N1M1 U
- 溶着金属の引張強さの記号；「62」は，620 MPa 以上
- 被覆剤の種類の記号；「16」は，低水素系
- 溶着金属の主要化学成分の記号；「N1M1」は，Ni 0.5%，Mo 0.2%（公称レベル）
- 溶接後熱処理の有無の記号；記号なしは，溶接のまま
- シャルピー吸収エネルギーの記号；U は，規定試験温度にて 47 J 以上
- シャルピー衝撃試験温度の区分；記号なしは，－40℃を超える
- 追加できる区分記号；「記号なし」は，溶着金属の水素量の規定なし

　この記号の頭の「E」は，被覆アーク溶接棒の英語である［Electrode］の「E」である。ISO（国際規格）との整合性を図るため，長年使われた電弧棒のローマ字読みの「D」から改定された。「E」の次の記号は溶着金属の引張強さを示し，数字の 10 倍以上の溶着金属の引張強さがあることを意味している。溶着金属の引張強さの記号の意味を表 2.4 に示すが，表中の 57J，59J 及び 78J の記号は，日本が開発した建築用鋼材や橋梁用鋼材に対応した溶接材料の一部に付けられている。その次の数字は，表 2.5 に示すように被覆剤の系統，溶接姿勢及び電

流の種類を示す．ここで，軟鋼溶接棒の被覆剤の系統と一般的な特性を示すと次のようになる．

表 2.4 溶着金属の引張強さの記号

記 号	引張強さ MPa	記 号	引張強さ MPa
43	430 以上	62	620 以上
49	490 以上	69	690 以上
55	550 以上	76	760 以上
57	570 以上	78	780 以上
57J	570 以上	78 J	780 以上
59	590 以上	83	830 以上
59J	590 以上	—	—

表 2.5 被覆剤の種類の記号

記号	被覆剤の系統	溶接姿勢[a]	電流の種類[b]
03	ライムチタニヤ系	全姿勢[c]	AC 及び / 又は DC（±）
10	高セルロース系	全姿勢	DC（+）
11	高セルロース系	全姿勢	AC 及び / 又は DC（+）
12	高酸化チタン系	全姿勢[c]	AC 及び / 又は DC（−）
13	高酸化チタン系	全姿勢[c]	AC 及び / 又は DC（±）
14	鉄粉酸化チタン系	全姿勢[c]	AC 及び / 又は DC（±）
15	低水素系	全姿勢[c]	DC（+）
16	低水素系	全姿勢[c]	AC 及び / 又は DC（+）
18	鉄粉低水素系	全姿勢[c]	AC 及び / 又は DC（+）
19	イルミナイト系	全姿勢[c]	AC 及び / 又は DC（±）
20	酸化鉄系	PA 及び PB	AC 及び / 又は DC（−）
24	鉄粉酸化チタン系	PA 及び PB	AC 及び / 又は DC（±）
27	鉄粉酸化鉄系	PA 及び PB	AC 及び / 又は DC（−）
28	鉄粉低水素系	PA，PB 及び PC	AC 及び / 又は DC（+）
40	特殊系（規定なし）	製造業者の推奨	
48	低水素系	全姿勢[d]	AC 及び / 又は DC（+）

注 a) 溶接姿勢は，JIS Z 3011 による．PA 下向，PB 水平すみ肉，PC 横向
   b) 電流の種類に用いている記号の意味は，次による．
      AC：交流，DC（+）：棒プラス，DC（−）：棒マイナス
      DC（±）：棒プラスおよび棒マイナス
   c) 立向姿勢は，PF（立向上進）が適用できるものとする．
   d) 立向姿勢は，PG（立向下進）が適用できるものとする．

(1) E4303（ライムチタニア系）；被覆剤中に酸化チタン鉱石を約30％，炭酸石灰又はドロマイトを約20％含有した溶接棒である。アークはソフトで，ビード外観が優れている。水平隅肉溶接でビードの伸びのいいタイプや立向き上進溶接のやりやすいタイプなどがある。現在わが国で最も多量に使用されている。

(2) E4311（高セルロース系）；被覆剤中に20％以上の有機物を含んだ薄被覆の溶接棒である。アークが強く，溶込みが深い。立向下進溶接に適する。わが国では使用量少ないが，国外のパイプ溶接に多量に使用されている。

(3) E4313（高酸化チタン系）；被覆剤中に酸化チタン鉱石を45％程度含有した溶接棒である。アークの安定性にすぐれ，ビード外観が美しく，スラグ剥離性は極めてよい。しかし，溶込みは少なく，耐割れ性，耐ブローホール性，延性及び靱性は，他の系統の溶接棒より劣る。主に薄板に多く使われている。

(4) E4316（低水素系）；被覆剤中に炭酸石灰を約50％，蛍石を約20％含有し，有機物そのほかの水素源をほとんど含有してない。そのために，溶着金属中の拡散性水素量は，きわめて低く（15 mℓ 以下／100 g）延性及び靱性，耐割れ性にとくにすぐれており，拘束力の大きい構造物の溶接などに多用されている。この系統の溶接棒は，アーク電圧が低く，溶滴の移行がグロビュールタイプ（溶滴の大きな移行のタイプ）のため，アークの安定性にやや難があり，ビード形状は凸形となりやすい。また，アーク発生直後（溶接開始部）にブローホールが発生しやすいが，これを防止するために，後戻りスタート運棒法をマスターしておくことが不可欠である。(2.6.1 参照)

(5) E4319（イルミナイト系）；被覆剤中にイルミナイト鉱石（一例 酸化鉄約51％，酸化チタン約41％）を約30％含有し，わが国独自の溶接棒で，広い用途に使用されている。アークの吹付けは強く，溶滴移行はスプレータイプ（溶滴の小さな移行のタイプ）で溶込みは深い。機械的性質，耐割れ性，耐ブローホール性にすぐれている。

2.2.2　被覆アーク溶接棒の取扱い

〔1〕溶接棒の保管

一般的な溶接棒の梱包は，5 kg 紙箱×4 箱の 20 kg を段ボール梱包としたも

のがほとんどで，特に湿気を嫌う低水素系溶接棒は，5 kg 箱ごとにポリエチレン袋で包み，4箱をまとめて 20 kg 段ボール梱包としている場合が多い。

段ボール梱包された溶接棒は，雨や湿気に弱く，特に，現場での保管では，常に吸湿防止の工夫が必要である。

保管の時，溶接棒の箱を種類別に積み上げている場合があるが，一番下のものがいつまでも残りやすいため，上下の入れ替えに気を配る必要がある。

一方，溶接棒の識別については，溶接棒メーカが，溶接棒の棒端やつかみ部分を，乾燥熱で変色しにくい塗料で色分けするなどして，銘柄の識別がわかりやすいようにしている。

しかし，実際には乾燥時や保管時に，他の溶接棒との混在が起こる可能性がある。なかでも強度レベルの違う溶接棒の混在は，誤用による重大な事故の可能性を秘めているので，溶接棒の保管や管理には，使用者はもちろん，作業指導者も誤用の防止について十分注意する必要がある。

〔2〕溶接棒の再乾燥

被覆アーク溶接棒の被覆剤は，出荷後使用されるまでの保管環境により，図2.11 の一例のように吸湿する。吸湿した溶接棒をそのまま使用すると，被覆剤中の水分がアーク熱によって分解されて溶着金属中の水素（拡散性水素）となり，割れやブローホールなど溶接欠陥の原因となることが知られている。考えられる主な水素源は，①溶接棒被覆剤に吸着・吸収された水分，②開先部に付

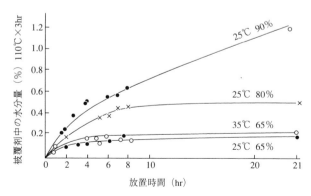

図2.11 放置時間と被覆剤中の水分量の関係（400℃×1hr 乾燥後・低水素系）[5]

着している有機物中の水分，③大気中の水分，④被覆剤中の有機物や水ガラス（珪酸ソーダ）に含まれる水分，鉱物に含まれる結晶水など不可避的に含有する水素源がある。

　被覆剤中の水分を除去するには，被覆剤に配合された成分が劣化しない程度の温度と時間で再乾燥させることが有効である。表2.6に，各種溶接棒の標準再乾燥条件を示す。低水素系溶接棒は有機物を配合していないので他系統の溶接棒より乾燥温度が高く，専用の乾燥器を用意して他系統の溶接棒と分けて乾燥する。また，過度に加熱乾燥された溶接棒は，その被覆剤に配合されている成分が分解し，溶接金属の劣化につながり溶接欠陥を発生させることがある。なお，低水素系以外の溶接棒は原則，再乾燥は不要とされている。万一，被覆剤が吸湿した場合には，使用前に70℃～100℃で30分～60分，再乾燥することが推奨されている。

　オーステナイト系ステンレス鋼溶接棒は，心線の熱膨張係数が炭素鋼に比べて大きく，乾燥温度が高いと心線が大きく伸びて，被覆剤が割れて剥離するこ

表2.6　標準再乾燥条件（WES 2302：2023 解説より抜粋）

被覆系		種類	乾燥温度（℃）	乾燥時間（min）	乾燥後許容放置時間（hr）	繰返し再乾燥可能回数
非低水素系	高セルロース系を除く	軟鋼用～低合金鋼用	70～100	30～60	8	5
	高セルロース系	軟鋼用～590N/mm^{2}級高張力鋼用	70～100	30～60	6	3
低水素系		軟鋼用～490N/mm^{2}級高張力鋼用	300～400	30～60	4	3
		590N/mm^{2}級高張力鋼用	350～400	60	4	3
		780N/mm^{2}級高張力鋼用	350～400	60	2	2
	耐候性鋼用	490N/mm^{2}級鋼用	300～400	30～60	4	3
		590N/mm^{2}級鋼用	350～400	60	4	3
	低温用鋼用		350～400	60	4	3
	耐熱鋼用		350～400	60	4	3

(1) 太径棒の場合は上限の温度・時間側で再乾燥すること。
(2) 特に溶接材料製造業者が独自の目的で本表と異なる再乾燥条件を推奨する場合はその条件に従うこと。
(3) 表中で乾燥時間60minのものは，最短時間を示しているが，意味のない長時間乾燥は避けること。

とがあり，再乾燥温度に注意する。ステンレス鋼用溶接棒の再乾燥条件は各溶接材料製造メーカの推奨条件による。

　実際の溶接では，一度再乾燥したものを再度乾燥して使用する場合も多い。E4916系の棒を用いた実験によると，室温から350℃まで9回の再乾燥を行ったE4916系棒で，機械的性能や化学成分に変化は認められなかったとの報告もあるが，使用中のフラックスの脱落や溶接作業性の劣化が生じやすくなる傾向にあり，また，乾燥回数管理の実現性から，一般的に実施可能であろうという程度の繰返し乾燥回数については，表2.6に併せて示してある。

2.3　溶接実技の基礎練習（初心者の溶接練習）

　溶接品質の確保は，個々の溶接作業者の技能安定，向上に負うところが大きい。このため，溶接技能の初期練習や，数年経過した経験者の自然についた癖などを矯正する技能練習は，生産現場にとって重要な課題である。
　ここでは，初心者を対象とする下向姿勢の初期練習時に留意すべき基本事項について述べる。

2.3.1　アークの発生と運棒方法

〔1〕基本姿勢

　ホルダは，**図 2.12** のように親指と人差指の付け根をハンドルの上部に置き，レバーは親指の横にして，ホルダと手首と腕がほぼ直線になるよう持つ。
　溶接作業では，立つ，しゃがむ，腰掛ける，という作業姿勢があるが，上半身の構え方はどの場合でも同じで，要点は次の3つである。
(1)　両肩を溶接線に平行にし，やや前かがみになる。
(2)　溶接棒をホルダに直角にはさむ。
(3)　ホルダを持った腕は，**図 2.13** に示すように約90°に曲げ，ホルダと手首と腕の線を平行にして，ひじを軽く張るようにする。
　一方，下半身の構え方は，立って作業する時は，両足を肩幅程度左右に開き

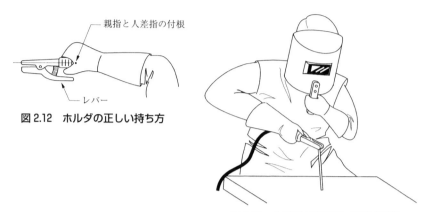

図 2.12 ホルダの正しい持ち方

図 2.13 上半身の構え方(下向姿勢)

足の裏をぴったり床につけて体を安定させる。この時,右足を少し後ろにずらしても良いが,両肩は溶接線に平行になるようにする。ひざは突っ張らずに少し曲げて腰を落とし,上下左右に融通の利く柔軟な構えをする。

しゃがんでの作業でも,足の開きは肩幅程度でつま先立ちにならないようにし,腰は十分落として安定させる。腰を掛けて作業する時は,腰は安定しているから足は自由にしても良いように思えるが,やはり足を正しく構える方が上体は一層安定する。

〔2〕アーク発生の方法と練習の指導方法

アークの出し方には,図 2.14 に示すタッピングとブラッシングの 2 つの方法がある。タッピング法は棒の先で母材面を軽く打って,その反動で棒先と母材との間でアークを発生させる方法で,ブラッシング法は,棒の先で母材面を短くこするような感じでアークを発生させる方法である。アークが発生したら,

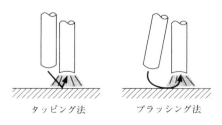

図 2.14 アークの正しい出し方

アークの長さを溶接棒の太さ（径）程度に保持する。

　溶接棒の先端は，心線の断面が表面に出るように加工されているので，最初のアーク発生は比較的容易で，ソフトなタッチで行える。しかし，アークを一旦切った後の再アーク時の心線の先端は，保護筒（図 2.49 参照）の中にあって，その表面にスラグが固着している場合が多く，このままの状態では電気的に絶縁されている。

　したがって，この場合は別の鋼片などの上でタッピング法の要領で，この保護筒やスラグを砕いてからアークを発生させることになる。しかし，スラグを砕く動作を強く行い過ぎると，被覆剤が割れて脱落するので，できるだけスムーズに再度アークを出したい時には，母材のアーク発生点近傍に，別の小さな鋼板（捨て金）を置いて，この上でアークを発生させ，しばらく持続させた後にアークを切って，棒の先端が赤いうちに母材のアーク発生点に持って来てアークを出すと良い。

　アーク発生の練習を指導するときは，鋼板上の任意の点でアークを出させるよりも，ポンチやチョークで目印をつけ，確実に目標上にアークを出させる練習が有効である。

　動作手順は，手にしている遮光面ですぐに顔を覆えるように構え，溶接棒の先端をアーク発生点の上 10 mm 位に近付け，まず遮光面で顔を覆ってから，溶接棒を母材に接触させアークを発生させる。

　アークが発生したら，その直後から溶接棒が溶けていくから，それに合わせて腕を下げながら一定のアーク長を保ち，かつ棒を母材面に垂直に保持する感覚を，アーク発生要領と同時に会得させる。そして，アークを 5 秒程度続けたらアークを一度切って，これを反復練習させる。なお，アークを切るときは，アーク長を一旦短くしてから，上方に素早く引き離させる。音が「ボー」と出るような引き延ばした切り方ではなく，「パッ」と短く切るようにする。

〔3〕運棒操作の方法と平板ビード置き練習

　基本運棒操作には，ストリンガ運棒法とウィービング運棒法の 2 つの方法がある。ストリンガ運棒法は，アーク長を一定に保ちながら，溶接棒を溶接方向に直線状に進める方法で，ストレート運棒法ともいう。ビード幅は運棒の速さで調整するが，使用棒径（心線径）の 2 倍程度の幅が作業しやすい。

ウィービング運棒法は，アーク長を一定に保ちながら，溶接棒を溶接幅方向に往復させながら，溶接方向に進む方法である。ウィービングで得られるビード幅は，使用棒径の3倍程度までとする。

運棒操作の練習は，まず，まっすぐなビードを置けるようにストリンガ運棒法の練習が必要である。

このためには，次のような注意が必要である。（右利きの場合）

(1) 溶接開始点に対して右側（溶接の進んでいく側）に位置し，上半身を左寄りにして両肩を溶接線に平行となる基本姿勢をとる。

(2) アークを出す位置は，図 2.15 に示すように，溶接開始点の前方（溶接方向）10 mm ～ 15 mm の（A点）で発生させたアークを，溶接開始点（B点）まで後戻りさせてからビードを置き始めるようにする。後戻り中は溶接棒を母材面に垂直にし，長いアークで比較的速く動かす。これは後戻りスタート運棒法といわれている。

(3) 溶接開始点まで後戻りしたら，アーク長を溶接棒の径程度に短くし，溶接棒の保持角度は，図 2.16 に示すように，母材表面に対して 90°，溶接線に対して 70°～ 80°（後退角 10°～ 20°）にする。

(4) 棒を右へ進める動作は腕だけで進めるのではなく，左寄りに構えた上半身も右へ平行移動し，上半身と腕の両方で進める必要がある。時々，ビードが

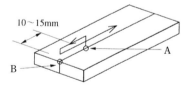

図 2.15　後戻りスタート運棒法

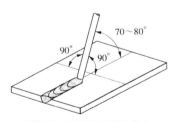

図 2.16　溶接棒の保持角度

後半で右手前に曲がることがあるが，これは上半身の右への移動を忘れたのが原因であることが多い。

次に，一定の幅で形の良いビードが置けるようにするためには，溶接棒の保持角度，進行速度及びアーク長が変動しないように適切に保たなければならない。そのためには，アーク長を一定に保つため棒の消耗に合わせてホルダを下げる動作は，腕を傾けて下げるのではなく，ホルダと腕の線を母材面と平行に保ったまま腕全体を下げるようにすると良い。

アーク長の良否はアーク音でも判断できる。長すぎるアークは「ボー」という音がするが，徐々にアークを短くして行くと「ジー」という音に「パチッパチッ」という音が混じった音に変化する。これが適当なアーク長のときの音で，この音が持続するような運棒が良い。

アークを切るときは，中断する少し手前でアークを短くし，中断位置では溶融池の中央で進行を止め，1秒程度保持して素早くアークを切る。

次に，**図 2.17** に示すウィービング運棒法を習得する必要がある。手順は，次のとおりである。

(1) 溶接開始点での後戻りは，図 2.17 (a) に示すように確実に行う。

(2) ウィービングは，図 2.17 (b) に示すように，初めの 1〜2 回は等速度で運棒し，その部分が十分溶融してから「両端で少し止まり，中央を速く通る」ように運棒操作を変える。

(3) ウィービングのピッチは，使用する棒径以内で均等に運棒する。ピッチの狭すぎは，余盛過大の原因となり，逆にピッチの広げすぎは，ビード外観の不良，止端部の欠陥発生の原因となる。

(4) ウィービング運棒法は，手首だけで棒先を振るように運棒するのではなく，腕を母材面に平行に動かしてアーク長が変わらないようにする。

一般的にビード幅は，ウィービング幅より広くなるので，これを考慮に入れ

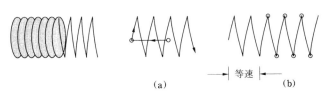

図 2.17 ウィービング運棒法

て決める必要がある。練習法は，鋼板の上に 15 mm 程度の間隔でけがき（罫書）線を入れ，その線上にビードを置くことを反復する。このとき，練習者の興味が持続するように，ストリンガ運棒法とウィービング運棒法の練習を交互に行うのが良い。

また，練習を行うにあたっては，使用電流や棒径の違いによるアークの状態，運棒の微妙な要領の違いを経験するために，時々棒径や電流値を変えるのも良い。特に，溶融スラグと溶融金属の見分けは，技能習得の重要なポイントとなるので，確実に会得する必要がある。

イルミナイト系を例にとると，溶接中のアーク部分は図 2.18 のように，溶融池の大部分は溶融スラグがかぶっていて，進行方向のわずかな部分に溶融金属が見えている。どちらも同色で見分けにくいが，わずかに溶融スラグは色に濃淡のむらがあり，濁った感じで流動しているのに対し，溶融金属の方は一様に光沢があり滑らかに見える。

この見分けがつくようになると，溶融金属部分の母材への溶込み状況を確認でき，確実な溶接ができる。また，テストアークを出して溶接電流を調整するとき，溶融スラグの流動状況も考慮した適正な溶接電流の選定もできるようになる。そして，溶接中に溶融スラグと溶接棒の先端の間隔が見定められ，図 2.19

図 2.18　溶接中の溶融池の状態

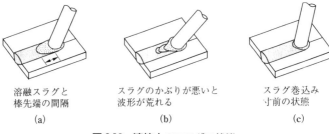

(a)　溶融スラグと棒先端の間隔
(b)　スラグのかぶりが悪いと波形が荒れる
(c)　スラグ巻込み寸前の状態

図 2.19　溶接中のスラグの状態

図 2.20　適切な残棒の寸法

に示すように溶融スラグの接近，後退に応じた運棒及び棒の角度を選ぶことができる。

　一本の溶接棒を使い終えて棒を取り替えるとき，残りがまだ長い状態で交換するのは不経済である。逆に棒が短くなって残りが 40 mm 以下になると，ホルダを握った手の革手袋が母材面に触れて運棒操作が行いにくくなる。したがって，残棒が 40 mm 〜 45 mm になった時に交換することを，感覚的に練習を通じて体得しておくことが大切である。図 2.20 に 40 mm の実寸を示す。

〔4〕指導者が実演する時の諸注意

　実技練習の中で指導者が実習課題を実演することは，練習の重要な項目の一つであり，実演を効果的に行うための配慮もまた大切である。

　溶接作業を実演するときは，練習者に周囲を取り囲ませるのではなく，練習者がその作業を実演者と同じ側から見学できるように，実演者の横又は後ろに配置させる。遮光面を持たせて見学させるアーク溶接の場合には，実演 1 回当たり練習者 6 人位が限度と考えたほうが良い。

　また，練習者を何班かに分けて同じ作業を繰り返して実演する時には，実演者は終わりに近付くほど，初めと比べて動作や説明が省略気味になったり，強調点や項目を忘れがちになる。これを防ぐために，実演項目，要点，強調点などをメモし，それをチェックリストとして，毎回同じ内容の説明ができるように準備する心掛けが必要である。

2.3.2　ビードの継ぎ方とクレータ処理

　溶接の途中で溶接棒が短くなった場合は，棒を取り替えてビードを継ぎ，溶接を続行する。継ぎ目はできるだけビード幅及び高さをそろえて，寸法，形状などの外観不良，ブローホール，スラグ巻込などの内部欠陥の無いようにしなければならない。

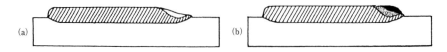

図 2.21　クレータとその処理

溶接の終点でそのままアークを切ったのでは，図 2.21 (a) に示すようにビードの終端に，溶融池がくぼみとして残る。これがクレータである。この部分は，溶接金属の厚さが薄く，不純物が濃縮されやすいうえに急冷されて溶接割れが発生しやすい。したがって，図 2.21 (b) のように必ず溶接金属を補充して健全な終端にする操作（クレータ処理）を行わなければならない。

〔1〕 ビード継ぎの手順と要点

アークを切り，手早く溶接棒を取り替えて，ビード継ぎ部分のスラグを取り除き，継目部分の温度が高いうちに次の操作ができるようにする。

溶接開始点の運棒操作と同じく，図 2.22 (a) のクレータ前方（A 点）でアークを出し，長めのアークでクレータの中（B 点）に直線運棒で後戻りする。折り返し点は，図 2.22 (b) のように，クレータの縁に溶接棒の被覆の外周が接する位置が良い。アークを適正長さに保ち，少し止まって棒の角度を後退角 $10°\sim 20°$ に傾け，溶融金属の広がりがクレータの縁まで届く頃合いを見計らって折り返すようにする。

折返し点の位置や止まっているタイミングは微妙で，溶接棒をクレータ縁に

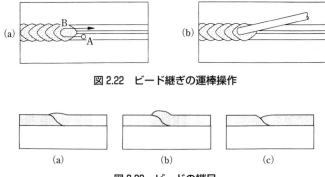

図 2.22　ビード継ぎの運棒操作

図 2.23　ビードの継目

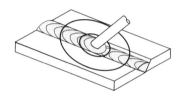

図 2.24　溶接中の状態観察視野の比較

重ねすぎたり，止まっている時間が長すぎると，**図 2.23**（b）となり，逆の場合は（c）のような継目になるが，慣れると（a）のように，どこが継目かわからない程度にできるようになる。また，溶接中は円状の溶融プールのみを注視するのではなく，適正なビード幅や余盛量などを得るために**図 2.24**のように視野を広げて運棒する必要がある。

〔2〕クレータ処理の手順と要点

ビードの最終端のくぼみ（クレータ）は埋めなければならない。アークを短くして棒の進行方向の角度を起こしながらアークを切り，その後，ホルダを構えたまま少し間をおいて再び最終端でアークを出す。溶接棒の先を小さく回して溶接金属を充填するようにして，再度アークを切る。この充填操作を 2, 3 回繰り返してクレータ部分のビード高さを揃える。ここでアークを断続させるのは，溶融スラグが固まるまでに再アークを出すためであって，クレータ部分のスラグが固まってしまったら，アークが発生しにくいからである。

2.3.3　基礎練習の次のステップ

平板下向ビード置き練習で基本的な技能習得ができると，次のステップとして，開先内溶接や下向き以外の姿勢の練習に進む。

練習の初期には，図 2.24 の小さい円の部分のみに注意を集中しがちになり，付近の他の部分と比較することができていないので，溶接棒の角度，進行方向，ウィービング幅などが適正であるか判断しにくい。図中の大きな円に視野を広げて，溶接実施部分全体を観察することによって，適正作業の判断が可能となる。指導者はこれをよく説明し，視野を広げる習慣を早く身に付けさせるように指導しなければならない。

2.3.4 タック溶接

　溶接する部材を所定の位置に固定するため，本溶接に先立って要所を何箇所か短いビードで溶接するのがタック溶接である。同義語として組立溶接という言葉が使用される時もある。タック溶接は短い溶接であり本溶接と比べ軽視しがちになりやすいので，指導者はタック溶接の重要性を練習中から繰り返して強調しておく必要がある。

〔1〕タック溶接の長さとピッチ

　タック溶接は作業能率の面だけを見ると，長さは短く，ピッチも粗い方が良いと思えるが，始終端での溶接欠陥の発生や，本溶接での変形を抑え，部材を固定し形状を保持するために必要な強度，急冷による割れ発生の可能性などを考慮すると，適当な寸法とピッチが必要である。標準的な長さの目安を，**表2.7**に示す。実作業では試験片と異なり，拘束力が高く冷却速度も速いので，これより長くしていることが多い。特に高張力鋼の場合は最低 50 mm としている。

　標準的なピッチは，300 mm 位である。ただし，薄板の場合など溶接によるひずみが大きいと予想されるときにはピッチを狭める配慮が必要である。

表2.7　タック溶接ビードの標準長さ
（軟鋼の場合）

板厚(mm)	ビード長さ(mm)	溶　接　法
3.2 以下	20	被覆アーク溶接 CO_2 アーク溶接
4.5〜22	30	
25 以上	50	

〔2〕タック溶接を行う位置と溶接棒

　溶接部材の固定がジグや取付具でできるときは，溶接線上のタック溶接は避ける方が良い。しかし実際の部材では溶接線上にタック溶接する場合も多い。

　また，一時的にタック溶接で取り付けた取付品を取り外すときには，母材に傷を付けないように余裕をもってガス切断し，後をグラインダで仕上げるなど

慎重な配慮が要求される。

　溶接線上にタック溶接する時の基本は，次のとおりである。
(1) 特に重要な構造部分，部材の端や角などの応力集中が起こる箇所のタック溶接は，できるだけ避ける。
(2) 突合せ溶接の開先内，すみ肉溶接の溶接線上のタック溶接は，できるだけ避ける。やむをえず，この部分にタック溶接したときは，原則として次の処置をとる。①本溶接の進行に合わせ，タック溶接を順次取り除いてから本溶接を行う。②両面突合せ溶接のときは，裏側溶接の前に裏はつりで除去する。
(3) 溶接線上のタック溶接を取り除かないときは，本溶接と同等以上の信頼度のあるタック溶接を行う。

　タック溶接の溶接棒は，本溶接と同じ棒とするのが基本である。タック溶接は，飛び飛びに溶接ビードを置く作業であり，アークスタート性及び作業性の良い溶接棒を使うのも一つの考えであるが，そのような溶接棒を使う時でも，本溶接と同等の延性と靭性をもった棒を選定すべきである。

　厚板や高張力鋼のタック溶接，又は自動溶接でタック溶接を再溶融させるときには，低水素系の溶接棒を使用する。

〔3〕タック溶接の予熱管理と作業者

　予熱は，溶接部の冷却速度を遅くして溶接金属の硬化を防ぎ，水素の影響を軽減して溶接割れの防止に効果がある。タック溶接はビードが小さく，それだけ冷却速度が速いので，高張力鋼などでは本溶接の予熱温度より30℃から50℃高い温度が必要である。

　タック溶接は一見簡単そうに見え，仮付溶接という言葉も影響して，本溶接は熟練者が行うが，タック溶接は若年者が行うものと考えられていた時代もあった。その後，タック溶接の難しさや重要性が広く認識され，タック溶接の作業者も溶接の知識を持ち，それを実践できる技量をもった者でなくてはならないと考えられるようになっている。溶接指導者は，これをよく理解し，作業者の指導にあたる必要がある。

2.4　溶接実技の基礎練習（裏当て金付き片面溶接）

　突合せ溶接継手に用いられる開先の形状は，図 2.25 に例を示すような V 形を原形としている。V 形開先の初層，中間層及び最終層の運棒操作に習熟すれば，他の形の開先にも十分対応できる。例えば，レ形開先の時は，初層と中間層の溶接で，棒先を若干ベベル加工していない側に向ける程度で，運棒操作自体は大きく変わるものではない。

　ここでは各姿勢における片面裏当て金継手の溶接要領について述べるが，特にことわる場合を除いて，主に JIS Z 3801：2018「手溶接技術検定における試験方法及び判定基準」のうち，中板裏当て金あり（A－2F，V，H，O）の試験材の溶接を想定したものである。また，ここで述べる溶接要領や技法は，イルミナイト系の溶接棒を使用するときの参考として，その一例を紹介する。

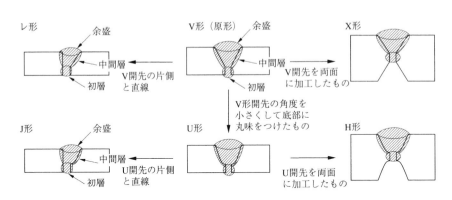

図 2.25　V 形開先から各種開先へのバリエーション

2.4.1　下向姿勢の溶接

〔1〕練習材料の準備

　練習材料は，各姿勢に共通であるから，ここでまとめて述べる。

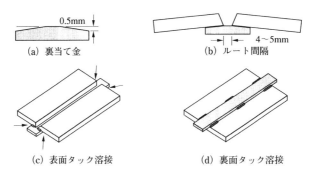

図 2.26　中板試験材における裏当て金の準備とタック溶接

　JIS 検定試験の中板の試験材料は板厚 9 mm の軟鋼（SS400，SM400 など）で，これにルート面 3 mm 以下，ベベル角度 35°以下に加工し，ルート間隔は 5 mm 以下とすることが規定されている。イルミナイト系 ϕ 4.0 mm の溶接棒を使う時の開先は，開先角度 65°，ルート間隔 4 mm ～ 5 mm，ルート面 0.5 mm 以下とし，裏当て金と母材のすきまは 0 とする。裏当て金は，共金又は材質を十分吟味したもので，中板試験材料では厚さ 6 mm，幅約 25 mm とする。

　母材のルート部及びこれと接する付近の裏当て金のミルスケール（黒皮）は，ディスクサンダなどで完全に除去しておくとともに，逆ひずみをつけたとき，母材と当て金の間にすきまができるのを防ぐため，両側の角の部分を**図 2.26**(a) のように斜めに削っておくか，もしくは裏当て金を曲げても良い。また，裏当て金の長さは母材の長さ（溶接線長）よりも 20 mm ほど長くする。

　裏当て金の取付けは，ルート間隔を正確にとり，裏当て金を母材の両端で均等に突き出し，母材に密着させてタック溶接する。タック溶接の位置は，図 2.26 (c) に示す 4 箇所又は (d) に示す 6 箇所が良い。タック溶接後に，裏当て金をハンマでたたいて逆ひずみをつける時は，6 箇所の方が良い。

　特に注意する事項は，①ルート間隔を正確にすること，②ミルスケールを完全に除去すること，③開先を汚さないこと，の 3 点である。

〔2〕初層の溶接要領

　初層は，ストリンガビードの 1 パスで溶接する。アークは突き出ている裏当て金上で発生させ，棒先の保護筒が十分形成されてから，安定したアークで開

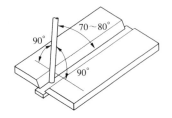
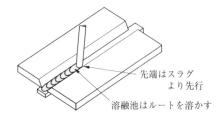

図 2.27　初層溶接時の溶接棒の保持角度　　図 2.28　溶接棒先端のねらい位置

先内に進む。溶接電流は，180 A 〜 190 A が適当である。

　棒の保持角度は，図 2.27 のようにする。アークは短く一定に保ち，図 2.28 に示すように，溶融スラグの先端に一部見えている溶融池の状況に注意して，裏当て金と両開先のルート面が十分に溶融する速さで進行させる。

　アークの下に溶融スラグがあったら，スラグを巻き込んだり溶込みが浅くなったりするので，スラグが異常に接近してくるときには，棒を寝かせ後退角を大きくして，アークの吹付け力でスラグを後方へ押しやるように調整し，決してアークを長くしたり，逃げるように溶接速度を上げてはならない。

〔3〕中間層の溶接要領

　開先内のビードの積層方法は，ストリンガ運棒法とウィービング運棒法を使い分けることによって，層数が 4 層くらいまでは図 2.29（a）のように，各層 1 パスで溶接できる。板厚 9 mm の試験材は 4, 5 層で仕上がるので，おおむね各層 1 パスで溶接が可能であるが，さらに板が厚くなると，図 2.29（b）の例に示すように，1 層を 2, 3 パスで溶接する必要が生じてくる。

　溶接電流は，開先幅の狭い初層と 2 層目は 180 A 〜 190 A 程度，幅が広くなってスラグ巻込みの起こりにくい 3, 4 層目は低めの 160 A 〜 180 A 程度に設定す

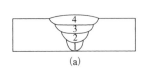
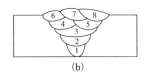

図 2.29　積層の仕方とパス数の例

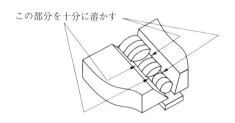

図2.30　積層時のねらい方

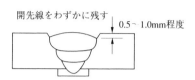

図2.31　仕上げ前ビードの開先線の残し方

るのが良い。そして，2層目はストリンガ操作で1パス，3層目以後はウィービング操作の1パスで溶接し，それぞれ前層ビードの両止端部に十分溶け込ませるように運棒する。その要領を，図2.30に示す。

必ず守らなければならないことは，前層のスラグ清掃を行うことで，特にビード止端の残留スラグに注意して，丁寧に清掃することが必要である。

中間層の終わりでは，最終層を予測して母材面より0.5 mm～1.0 mm程度低くして，図2.31のように両開先の肩の線が残るように溶接する。

〔4〕最終層の溶接要領

最終層は仕上げ層ともいい，外観の美しい，適当な余盛を持つビードでなければならない。要領は，①ウィービング運棒法の1パスで仕上げる，②ウィービング幅は棒の被覆の外周が開先の肩の線に接する点で止め，溶融池の広がりで溶け込むようにする（開先線まで溶接棒の先を重ねるとウィービング幅が広がりすぎて，直線的なそろったビード止端に仕上がりにくくなる），③余盛は，図2.32のように，高さがビード中央で約2 mmとなるなだらかな盛り上がりにする，の3点である。

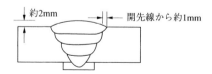

図2.32　適正なビード形状と余盛高さ

2.4.2 立向姿勢の溶接

〔1〕身体の構え方

溶接姿勢が変わるとホルダの向きや溶接進行方向が変わるため，それぞれの姿勢に適した構え方をしないと，体のバランスが崩れて溶接結果にも影響するので，身体の構え方は溶接作業を行う上で非常に重要である。

立向姿勢では，図2.33のように，足は肩幅程度に開き左足を 10 cm ほど前に出し，膝を少し曲げて，腰を落とし，上下に融通のきく柔軟な構え方が良い。このとき溶接線は，右肩の内側になる位置で溶接棒はホルダに少し斜め（仰角）に挟み，ホルダは母材面にほぼ平行に立てて構え，腕は少し曲げて，ひじは身体から離すのが良い姿勢である。

図2.33　立向姿勢の構え方

〔2〕初層の溶接要領

初層はストリンガビードの1パスを基本とするが，慣れてきた場合，幅の狭いウィービングを行う。溶接電流は 120 A ～ 140 A が適当である。アークは裏当て金下端で発生させ，棒先端に保護筒が形成されてから開先内に進み，開始点で一旦止まって，しっかり加熱してから開先内の溶接を始める。この時アークを長めにしておかないと，溶滴や溶融スラグが開始点に付着してしまう。スタートのタイミングは，溶接棒の先端が溶けてふくらみ始めたら，そのままアーク長を保持し，溶滴が溶け落ちて棒先がすっきりしたときにアークを短くして溶接を始める。

溶接中の棒の角度は図2.34のとおりで，運棒は「棒が溶けるだけアークをつめて，棒が溶けるだけ上に進む」という，棒の消耗に合わせた感じで滑らかに上進する。上進は腕だけでするのではなく，膝や腰の屈伸も利用する。裏当

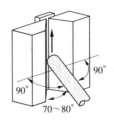

図2.34 溶接棒の保持角度

て金や両開先部の溶込み量は、溶接電流や運棒の速さで調節する。

溶融金属が垂れ落ちるのは、過大電流が主な原因であるが、棒角度の不良、運棒の速さも関係するので、十分に習熟しなければならない。

〔3〕中間層の溶接要領

立向溶接2層目以後の運棒の特徴は、前溶接ビードの両止端部を十分溶融させながら、しかもビード表面は次層のために、なるべく平面になるよう溶接することである。図2.35 (b) のように、前ビードが凸形になっていると、次層の溶接で融合不良が発生しやすい。このため運棒は図2.35 (c) に示すようにウィービングしながら上方にそらし気味にし、両端で止めるようにして、前層の止端及び開先面を十分溶かしながら、ピッチは少し粗目に上進を行う。このときの棒の保持角度、アーク長、運棒幅及びピッチは一定にするように注意しなければならない。

仕上げ前の層は、良い最終層を置くために、ビード表面が母材表面より

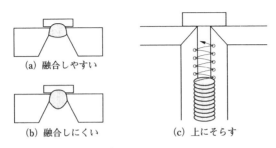

図2.35 凸形ビードと融合不良

0.5 mm 〜 1.0 mm 低くなるように溶接する。そのために，電流値の高低や運棒速度の緩急で溶着量を加減して，何層で仕上げ前の層に達するかをあらかじめ考える必要があり，仕上げ前々層と仕上げ前層の2層で，最終層を溶接しやすいように調整する。

〔4〕最終層の溶接要領

最終層はウィービング運棒法で行うが，スタートは運棒幅の中央から1, 2度は等速で運棒して，開始点が加熱し溶けてきたら「両端で少し止まり中央を速く」という**図2.36**(a)又は(b)のようなパターンで上進する。

上進パターンは「同じ所を2回通らず，少し上，少し上」のリズムで，溶融池の上部境界線をウィービングの目安にする。最終層のビード形状は，横に楕円形で，下縁中央がやや下膨れの溶融池形状のときが外観の良いビードになるが，上進速度が遅すぎたり電流が高いと，(c)のような下縁のふくらんだ溶融池形状になり，これは垂落ちや凸形ビードの前兆である。また逆にビード中央部の運棒が速すぎたり，電流が低いと(d)の八の字形溶融池となってビード中央が凹形のビードになる。

立向姿勢では溶融金属が下に垂れるため，ウィービング時に被覆外周がちょうど開先の肩で止まり，溶融池の広がりで肩の線を溶け込ませる原則を忠実に守らないと，止端部にアンダカットができやすい。終端部では，アーク熱のために溶融池が拡大し始め，溶落ち前兆の状態になるので，アークを断続して溶融池の面積を保ち，溶融金属を少しずつ供給しつつ鋼板端まで進み，クレータが埋まった時点でアークを切る。このクレータ部分は必ずスラグを取って，十分補充されているかどうかを確認する必要がある。

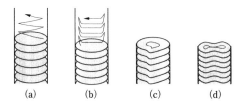

図2.36 運棒ピッチとねらい位置

2.4.3 横向姿勢の溶接

〔1〕身体の構え方

　横向姿勢では，足は溶接線にほぼ平行に肩幅程度に開き，膝を少し曲げて腰を落とし柔軟な構え方をするが，これは進行にともなう身体の左右の移動に備えたもので，ホルダは母材面にほぼ平行となるよう立てて構え，ひじを曲げて腕を少し張るようにする。眼の高さは溶接線とほぼ同じでないと運棒操作の判断があいまいになるので，足の開き加減や膝の曲げ加減で合わせる。

〔2〕初層の溶接要領

　初層は，幅の狭いウィービングビードの1パス溶接とする。溶接電流は140A〜150Aが適当である。アークは裏当て金の左端で発生させ，棒先端に保護筒が形成されてから開先内に進む。このとき，溶接中の棒の角度は，図2.37のような角度が好ましい。

　初層は，図2.38に示すような45°に傾けた斜めのウィービングで，それに応じて傾いた楕円形の溶融池を作り，これで上下開先と裏当て金を溶け込ませながら，ビード表面が平坦になるように，幅を狭くウィービングするのが良い。

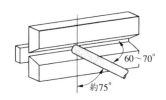

図2.37　溶接棒の保持角度

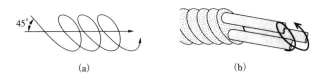

図2.38　横向溶接の運棒法

このときのアークは短く保ち，棒先は常に溶融スラグより先行していなければならない。もしスラグが先行しそうになったときは，棒をさらに傾け後退角を大きくしてスラグの先行を抑える。

〔3〕中間層の溶接要領

中間層も幅の狭い楕円形の運棒パターンで「仕上げ前層」まで積層する。積層法は図 2.39 にその一例を示す。2 層目は 1 パス溶接とし，溶接棒を母材面に対して 70°～80°（10°～20°の仰角）に保って，初層ビードとその両止端部に十分溶け込んだ平面状のビードを置くようにする。

3 層目は，溶接電流を 130 A～140 A に下げて 2 パス溶接となるが，溶接棒の角度は 2 パスとも 2 層目と変わらない。運棒は楕円の狭いウィービングで，平面状のビードに仕上げ，その表面は母材面から 1.5 mm ほど低くなるようにビードを置く。3 層目の最初のパス（図中の 3）は，2 層目の下部止端部を十分溶かし，また 3 層目の次パス（図中の 4）は上部止端部をよく溶かすようにする。

〔4〕最終層の溶接要領

最終層の溶接は，図 2.40 のように 3 パス溶接とする。横向姿勢での運棒は溶接線に 45°傾斜させた楕円形の往復運動とするが，左上に斜行するときは早めに，右下に斜行するときはゆっくり運棒する。運棒は必ず運棒幅の下側から始めて，下を溶かしてから左上に斜行し，上部に肉を付ける。「下を溶かして斜め上」の繰り返しでウィービングする。最終層のウィービングでは，この原則を忠実に守る必要がある。

ウィービング幅は，直径 4 mm の溶接棒では 10 mm が限度で，これ以上のビード幅はビード形状も悪くなる。最もよく使うのは 6 mm 幅前後で，この幅では

図 2.39　仕上げ前層の積層法　　　　図 2.40　最終層の積層法

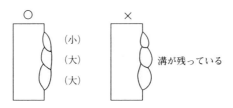

図 2.41　ビードの重ね方

ストリンガビードでも置けるが，アンダカットの防止やビード形状を平面状にする目的で，幅の狭いウィービングとするのが良い．溶接電流は 120 A 〜 130 A が適当である．

　最終層の積層は下のパスから重ねるが，ビード幅は**図 2.41**のように最終パスを特に小さくしてビード形状を余盛らしく仕上げ，高さは 2 mm 以内を心掛ける．それぞれのビードは，幅の狭いウィービング運棒で重ね，なだらかに融合させて溝を残さないようにする．ビードの形状は，溶接棒の仰角や後退角を変化させて調整する．

2.4.4　上向姿勢の溶接

　上向姿勢は，**図 2.42**に示すように，水平面を下側から上向きで溶接するため，技能的なむずかしさに加えて，作業姿勢による身体の不安定さが更に作業

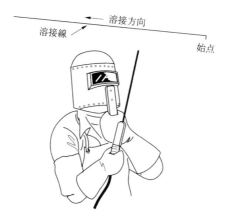

図 2.42　上向姿勢の構え方

をやりにくくする。また，わずかなアーク長の変動でも溶融スラグを巻き込んだり，溶滴が落ちたりする。したがって，この姿勢での作業は，いかに安定した構え方ができるかが溶接結果の良否に関わることになる。

〔1〕身体の構え方

溶接は向こう側から手前へ引きつけるように行うので，まず溶接線の開始点の方を向き，右肩が溶接線の真下になるように立つ。足は溶接線と直交する位置で肩幅程度開き，左足を 15 cm ほど前に出す。前に出した左足は膝を曲げ，右足の膝は伸ばして上半身を前傾させる。溶接棒はホルダからまっすぐ直線状になるように挟み，ひじは張らず軽く曲げ，溶接棒とホルダ及び手首がほぼ直線になるようにし，棒先が開始点に届く位置に構える。

〔2〕初層の溶接要領

初層は，アーク長をできるだけ短くしたストリンガ運棒法で，1パス溶接とする。溶接電流は，140 A 〜 150 A が適当である。アークは裏当て金の端部で発生させ，アークが安定して溶融スラグより先行した状態で開先内に進むが，長いアークや溶接速度の遅さなどは，ビードの垂下がりの原因となる。溶接中の棒の角度は，図 2.43 に示す程度が良い。

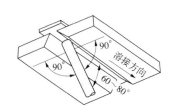

図 2.43　溶接棒の保持角度

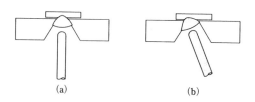

図 2.44　棒角度とビード形状

初層は，両開先ルートと裏当て金を十分溶け込ませたビードを置くが（図2.44 (a)），ホルダを持った腕は，棒の消耗に合わせて上に伸ばすことになる。この時は，ひじが開かないように注意し，両母材面に対する角度が変わらないようにしないと，図 2.44（b）のような傾いたビードとなる。したがって，棒の消耗，溶接の進行ともに腕だけで対応せず，前傾した上体を後方へ移動させることや，腰の右への回転も利用して，対応するのが好ましい。

〔3〕中間層の溶接要領

上向溶接は常に垂れ下がる傾向にあるため，他の姿勢の運棒に比べウィービングのピッチをやや粗くした運棒操作となる。溶接電流は 120 A ～ 140 A が適当である。溶接進行速度も早目に行いながら両ビード止端でとめるように運棒することでビードの垂下がりを抑え，平面状のビードとなるようにするが，運棒操作が乱雑にならないように気をつける必要がある。

仕上げ前の層は第 3 層目となるが，図 2.45 のように母材面から 0.5 mm 程度低くなるようにし，止端部に融合不良などの欠陥が入らないようにする。3 層目はウィービング幅を広くできるので，立向溶接と同じような運棒パターンで溶接する。

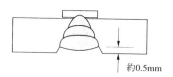

図 2.45　仕上げ前層と母材面

〔4〕最終層の溶接要領

最終層は 1 パスで仕上げるが，この運棒も他の姿勢と同じく，残された開先線にそれぞれ 1 mm ほど溶け込むように運棒し，棒の被覆の外周が開先線にほぼ接する点で止まり，溶融池の広がりで溶け込むようにする。

また，上向溶接では余盛止端部にアンダカットができやすいので注意を要する。

2.5 裏波溶接

2.5.1 裏当て金溶接と裏波溶接

片面溶接において，完全溶込み溶接を行う場合は，図 2.46 のように裏当て金を裏側に当てて行う「裏当て金溶接」と，裏当て金を用いずに専用の裏波溶接棒などを用いて溶接を行う「裏波溶接」がある。

裏波溶接は初層の溶接であって，次層からは通常の溶接となる。裏波溶接は，2 枚の板に適当なルート間隔を設けて，第 1 層目の裏側に形成されたビードをそのまま凝固させ，第 1 層目の溶接を完了させる方法である。ほかの姿勢（立向，横向，上向）の場合も，初層裏波溶接の要領は，基本的には下向の場合と同じ点に注意すれば良い。

一方，自動，半自動溶接などでは，特殊なフラックスやガラステープ，固形セラミックなどの裏当て材を用いて，裏側にも余盛状に盛り上がった裏波ビードを形成させる片面溶接の方法もある。これについては，3 章の 3.4.1 で述べる。

ここでは，被覆アーク溶接で行う下向姿勢の裏波溶接について述べる。

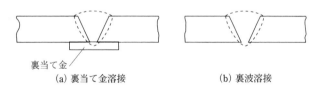

(a) 裏当て金溶接　　(b) 裏波溶接

図 2.46　片面溶接の継手形状

2.5.2 下向姿勢の裏波溶接

〔1〕溶接条件

裏波の溶接練習を想定し，板厚 9 mm の軟鋼板（SS400 又は SM400）を用いた JIS Z 3801:2018「手溶接技術検定における試験方法及び判定基準」区分 N（裏

表2.8 軟鋼の裏波溶接と裏当て金溶接の条件例（初層）

溶接手法	開先角度	ルートギャップ	ルートフェース	溶接電流	溶接速度	溶接姿勢	被覆アーク溶接棒
裏波溶接	60°±5°	2.4 mm ～ 2.8 mm	0.0 mm ～ 0.5 mm	80 A ～ 95 A	7～8 (cm/min)	下向	裏波専用棒 φ3.2
裏当て金溶接	60°±5°	4.0 mm ～ 5.0 mm	0.0 mm ～ 0.5 mm	180 A ～ 190 A	9～10 (cm/min)	下向	低水素系棒 φ4.0

当て金なし）の下向姿勢の裏波溶接条件と，区分A（裏当て金あり）の下向姿勢の裏当て金ありの溶接条件の比較を，表2.8に示す。裏波溶接では強度レベルに応じた低水素系裏波専用溶接棒を用いるとよい。

〔2〕溶接スタート時の注意点

　裏波溶接を始める前にルート間隔を確認し，次いで電流を調整する。裏波溶接の電流調整は，正確を期すため電流計を用いる方が良い。この時溶接棒は，短絡通電した状態（アークを出さずに通電した状態）で使用電流に合わせた方が，針が振れずに合わせやすい。ただし，アークを出すと，数%～10%程度低い値となるので，これを見越して条件を合わせる。

　裏波溶接の時は，材料は5 mm以上浮かせて台に置く。

　アークスタートは，裏当て金溶接と違い電流が非常に低いため，通常の感覚でスタート操作を行うと，アーク発生と同時にアーク発生剤が瞬時に溶けて，そのまま消弧したり，棒端から溶け落ちた溶着金属に触れて融着するなど，スタートに失敗することが多い。タック溶接ビード上に軽く接触させてアークが発生したら，アークを少し長めにして1秒～2秒間保持して安定するのを待つ。これは棒の先端部に保護筒（図2.49参照）ができるための待ち時間で，安定したらアークを短くして進行を開始し，本溶接に移る。

〔3〕裏波溶接の要領

　アークが安定したら，開先端部のタック溶接部分からルート間隔部分に入るが，アークがルート間隔から下に漏れ出ているのを，その隙間から下の明るさの中で確認する。このとき溶融池の中心位置でアークを発生していると，裏側

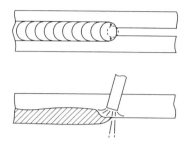

図2.47　下向姿勢の裏波溶接

にアークが漏れ出ていないために裏波溶接は失敗する。裏波溶接のこつは，図2.47のように溶融池先端部近くで，アーク幅の1/3程度がルート間隔部分から下（又は外側）へ吹き出している状態での進行速度が，裏波溶接に最も適した溶接速度であり，最良の裏波ビードが得られる条件である。このとき，アーク長はできるだけ短くし，棒先端の動きは溶融池表面をなめるように小さい幅で行うと良い。

〔4〕ビード継ぎの要領

　短くなった溶接棒は，交換のために板の中央部で一旦アークを切るが，切る寸前にはアーク長をさらに短くし，進行方向と逆方向に少し戻り，素早くはね上げて切るようにする。普通にアークを切ると，溶融池が凝固する際に収縮割れや深い収縮孔が生じ，2本目のビード継ぎ時に十分再溶融させることができず，欠陥となる場合がある。

　ビード継ぎの時のアークの発生は，アークを切った位置から少し戻った位置の開先壁か，スラグを除去したビード上とし，アーク発生後はアークを少し長めにしてビード継ぎ部分まで移動するが，この間に被覆棒先端に保護筒ができ，また，アークが安定する時間ともなるので，移動は速すぎても遅すぎても良くない。速すぎると保護筒ができていないし，遅すぎると開先面やビード上に溶け落ちた溶着金属が付着してしまい，次層の溶接時の妨げとなることがある。

　こうしてアークが前ビードのクレータ先端部に到着し，ルート間隔上に来たら，図2.48のように，アークを極端に短くして進行を止め，アークのほとんどがルート間隔から下（外）へ，「ブロロー」と音をたてて抜けるのを確認し，棒を垂直状態から一気に進行方向に約40°ほど寝かせて，押し付けるようにす

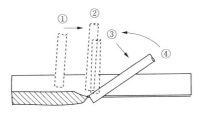

図 2.48 裏波溶接のビード継ぎ要領

る。押し付ける時間は，表 2.8 に示した溶接条件では 1 ～ 2 秒間で，この時のアーク状態は，抜けて大きくなった穴から前棒のクレータ裏側の裏波部へ吹き付けているはずであり，表側からは見えないため，ルート間隔から漏れ出ている光と時間で判断する。

この状態を，前述のとおり 1 ～ 2 秒間続け，押し付けている力を抜くと自然にアークが上がって見えてくる。この時は意識的に引き上げるのではなく，単に寝かせた溶接棒を立てる感じで元に戻し，残りを本溶接の要領で溶接する。

2.6　厚板と高張力鋼の溶接

技術レベルの向上に伴い，溶接構造物はより大きなものを作ることが可能になった。鋼材もより厚く均質なものが製造され，軟鋼から高張力鋼まで多くの種類が身近に使用されるようになった。しかし，すべての鋼材が容易に溶接できるわけではなく，特に軟鋼でも板厚が大きい場合や，高張力鋼などは，材料特性を十分に理解し，溶接施工方法を遵守する必要がある。

2.6.1　低水素系溶接棒の使い方

〔1〕低水素系溶接棒の乾燥

低水素系溶接棒は，溶着金属中の水素含有量が他の被覆剤系統の溶接棒に比べて極めて少なく（15 mℓ／100 g 以下），溶着金属の延性や靭性（じんせい）に優れている。特に溶接継手の拘束力が大きい大型構造物の溶接にも適しており，厚板や高張

力鋼の溶接に多く用いられている。

溶接金属に含まれる水素量が少ないほど、溶接部の割れは発生しにくいことが知られている。溶接棒の被覆剤は、低水素系に限らずほとんどが吸湿性の高い粉末状の混合材料を水ガラス（けい酸ソーダ）で固めたもので、水ガラスもゲル状となっており吸湿しやすい性質を持っている。溶接棒を裸のままで放置すると、被覆剤が変色するほど吸湿する。

そのため、梱包を外したばかりの新しい溶接棒でも吸湿していることがあるため、直前に乾燥した溶接棒を使う習慣をつけることが必要である。低水素系溶接棒は、他の被覆剤系統の溶接棒とは異なり、乾燥温度による変質が少ない石灰石や蛍石を被覆剤の主原料とした溶接棒であり、300℃～400℃の高温で30分～60分程度乾燥する。

〔2〕低水素系溶接棒使用上の注意

低水素系溶接棒は、溶着金属の性質や作業性が他の系統の溶接棒と大きく異なるため、注意して使用することが重要である。

主に厚板や高張力鋼など、強度、靭性、延性が求められる用途に使用されるため、割れ防止の観点から、必ず表2.6に示すように再乾燥を行い、乾燥後は許容放置時間内に使用するようにする。また、軟鋼であっても厚板（25 mm 以上）や溶接環境温度が低い場合には、適切な予熱を行ってから溶接を始める。

低水素系溶接棒はアークがやや不安定で、溶接スタート時にブローホールが入りやすい特性がある。これは、被覆剤に含まれる石灰石の分解温度が約800℃と高く、アーク発生時に生成される炭酸ガスが不十分になるためである。溶接スタート時におけるブローホールの発生を確実に防ぐため、図2.49に示す後戻りスタート運棒法を用いるのが有効である。アークが発生し、保護筒が

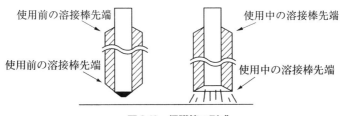

図2.49　保護筒の形成

形成され，被覆剤から十分なガスが発生する。その後，安定したアーク状態で溶融池が完全にシールドされるのを待って，溶接を開始することが大切である。

また，アーク発生時には先端が母材に融着しやすい。その対策として，棒の先端部にアーク発生剤を塗布した溶接棒や，心線の先端部を細く加工したり穴を開けて電流密度を上げることにより，アーク発生を改善した溶接棒がある。また，別の鋼片でアークを発生させ，先端部に保護筒が形成された時点で，素早く本溶接を開始する方法（捨て金法）も効果的である。

低水素系溶接棒は，他の被覆系統の溶接棒と同じ感覚で使用すると，大粒のスパッタが飛んだり，ブローホールが多発することがある。しかし，アーク長を短絡するほど極端に短くすると，これらの問題は改善される。

このように，低水素系溶接棒は他系統の溶接棒よりも短いアーク長で使用するのが基本であり，慣れてくるとビード外観もよくなる。

2.6.2　溶接熱影響部の性質と予熱・後熱

〔1〕熱影響部の組織と硬さ

鋼の熱影響部は，表1.1に示すように，溶接金属からの距離によって加熱される最高到達温度とその後の冷却速度が異なるため，そのミクロ組織が変化し，熱影響部の硬さも連続的に変化する。図 2.50 は，510 N/mm^2 級 Mn－Si 系高張力鋼の溶接ビード断面の硬さ分布を示した例である。図中のB線に沿って（溶融境界部の最下点を通過して）測定した硬さは，B'の曲線のようになる。溶融境界部（ボンド部）近辺の最高加熱温度域は著しい硬化を示している。

溶接による母材硬化性の試験方法は，JIS Z 3101：1990「溶接熱影響部の最高硬さ試験方法」に規定されているが，この硬さのピークを最高硬さ（Hmax）とよぶ。最高硬さは鋼材の溶接性の目安となり，鋼の化学組成や溶接後の冷却速度または冷却時間（言い換えれば，溶接条件）により大きく変わる。最高硬さに及ぼす組成の影響は，炭素当量（Ceq）で示される。我が国で一般的に用いられる炭素当量の式は，次のとおりである。

$Ceq = C + 1/6Mn + 1/24Si + 1/40Ni + 1/5Cr + 1/4Mo + 1/14V$ （%）

また，最高硬さと冷却時間の関係を知る方法には，テーパ硬さ試験（図 2.51

100　第2章　被覆アーク溶接・厚板と高張力鋼の溶接及び切断

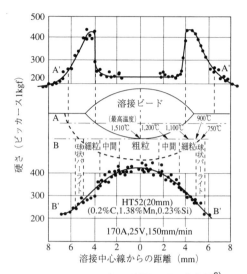

図2.50　ビード断面の硬さ分布例[6]

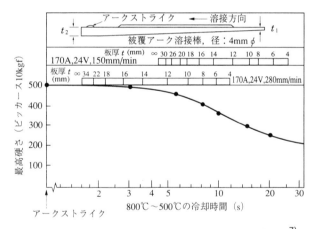

図2.51　テーパ硬さ試験による冷却時間と最高硬さ[7]

に例を示す）があり，JIS Z 3115：1973に規定されている。同じ溶接電流では，溶接速度や板厚が大きいほど冷却速度が大きく（800℃～500℃の冷却時間は短く）なり，それに伴って最高硬さも増大（上昇）する。高張力鋼のタック溶接では，ビードが短く急冷されるので，予熱温度は本溶接より高くしている場合が多い。また，タック溶接，補修溶接などで短いビードになりやすい場合は

冷却速度が大きくなり，熱影響部が硬化しやすいことから，許容最小ビード長を定めている場合もある。

多層溶接の最高硬さは，積層による繰返し加熱の影響によって，単層溶接の場合よりも低くなる傾向がある。

〔2〕 熱影響部のぜい化

鋼は大入熱で溶接すると，熱影響部の溶融境界部（ボンド部）にある結晶粒の粗大化が進み，粗粒域も拡大する。このため，特に高張力鋼では粗粒域の靭性の低下が問題となる。図 2.52 は鋼種別に溶接入熱の増加に対する靭性低下の程度を示したものであり，溶接入熱と溶融境界部（ボンド部）の破面遷移温度（vTs）の関係を示している。破面遷移温度（vTs）はVノッチシャッピー衝撃試験においてぜい性破面率が 50％ のときの試験温度である。溶接入熱が増大するほど破面遷移温度は上昇する。(7.5.2 参照)

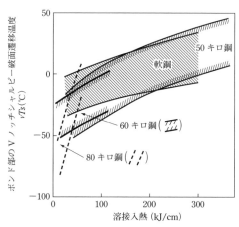

図 2.52　ボンド部のVノッチシャルピー破面遷移温度の変化[8]

〔3〕 予熱及び後熱の効果

軟鋼でも板厚が厚い場合や，溶接時の気温や鋼板表面温度が低い場合，あるいは高張力鋼を溶接する際には，溶接金属や熱影響部における低温割れの防止，溶接部の延性や靭性の向上を目的として予熱が行われる。

予熱により冷却速度が減少し，図 2.53 に示すように熱影響部の硬化が抑制されるとともに，溶接部からの水素の拡散放出が促進されるので，低温割れの防止に有効である。

溶接部の拡散性水素は，①被覆アーク溶接では，溶接棒の被覆剤に含まれる水分，②開先部のペイントや錆などの汚れ，③大気中の水分などに由来する。これらの水分はアーク中で水素原子に分解され，溶融金属に取り込まれ，凝固後の溶接金属に残留する。この水素は溶接部が高温状態で長時間保持されると外部に放出される。したがって，300℃以下で発生する低温割れを防ぐには，溶接部をなるべく高温状態で長時間保持し，冷却速度を小さくして水素原子の拡散・放出を促進させることが重要であり，それが予熱の主な目的である。

低温割れ防止に及ぼす予熱温度の効果は，y形溶接割れ試験などの多くの試験データから求められる。鋼材の化学組成，溶接金属の初期水素量，板厚の3つの要因を考慮して，低温割れを防止するための予熱温度を予測する評価指標として，溶接割れ感受性指数（Pc）が提案されている。しかし，実際の構造物に比べてy形溶接割れ試験の拘束度は高く，必要以上に高い予熱温度を導く場合もある。そこで，板厚を溶接継手の拘束度に入れ替えた指数（Pw）を使う方法も提案されており，こちらの方が実用に近い予熱温度を導く。

実際の施工管理では，表 2.9 の一例のように実績に基づく標準の指針を参照

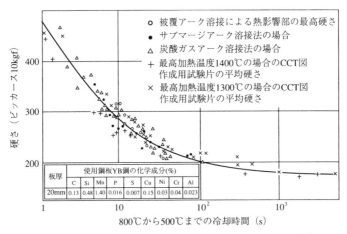

図 2.53　溶接熱影響部の最高硬さに及ぼす冷却時間の影響[6]

する．さらに溶接継手の拘束力が大きい場合，拡散性水素が多くなると想定される場合，溶接入熱が小さい場合や気温が低い場合など，周辺の条件が加わる際には，予熱温度を上げる対策や予熱範囲を広げる対策などが必要となる．これらの対策の実施については，溶接管理技術者に相談する．

このように溶接前に行う予熱に対し，高張力鋼などでは溶接直後にビード及びその周辺部を加熱する方法があり，これを直後熱という．この直後熱の目的も，冷却速度を減少させることで溶接部に集積する拡散性水素の放散を促し，低温割れを防止することにある．図 2.54 は，直後熱による水素放出効果を表したものであるが，一般的には 200℃〜350℃で 30 分〜120 分程度の直後熱が

表2.9 建築用鋼材における予熱温度の標準[9)改変]

鋼種	溶接法	板厚 (mm)						
		t<25	25≦t<32	32≦t<40	40≦t≦50	50<t≦75	75<t≦100
SN400 SM400 SS400	低水素系以外の被覆アーク溶接	予熱なし	50℃	50℃	50℃	—	
	低水素系被覆アーク溶接	予熱なし	予熱なし	予熱なし	50℃	50℃[1)]	80℃[1)]
	CO_2ガスシールドアーク溶接[4)] サブマージアーク溶接[3)]	予熱なし	予熱なし	予熱なし	予熱なし	予熱なし[1)]	50℃[1)]
SN490 SM490 SM490Y SM520	低水素系被覆アーク溶接	予熱なし	予熱なし	50℃[2)]	50℃[2)]	80℃[2)]	100℃[2)]
	CO_2ガスシールドアーク溶接[4)] サブマージアーク溶接[3)]	予熱なし	予熱なし	予熱なし	予熱なし	50℃[2)]	80℃[2)]
SM570	低水素系被覆アーク溶接	50℃	50℃	80℃	80℃	100℃	120℃
	CO_2ガスシールドアーク溶接[4)] サブマージアーク溶接[3)]	予熱なし	50℃	50℃	50℃	80℃	100℃

(注) 1) 鋼種 SM400, SN400 の場合に適用し，鋼種 SS400 は別途検討が必要である．
 2) 熱加工制御を行った鋼材ではより低い予熱温度の適用が考えられる．
 3) 大電流溶接などの特殊な溶接では，個別の検討が必要である．
 4) フラックス入りワイヤによる CO_2 ガスシールドアーク溶接の予熱温度標準は低水素系被覆アーク溶接に準じる．

① 気温（鋼材表面温度）400N/mm² 級鋼材の場合に 0℃ 以上，490N/mm² 級鋼以上の高張力鋼の場合に 5℃ 以上で適用する．気温が −5℃ 以上で本表の適用温度以下の場合は，次に述べる注意事項に従って施工することができる．気温が −5℃ 未満の場合は溶接は行わない．気温が −5℃ 以上で 0℃（または 5℃）以下の場合で，上表に予熱なしとあるときは，40℃ まで加熱（ウォームアップ）を行ってから溶接を行う．ただし，400N/mm² 級鋼材で板厚が 50mm 超の場合，490N/mm² 級および 520N/mm² 級の鋼材で低水素系被覆アーク溶接の板厚 25mm 以上の場合，CO_2 ガスシールドアーク溶接の板厚 40mm 以上の場合は，50℃ の予熱を行う．上記の気温の範囲で本表により予熱が必要な場合は予熱温度を高めにするか，電気ヒーターなどで確実に全体の温度を確保するかのいずれかを行う．
② 湿気が多く開先面に結露のおそれがある場合は 40℃ まで加熱を行う．
③ 予熱は規定温度以上，200℃ 以下で行うものとする．予熱の範囲は溶接線の両側 100mm を行うものとする．
④ 溶接部の補修や組立溶接で拘束が大きいことが予想される場合は，上表の値よりも 1 ランク上の予熱温度を適用する．ただし，1 ランク上でも予熱なしとなる場合は，気温等の条件を考慮して必要に応じて 50℃ の予熱を行うのがよい．
⑤ 拘束が強い場合，入熱が小さい場合（約 1kJ/mm 以下）鋼材の化学成分が規格値の上限に近い場合や溶材の含有水素量が多い場合は，予熱温度を上げることが必要になることもある．また，鋼材の JIS の炭素当量で 0.44％ を超える場合は，予熱温度を別途検討する．
⑥ 板厚と鋼種の組合せが異なる時は，予熱温度の高い方を採用する．

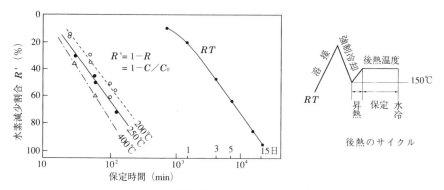

図 2.54 水素減少量に及ぼす後熱の影響

行われることが多い。

〔4〕予熱及び後熱の方法

　予熱及び後熱にはガスや電気が熱源として用いられ，一般的にはバーナやヒータが使用される。対象となる溶接構造物の大きさに応じて，比較的小さなものには手持ちのガスバーナや多孔式ガスバーナが使われることが多い一方，大きな構造物や厚板の場合は，電気ヒータを数枚から数十枚貼り付けて加熱する。また，熱電対を使用し自動的に温度をコントロールすることもある。

　しかし，安全性を考慮し，タンク内のようにガスが漏洩し溜まる可能性がある場所では，ガスバーナの使用を避ける。さらに，電気ヒータは1台で数 kW の電力を消費するため，十分な電源がないと使用できない場合がある。

　また，母材とカバープレートとの接触面や，開先と裏当て金との接触面に水分が存在するとブローホールや割れの原因となる。ガスの燃焼により発生する水分が隙間に入り込まないよう，ガスバーナで開先を直接加熱することは避ける。

2.6.3　連続溶接とパス間温度制限

　長い溶接線を一人の作業者が溶接する場合，溶接部は順次空冷され，あまり高温にはならない。しかし，短い溶接線を連続して多層溶接すると，溶接部の温度は次第に昇温し高温状態となる。高張力鋼の溶接金属は，強度を高めるため合金元素が添加されているが，過度に長時間高温にさらされると，溶接部が

弱く脆くなる可能性がある。特に，調質鋼（焼入れ焼戻しで強度を高めた高張力鋼）では，熱影響部が軟化し，強度が低下することがある。

これらを防ぐため，初層と次層，又は次々層と，層間で温度管理を行うことがある。これを「層間温度管理」という。また，各パス間で緻密な温度管理を行う場合があり，これを「パス間温度管理」という。

高張力鋼では予熱がよく行われるため，予熱温度を下限値として設定し，その上で「上限温度が何℃まで」という形でパス間温度の範囲を決めることが多い。一般的には，予熱温度に100℃前後加えた温度が上限値とされるが，その温度は材質だけでなく，板厚や溶接部に求められる品質にも配慮し決める必要

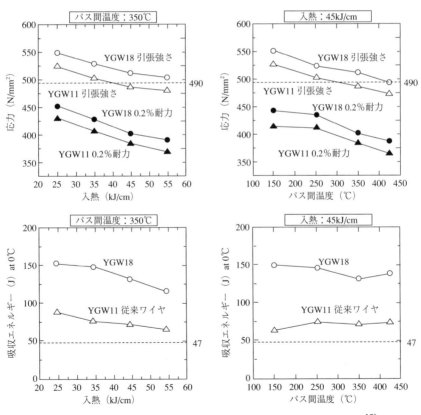

図2.55　機械的性能に及ぼす入熱及びパス間温度の影響（φ1.4mm）[10]

がある。

パス間温度や 2.6.4 項で述べる溶接入熱が溶接金属の機械的性質に与える影響について，鉄骨の柱－はり（梁）接合部における炭酸ガスアーク溶接を想定した実験例を図 2.55 に示す。YGW11 は 490 N/mm^2 級高張力鋼用のソリッドワイヤであるが，入熱が 40 kJ/cm を超える条件下でパス間温度 350℃以上になると，溶接金属の衝撃値（吸収エネルギー）は 47J の規定値を満たすものの，溶接金属の引張強さは 490 MPa（N/mm^2）を満足できないことを示している。

2.6.4　溶接入熱の制限

アーク溶接は，アークという電気エネルギーを利用して材料を溶融し，凝固後に接合を完成させるプロセスである。この際，溶接ビードの単位長さあたりに加えられる電気エネルギーの量を溶接入熱（又は入熱量）とよぶ。入熱が大きいほど，溶接部の冷却速度は小さくなる。一般的には，入熱は次の式で表される。

$$Q = \frac{E \cdot I}{S} \times 60$$

ここで，Q：溶接入熱（J/cm），E：アーク電圧（V），I：溶接電流（A），S：溶接速度（cm/min）である。

高張力鋼のサブマージアーク溶接など，大入熱の溶接では，熱影響部の結晶粒が粗大化し，ぜい化することがある。また，熱処理により強度を高めた調質鋼では，溶接によってその効果が失われ，溶接部の強度が低下するおそれがある。それらの性能劣化を防ぐため入熱の制限が一般的に行われる。

高張力鋼のうち調質鋼では，溶接による熱影響部の軟化域が狭い場合，継手の強度が母材と同等になることが解明されている。そのため，軟化域の幅を広げないように入熱の上限設定を行う。

また，入熱の上限設定には，溶接による溶融境界部（ボンド部）の靭性低下を防ぐ目的もある。ボンド部の衝撃吸収エネルギーが母材規格と同等以上となるように，入熱の上限値を設定することが通例である。

さらに，過大な入熱による溶接金属の強度低下を防ぐために入熱の上限が設定される。溶接材料メーカが推奨する溶接条件をはるかに超える大入熱で溶接

した場合，その影響が生じるが，その溶接方法に適した通常の溶接条件を採用し，入熱とパス間温度を管理することが極めて重要である．図 2.56 に，690 N/mm^2，780 N/mm^2 級高張力鋼の溶接入熱と溶接金属の機械的性質を示す．いずれの溶接方法においても，溶接入熱の増加とともに引張強さ（1 kgf/mm^2 ⇒ 9.8 N/mm^2）や吸収エネルギー（1 kgf・m ⇒ 9.8 J）が小さくなる傾向を示している．（7.5.1, 7.5.2 参照）

一方，低温割れを防止するため，ボンド部近傍の急冷硬化を防ぐ目的で入熱の下限設定を行うことがある．サブマージアーク溶接では入熱が大きいため問題は少ないものの，ガスシールドアーク溶接や被覆アーク溶接によるすみ肉溶接など，冷却速度が大きい継手では硬化しやすいため，下限設定が必要となる．なお，溶接前の予熱も低温割れの防止に有効である．

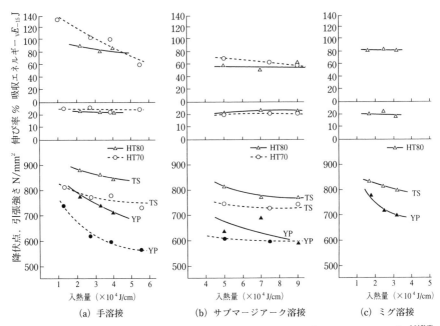

図 2.56　溶接入熱と溶接金属の機械的性質（母材 HT 70(690N/mm^2)，HT 80(780N/mm^2)）[11]改変

2.6.5 高温割れと低温割れ

溶接割れは，割れ発生時の溶接部の温度で分類すると，表 2.10 に示すように比較的高温で発生する高温割れと，低温になってから発生する低温割れに分けられる。

表 2.10 構造用鋼の溶接割れの分類[12]

発生形態			ビード下割れ	トウ割れ	ルート割れ	ヒール割れ	ラメラ・テア	ミクロ割れ	横割れ	自動溶接の縦割れ	クレータ割れ
発生時期	高温割れ	溶接金属の凝固過程および直後								○	○
	低温割れ	200℃～室温	○	○	○	○	○	○	○		
	再熱割れ	500～600℃に加熱中		○							
発生位置	溶接金属			○				○	○	○	○
	熱影響部		○	○	○	○					
	母材原質部						○				
主な発生原因	材料の組成・組織・溶接条件等		○				○			○	○
	拘束応力・ひずみ			○	○				○		
	溶接変形			○	○					○	
	拡散性水素		○	○	○	○			○		

〔1〕高温割れと防止策

高温割れは，溶接金属で発生する凝固割れと，溶接金属および母材の熱影響部で発生する液化割れ，延性低下割れの 3 つに分類される。ここでは代表的な溶接金属の凝固割れについて説明する。

凝固割れは，溶融金属が凝固完了間際で延性が乏しい時期に，凝固晶や結晶粒の境界に残存する液膜が，凝固や熱による歪の影響を受けて開口した場合に発生する。代表的な凝固割れである縦割れやクレータ割れは，凝固過程で発生した割れが凝固後も進展する場合がある。

一般的に割れは結晶粒界を通る粒界割れで，破面は酸化により着色されてい

るので，表面に開口した割れが高温割れか否かの判断基準の一つとなる。

軟鋼のサブマージアーク溶接の例であるが，高温割れでよく見られる梨形割れは，溶接電流や溶接速度の増大に伴って発生するといわれ，マクロ断面のビード形状係数，すなわちビード幅（W）と，のど厚（H）の比が，

$W/H \geq 1.0$（軟鋼のサブマージアーク溶接）

の場合は発生しないといわれている。また，高温割れの防止には，予熱はほとんど効果がない。

〔2〕低温割れと防止策

低温割れは約300℃以下で発生するとされ，主に溶接による金属組織の硬化，溶接継手の応力集中部への水素の拡散・集積，溶接継手への応力集中の3つの要因が重なることで発生する。応力集中部への水素の拡散・集積には時間がかかるため，溶接終了後，数分あるいは数日経過してから割れが発生することもあり「遅れ割れ」ともよばれる。

割れは，結晶粒内を横切る粒内割れが多く，発生箇所は溶接熱影響による硬化部で，溶接金属でも発生することがある。低合金鋼溶接部におけるビード下割れ，止端割れ，ルート割れなどは低温割れの代表的なものである。

これらの低温割れを防止する溶接施工上の留意点は次の4点で，溶接管理技術者とよく協議して防止に努めるべきである。

(1) 鋼材の化学組成の選定：硬化組織の形成は鋼材の化学組成に依存し，母材の溶接割れ感受性組成（P_{CM}）[*]が大きいほど熱影響部に硬化組織が生成しやすいため，合金添加量を抑え，P_{CM}を低く抑えることが有効である。
(2) 溶接金属中の水素量の低減：低水素系溶接棒の使用，溶接棒やサブマージアーク溶接用ボンドフラックスの再乾燥が重要である。また，開先表面の錆，油，塗料，水分の除去。ガス供給経路及びトーチ部品を点検し適切なガスシールド性を確保する。さらに予熱や直後熱の実施が有効である。
(3) 冷却速度の低減：熱影響部の硬化組織の生成を抑え，水素の拡散放出を促進させる。予熱や直後熱の実施が有効である。780 N/mm² 級高張力鋼や

---

[*] 溶接割れ感受性組成（P_{CM}）は，低炭素鋼及び低合金鋼の低温割れ感受性を鋼材組成との関係で示した指数で，次式で示される。
$P_{CM} = C + Si/30 + Mn/20 + Cu/20 + Ni/60 + Cr/20 + Mo/15 + V/10 + 5B$（%）

Cr-Mo系低合金耐熱鋼では，予熱に加えて直後熱が実施される場合がある。

(4) 応力集中の軽減：一般的に板厚が大きく，溶接量が多いほど溶接継手の拘束度は高くなる。設計面では構造を検討し，施工面では継手形状や施工法の選定，溶接順序を工夫することで拘束度を小さくする。また，製品の用途によっては，母材よりも低強度の溶接材料を選択する（軟質継手）ことも一つの方法である。

2.6.6　厚板における溶接順序

溶接部では熱による膨張，収縮が発生する。例えば，長い溶接線を端から連続して溶接を始めると，溶接部は熱の拡散によって急激に冷却され，膨張よりも収縮が大きくなる。そのため，溶接線の終端部は次第に縮む傾向となる。また，サブマージアーク溶接で大入熱溶接を行う場合は，逆に外へ広がる傾向となる。このような変形は回転変形とよばれる。

溶接によるひずみを防ぐためには，溶接順序，溶着順序及び積層順序を十分に考慮して溶接施工を行うことが重要である。厚板の長い溶接線を溶接する場合は，対称法や飛石法などの溶着順序を工夫し，ひずみを軽減することが求められる。

また，大きな構造物では，溶接によるひずみや変形が複雑に重なりあうため，次の基本原則を守ることが基本となる。

(1) 溶着量の多いものを先に，少ないものを後に溶接する。
(2) 未溶接継手を通り越して溶接しない。
(3) 著しい拘束応力を発生させない。

図2.57に示すI桁の突合せ溶接や，すみ肉溶接の場合は，上述の原則に従い，

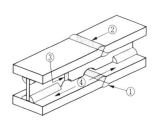

図2.57　I桁の溶接順序の例

図中に示す①→②→③→④の順序で溶接することが基本である。

2.6.7　多層溶接の積層法

　完全溶込みの突合せ溶接を行う場合，溶接回数が増え，母材の板厚が厚くなるほど，その回数は増える。この回数をパス数とよび，何段に盛り上げたかを層数という。例えば，3層6パスのように表現される。

　積層時は，前パス（又は前層）との間に溶接欠陥が発生しないようにビード位置を決め，収縮による角変形がなるべく少ない順序を選定する。そして溶接ビードの始点や終点が，前パスや前層と重ならないように注意する必要がある。図2.58にビード横断面での順序例を，図2.59に同じく縦断面での順序例を示す。

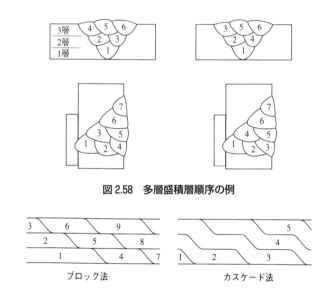

図2.58　多層盛積層順序の例

図2.59　積層方法の例

2.7　ガウジングと熱切断

　溶接部の裏はつりや溶接欠陥を除去する際に使用されるガウジングには，ガ

スガウジング，エアアークガウジング，プラズマアークガウジングなどの方法がある。また，金属の熱切断方法として，ガス切断，エアプラズマ切断，レーザ切断などがある。

2.7.1 ガスガウジング

ガスガウジングは，酸素－アセチレンや酸素－プロパンなどのガス切断器の火口を，図 2.60 に示すようなガスガウジング用火口に付け替えてガス炎で母材を加熱し，高圧酸素を吹き付け，酸化反応で生成された酸化鉄を吹き飛ばし，溝を掘る方法である。この方法は，溶接線裏側などの未溶融部の除去などに使用されるが，ガス炎による加熱範囲が広がり，変形が生じたり，高張力鋼では軟化範囲が広くなるデメリットもある。しかし，比較的騒音が少なく，電源のない場所でも使用できるなど，鋼材のガウジング方法として利点も多い。

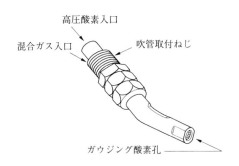

図 2.60 ガスガウジング用火口

2.7.2 エアアークガウジング

エアアークガウジングは，ガウジングトーチに挟んだカーボン電極と母材との間に 100 A ～ 600 A 程度の電流を流し，直流棒プラスでアークを発生させ，アークの後からカーボン電極に沿って高圧のエアを噴出させ，溶融した金属を飛ばして溝を形成する。この方法は，ガスガウジングに比べて熱の集中が良好で，効率が数倍高い方法であり，ガウジング面が滑らかなため小さな欠陥を確認しながら除去作業を進めることができる特長がある。今日では，ガウジング

といえばエアアークガウジングを指すほど一般的になっている。

ただし，エアアークガウジングのままだと，溝の表面にごく薄い浸炭層が形成され硬化するため，高張力鋼の場合は，グラインダなどで表面を研削してから溶接を行うことが望ましい。また，エアアークガウジングは溶けた金属をエアで吹き飛ばすため，金属ヒュームの飛散が多いので，十分な排気など環境対策が必要である。

エアアークガウジング用電源は，手溶接に用いる垂下特性に近い特性曲線であるが，ガウジング時にアーク長が短くなると，ガウジング棒が固着しないように，電圧の低い範囲では定電圧特性に近い特性曲線となっている。しかし，一般的には直流アーク溶接機が使用されるが，手溶接の交流電源（垂下特性）でもエアアークガウジングが可能なように工夫されたカーボン棒が市販されており，交流アーク溶接機でも使用できる。

2.7.3　プラズマアークガウジング

プラズマアークガウジングは，非消耗電極からプラズマアークを発生させ，そのプラズマアークを利用して金属を局部的に溶融させ，作動ガスで除去する方法である。作動ガスにはAr＋30〜35% H_2ガスが使用される。この方法は，ガウジング溝に銅や炭素の付着物が残らず，作業中のヒュームや騒音も少なく，またステンレス鋼やアルミニウムのガウジングにも適用できる利点があるが，水素ガスを使用するため，作業時には安全面の配慮が必要である。

2.7.4　ガス切断

ガス切断は，酸素－アセチレンや，酸素－プロパンなどの反応熱を利用して鋼材を切断する方法で，この反応式は次の式で表される。

$$Fe + 1/2 O_2 = FeO + 268 \text{ kJ}$$

この反応により，酸素と鉄が反応して酸化鉄（FeO）が生成される。鉄の融点は約1500℃であるが，鉄と反応して酸化鉄になると，その融点は約1380℃に下がり，切断用酸素により吹き飛ばされ除去される。一方，切断用酸素と接触しない母材部は，融点が高く溶けることなく残る。この原理を利用して切断

が行われる。

　ガス切断は，酸化生成物の融点が母材より低くなることを利用しているが，アルミニウム（融点：660℃，酸化アルミニウム2000℃以上）やSUS304ステンレス鋼（融点：母材約1450℃，酸化クロム1990℃）などはガス切断できない。

　また，前述の反応式で示すように，酸素と鉄が反応する際に268 kJの反応熱が発生する。この熱は，いったん切断が始まれば予熱炎を止めても連続切断ができるほどの発熱量である。しかし，実際の切断では熱損失があるため，予熱炎は維持したままで切断が行われる。

　表2.11に，酸素と可燃性ガスの組合せによる特徴を示すが，アセチレンガスは発熱量が大きく，炎の最高温度も高いため予熱時間が短く，切断速度が速い特徴がある。しかし，切断部上縁の溶融を引き起こすことがあり，爆発の危険性も他のガスに比べ高い。

　一方，プロパンやプロピレンを主成分とする液化石油ガスは安価で，燃焼時の発熱量も高く，分解爆発の危険性が少ないため，保安上有利である。酸素－プロパン炎は酸化性が強く，スラグ除去が容易で，炎の温度が低いため切断部上縁の溶融が少ない利点があるが，切断開始時の予熱時間はやや長くなる。

　アセチレンあるいはプロパンと酸素を混合した予熱炎は，切断酸素を止めた状態で標準炎（中性炎）又は弱酸化炎に調整する。過剰なアセチレンやプロパンは炭化炎や還元炎を引き起こし，炭化炎の先端が母材に接触すると，余分な炭素が鋼の中に浸入（浸炭）して局部的に炭素量が高くなり，溶接後に割れを引き起こすことがあるので注意が必要である。

表2.11　各種可燃性ガスの性質

ガス	完全燃焼式	発熱量 kJ/m³	発熱量 kcal/m³	最高火炎温度 ℃	混合ガスの爆発範囲（空気中　vol%）
アセチレン	$C_2H_2 + 2\cdot 1/2 O_2 = 2CO_2 + H_2O$	53,120	12,690	3,430	2.3～82
水素	$H_2 + 1/2 O_2 = H_2O$	10,130	2,420	2,900	4.1～75
プロパン	$C_3H_8 + 5O_2 = 3CO_2 + 4H_2O$	86,985	20,780	2,820	2.1～9.5
メタン	$CH_4 + CO_2 = CO_2 + 2H_2O$	33,823	8,080	2,700	5.0～15

〔1〕切断ノズル

切断ノズルには，高圧酸素ノズルにはストレートノズルとダイバーゼントノズルの2種類がある。

図2.61にストレートノズルの断面形状とノズル出口での流速の模式図を示す。このノズルでは，切断酸素はほぼ音速で噴出し，ノズル内で膨張しきれなかった酸素がノズル出口で膨張する。切断酸素の圧力を高めてもノズル出口の膨張が大きくなるだけで，切断カーフ（切断溝の幅）が広がり，スラグの排出も増えることから，良質な切断面が得られる速度はほとんど増加しない。このタイプのノズルは，手持ち切断器に多く使用される。

図2.62にダイバーゼントノズルの模式図を示す。このノズルでは，切断酸素が超音速で噴出し，ノズル内で膨張するため，ノズル出口では完全に平行な気流が形成される。切断酸素が広がらないため切断カーフが狭く，切断酸素の運動量が大きいため，スラグを強力に排出し，切断速度を速くすることができる。また，酸素が切断溝の深部まで届くため，より厚い板の切断が可能となる。ただし，このノズルはストレートに比べ精密な加工が必要で，高価であり，取り扱いに注意が必要である。ストレートノズルのような感覚で掃除針を使用すると，ノズル内面の形状が変形し，その効果が失われる。そのため，テーパ状のダイバーゼントノズル専用の掃除針を使用し，慎重に取り扱う必要がある。このタイプのノズルは，特に自動切断機で多く使用されている。

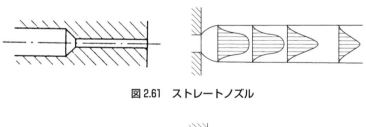

図2.61　ストレートノズル

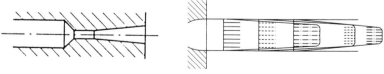

図2.62　ダイバーゼントノズル

〔2〕切断作業のポイント

切断作業における結果の良否は，母材板厚に対する適正火口，予熱炎の大きさ，シャープな高圧気流の維持，切断火口と母材間距離，それに母材材質，板厚に対する切断速度によって，ほぼ決まることが多い。

〔3〕切断面の評価

良好な切断面は，日本溶接協会規格 WES 2801：1980「ガス切断面の品質基準」に基準が示され，その等級判定は WES 2801 が規定するモデルとの比較が便利である。一般的には切断面の上縁がシャープである，切断面が平滑である，切断粗さが小さい，さらにスラグの剥離性が良い，などによって評価される。自動ガス切断機による切断条件と切断面の形状変化について，**図 2.63** に一例を示す。

〔適切な切断条件の場合〕
切断面の品質がすぐれ，精度が高い。

〔切断速度が遅すぎた場合〕
表面が過熱され上縁は丸くなり，下部に凹凸ができる。スラグが強固に付着する。

〔切断速度が速すぎた場合〕
ドラグが大きくなり，上下縁が丸くなる。とくに上縁の直下がくいこむ。

〔酸素圧力が高すぎた場合〕
酸素気流が乱れるので上縁がくずれ，切みぞの幅が広くなる。下縁はかど立つが面はあらく，スラグのはく離性が悪い。

〔火口の位置が高すぎた場合〕
予熱炎が拡がり過熱されるので上縁が丸くなる。下縁はかど立つ。

〔火口の位置が低すぎた場合〕
予熱が強すぎる結果となり上縁は溶けるが，下縁はかど立つ。切断面は切断速度の遅すぎる場合に似るがかなり平滑である。

図 2.63 自動ガス切断機による切断条件と切断面の形状例[4]

2.7.5 エアプラズマ切断

　エアプラズマ切断は，プラズマアークを熱源として金属を溶融させ，切断する方法である。電極と母材の間で発生したアークの外周を，高速のガス流で冷却すると，アーク柱の熱損失を最小限にし，アーク柱の断面が収縮する性質がある。これにより電流密度が増加し，アーク柱の温度が高くなる。この状態のアークをプラズマアークとよび，この高温，高速プラズマを熱源として，溶融切断する方法をプラズマ切断といい，図 2.64 に原理を示す。プラズマを発生させるための作動ガスとして，アルゴン，窒素，水素などを使用する方法もあるが，手軽に使用されている圧縮空気を用いたエアプラズマ切断の特徴について述べる。

　エアプラズマ切断は，板厚 30 mm 以下ではガス切断より速く，図 2.65 に示すように薄板ほど速く切断でき，炭素鋼のみならず，ステンレス鋼，アルミニウム合金，銅合金の切断も可能である。切断による熱ひずみの発生が少なく，また熱影響部も狭く，安全性が高く操作が簡単であるが，切断できる板厚には限界があり，切離し可能な板厚は最大約 60 mm 程度である。

　エアプラズマ切断機器の一般的な構成を，図 2.66 に示す。切断電源，切断

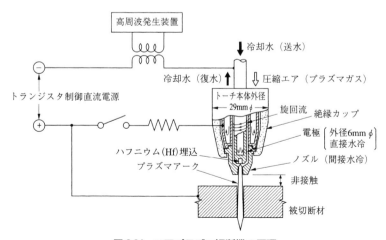

図 2.64　エアプラズマ切断機の原理

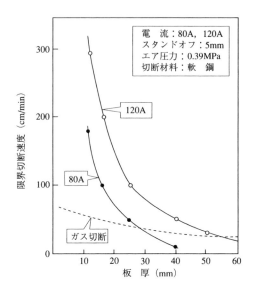

図2.65 限界切断速度の比較

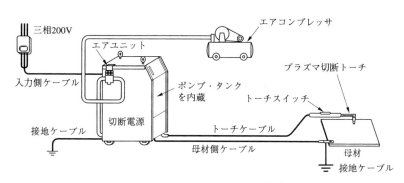

図2.66 エアプラズマ切断機の構成

トーチと圧縮空気を供給するエアコンプレッサからなる。

〔1〕切断電源

エアプラズマ切断電源は，トーチ側をマイナス電極にした直流電源の垂下特性又は定電流特性の電源が用いられる。また，プラズマアークの発生をスムーズに行うための高周波発生装置が内蔵されている。これらは直流ティグ溶接機

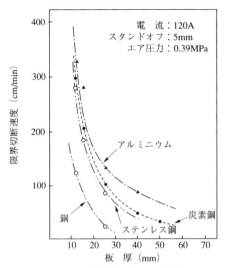

図 2.67　各種材質の限界切断速度

の機能と同じであるが，ティグ溶接機との大きな違いは出力電圧の高さである。エアプラズマ電源にはプラズマアークを維持するための高い電圧が必要で，最高無負荷電圧は 200 V ～ 400 V である。また，どこでも使用できるように電源の中にエアコンプレッサを内蔵したものや，厚板切断用の大容量の電源でトーチや電極を冷やす冷却水ポンプを内蔵したものもある。

切断能力は電源の容量で決まり，0.1 mm ～ 5 mm の薄板の切断には，例えば 15 A 程度の電源が，1 mm ～ 50 mm の中厚板の切断には 120 A 程度の電源が使用される。切断能力は，図 2.65 のように切断電流と切断速度が関係する。また，各種材料の切断速度を，**図 2.67** に示す。

〔2〕切断トーチ

エアプラズマ切断における切断トーチ先端の構造を図 2.64 に示す。特徴は，アークをプラズマ状にするため，プラズマガスとしての圧縮空気を電極の回りに高速で旋回流させ，アークは電極の先端に埋め込まれているハフニウム（Hf），又はジルコニウム（Zr）から発生させる。これらの金属はその酸化物が非常に高融点であり耐久性が高い。さらに，厚板切断用のトーチでは，冷却水を流し，電極とノズルの耐久性を向上させる工夫が施されている。

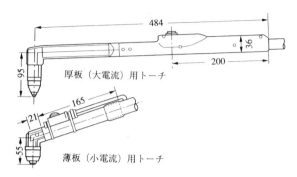

図2.68 エアプラズマ切断トーチの外形図

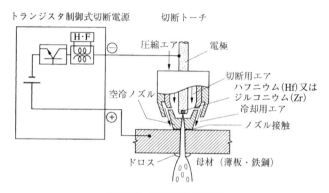

図2.69 薄板用切断方法

　図2.68にトーチの外形の一例を示す。薄板（小電流）用切断トーチは，母材とノズルを接触させながら切断することができる。この接触切断では，切断幅が狭くなり，操作しやすく取り扱いも安全であり，初心者にも手軽に使用できる。

　一方，厚板切断用トーチは，ガス切断と同じような長いハンドルタイプとなる。これはアークの輻射熱を避け，両手操作で安定した切断を可能にするためである。この場合，ノズルは母材に接触させず切断する。

〔3〕安全衛生

　エアプラズマ切断は，ガス切断やアルゴン水素系のプラズマ切断に比べると，ガスの引火爆発の危険性がなく，取扱いが比較的簡便で，安全性が高いといえ

る。

　ただし，プラズマ電源では1次側にAC200 Vを使用するだけでなく，2次側も無負荷電圧が200 V以上になる。このため，電撃による事故を防ぐために，ノズルや電極の交換時には，トーチスイッチを入れても無負荷電圧がかからないような安全回路が設けられている。

　また，エアプラズマ切断には，多量のヒュームやNOx（窒素酸化物）が発生するので，換気などの作業環境を整備し，作業者が有害物質にばく露されないよう対策する。

2.7.6　レーザ切断

　レーザ光とは，人工的に作られた自然界には存在しない光の束の一種で，それには次のような特徴がある。

　①単色性に優れている：レーザ光は，波長・周波数が一定で位相がそろっており，安定した光である。（可視光はいろいろな波長が混じっている）

　②指向性に優れている：光の進行がほとんど広がらずに平行光線として真直ぐに遠くまで導くことができる。

　③高エネルギー密度が得られる：レンズで集光するだけで，太陽光以上のパワー密度が得られる。

　レーザ光は光であるためにレンズを用いて収束することができ，また波長・周波数の位相がそろっているために，集光性がよく，高密度のエネルギーを得ることができる。そのエネルギーで金属を加熱・溶融し，金属の加工・切断に使用される。

〔1〕レーザ光の種類

　レーザ光は光の発生源の種類により，「固体レーザ」「半導体レーザ」「液体レーザ」「気体レーザ」に大別されるが，金属の加工に用いられるレーザには，大きな出力が安定的に得られる固体レーザのファイバーレーザ，YAGレーザと気体レーザの炭酸ガスレーザがある。この中でも，金属の切断には，発振効率が高い炭酸ガスレーザが多く用いられている。ファイバーレーザは光ファイバーの中を通ることのできるレーザ光という特徴を生かして，光ファイバーを

活用した金属加工の工程では多く使用される。

〔2〕レーザ加工ヘッドの構成

　レーザは，レーザ発振器で発生したレーザ光を反射率の高いミラーで集光レンズまで導き，集光レンズで 0.5 mm 以下の大きさに集光しエネルギー密度を高めている。図 2.70 にレーザ加工ヘッドの概要と切断条件のパラメータとなる条件因子を記す。

　レーザ切断ではレーザ光のほかにアシストガスを流してやる必要がある。アシストガスは，溶融・蒸発した材料を排除・吹き飛ばす目的などに使用される。

　アシストガスは酸素又は空気が多く用いられ，酸素を使用する場合は金属の酸化反応熱も利用できるので，より効率的な切断となる。また，切断面の酸化防止が必要なときはアシストガスにはアルゴンや窒素が使用される。

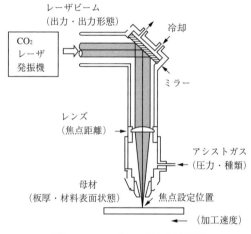

図 2.70　レーザヘッドと条件因子

〔3〕レーザ切断装置の構成

　レーザ切断装置は使用するレーザ光により，大きく二種類に大別される。一つはレーザ加工ヘッドを固定し切断材料を動かす方法ともう一つは切断材料を固定し，レーザ加工ヘッドを移動させる方法である。前者は軽量でシンプルな

部材を高速で高精度に切断が可能であり，部材の移動はNC制御のXYテーブルなどが利用される。ただこの方法は，部材を移動させるための広い設置面積を必要とすることが欠点である。主に炭酸ガスレーザで使用される。

後者で使用するレーザ光は，光ファイバーで導くことができるレーザ光で，光ファイバーケーブルを動かすことによって，立体的な加工ができるため様々な適用が行われている。例えば，産業用ロボットにレーザ加工ヘッドを取り付け，ロボットと組み合わせたレーザ加工などがある。適用できるレーザ光はYAGレーザ，ファイバーレーザである。

〔4〕レーザ切断の特徴

レーザ切断には次の長所がある。
①切断幅や熱影響部の幅が比較的狭く，切断速度も速く，変形が小さい。
②非接触切断のため，工具の消耗，騒音，振動が少ない。
③切断ヒュームやドロスが少なく作業環境が良い。
④NC制御との組み合わせで，自動化に適している。
⑤工業的に使用されるほとんどの金属に適用できる。
⑥金属のみならず非金属の切断も可能である。
一方，欠点としては次のようなことがある。
①装置のイニシャルコストが高い。
②良好な切断面が得られるのは，板厚25 mm程度までで限界がある。
③光を反射する光沢の良いものは，切断が困難である。

〔5〕他の切断法との比較

ガス切断及びプラズマ切断との比較を**表 2.12**に示す。また，軟鋼切断時の切断速度と板厚の関係を**図 2.71**に示す。

表2.12 各種切断法の比較

	レーザ切断	プラズマ切断	ガス切断
パワー密度	大	中	小
切断可能材料	金属・非金属	金属	金属（鋼）
切断可能板厚	小	中	大
切断速度	中	大	小
切断溝幅	小	大	中
熱変形	小	中	やや大
切断面傾斜度	良	やや劣る	良
切断面粗さ	やや劣る	良	やや劣る
多本同時切断	—	—	実用，普及
自動化	最適	可能	可能
危険性	レーザ光	感電	爆発
価格	高	中	低

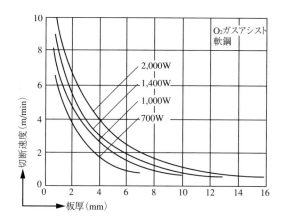

図2.71 切断速度と板厚（2KW機）

《引用文献》

1) 小林一清：溶接技術入門，1991，理工学社
2) 中央労働災害防止協会：アーク溶接等作業の安全，2020，第6版，60-61
3) （社）日本溶接協会電気溶接機部会：アーク溶接機の電気的知識，ew-8201
4) 株式会社ダイヘン：交流アーク溶接機取扱説明書

5）（社）日本溶接協会：鋼構造溶接工作法通論，1998，産報出版
6）（社）溶接学会：改訂3版 溶接便覧，1977，丸善
7）（社）溶接学会：溶接技術の基礎，1986，産報出版
8）佐藤：溶接強度ハンドブック，1988，理工学社
9）（一社）日本建築学会：鉄骨工事技術指針・工場製作編，2018，丸善出版
10）信田：予熱・パス間温度入熱量について，溶接技術2000 − 11，産報出版
11）河井：鋼構造用厚板HT70，HT80鋼材とその溶接，1972，三菱重工技報 Vol.9, No.2
12）佐藤，向井，豊田：溶接工学，1979，理工学社

《 参 考 文 献 》

2.1　荒田，西口：現代溶接技術大系（2）溶接法の基礎，1980，産報出版
　　　㈱ダイヘン資料
　　　デンヨー㈱資料
2.1.3　中央労働災害防止協会：アーク溶接等作業の安全，2020
2.3.4　（社）日本溶接協会建設部会：鉄骨溶接施工マニュアル，1991，産報出版
2.6　（社）溶接学会：溶接技術の基礎，1986，産報出版
2.6.2　水門鉄管協会：水門鉄管技術基準・溶接接合編，水門鉄管協会
　　　稲垣，隈部，福永：構造用鋼材溶接の実際，1983，産報出版
2.7.3　中央労働災害防止協会：ガス溶接・溶断作業の安全，2019
2.7.6　浦井，西川：Q&Aレーザ加工，1993，産報出版

《本章の内容を補足するための参考図書》

日本溶接協会出版委員会：新版JIS手溶接 受験の手引，2017，産報出版
溶接学会・日本溶接協会編：新版改訂 溶接・接合技術入門，2019，産報出版）
溶接学会・日本溶接協会編：溶接・接合技術総論，2016，産報出版

第3章　半自動アーク溶接・薄板の溶接

3.1　半自動アーク溶接機器

3.1.1　半自動アーク溶接とその種類

　半自動アーク溶接とは，溶加材である溶接ワイヤの送給を，電動機（モータ）を用いて自動的かつ連続的に行い，溶接トーチの運びを作業者が行う溶接方法である．

　溶接機は直流電源が用いられる場合が多く，シールドガスの有無により，溶極式ガスシールドアーク溶接とセルフシールドアーク溶接に分類される．さらに，溶極式ガスシールドアーク溶接は，シールドガスの種類によりマグ溶接とミグ溶接に大別されるが，本書では，
① 　100％炭酸ガスを用いる場合を炭酸ガスアーク溶接
② 　アルゴンガスと炭酸ガスの混合ガスを使用する場合をマグ溶接
③ 　100％不活性ガスを使用する場合をミグ溶接
と称して説明している．

　炭酸ガス，マグ及びミグ溶接は図3.1に示すように，電極であるワイヤと母材との間にアークを発生させ，これを熱源としてワイヤ及び母材を溶融し，その周辺にシールドガスを流し，溶接部を周囲環境から保護しながら行う溶極式ガスシールドアーク溶接である．炭素鋼及びステンレス鋼の半自動アーク溶接では，アークの集中性，安定性が良好で深い溶込みが得られる直流棒プラスが適用されるのが一般的である．

　いずれも，直径1.2mmや1.4mmの細径ワイヤに300Aから400Aの大電流を流すことで溶融速度は極めて高く，電極であるワイヤが連続的に送られる高

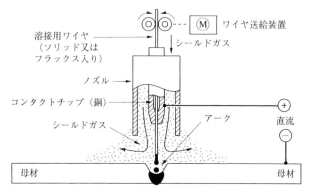

図3.1 溶極式ガスシールドアーク溶接

能率な方法である。ただし被覆アーク溶接に比べると，風の影響を受けシールドが乱れやすい，ワイヤ送給装置やガス供給設備が必要であるなどの短所がある。

〔1〕炭酸ガスアーク溶接

半自動アーク溶接の中でも炭酸ガスアーク溶接は，安価な炭酸ガスとソリッドワイヤを用いるために最も普及度が高い。この溶接法は経済的かつ高能率であり，小電流域では短絡移行溶接により全姿勢溶接や裏波溶接が可能で，薄板の施工が容易などの長所がある反面，ビード外観や形状は他の半自動アーク溶接に比べてやや劣る。また，高電流域では深い溶込みが得られる反面，スパッタ発生が多いなどの短所もある。一方，フラックス入りワイヤは，ソリッドワイヤに比べ，溶融速度が大きく高能率で，アークがソフトでスパッタが少なく，ビード形状，外観が平坦で美しい特徴があり，多用されている。

〔2〕マグ溶接

マグ溶接は，シールドガスにアルゴン（Ar）と炭酸ガス（CO_2）の混合ガスを用いるため，スパッタが少なく，ビード外観が美しい溶接結果が得られる。
一般的にアルゴン約80％，炭酸ガス約20％の混合ガスを用いている。
臨界電流以上の大電流ではスプレー移行となり，スパッタの少ない溶接を行うことができる。また，溶接電流にワイヤの種類や径に応じたパルス電流を加

えることにより，溶滴を強制的に離脱，移行させることもできる。この方法をパルスマグ溶接という。この方法により，小電流域を含む広電流範囲でのスプレー移行も可能になっている。

〔3〕ミグ溶接

ミグ溶接とは，シールドガスとしてアルゴンやヘリウムなどの不活性ガスを用いる溶接法である。主としてステンレス鋼や，アルミニウム，チタンなどの非鉄金属材料に適用する。アルゴンに2％程度の酸素を加えた混合ガスや5％程度の炭酸ガスを加えた混合ガスを用いる場合は，完全な不活性ガスではないためマグ溶接に分類されることもあるが，慣例的にミグ溶接として取り扱われることもある。ワイヤは，一般的に母材と同一組成のソリッドワイヤを用い，基本的にはあらゆる金属の溶接が可能である。

炭酸ガスアーク溶接やマグ溶接，ミグ溶接に使用される電源は，一般に直流定電圧特性で，これらの溶接方法が供用できる電源もある。

〔4〕セルフシールドアーク溶接

セルフシールドアーク溶接は，シールドガスを用いる代わりに特殊なフラックス入りワイヤを使用する溶極式アーク溶接である。図3.2にその構成を示し，電源は交流電源や直流電源が使用されるが，ワイヤ送給は専用の装置が必要となる。直流電源の場合，棒マイナスの接続が一般的であるが，棒プラスで使用

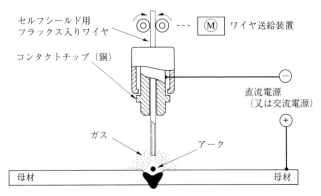

図3.2 セルフシールドアーク溶接

されることもある。

　この溶接法は，ワイヤの中のフラックスが，アークの高温下でガス化と溶融スラグ化が起こり溶融金属を覆うため，シールドガスを用いる必要がなく，別名ノンガスアーク溶接ともよばれる。ガスシールドアーク溶接とは異なり，風によるシールド効果への影響が少ないので，屋外作業に用いられている。しかし，ヒュームの発生が多く，溶接金属の機械的性質が他の溶接法に比べやや劣る。

3.1.2　半自動アーク溶接における溶滴移行

　ソリッドワイヤを使用する半自動アーク溶接において，溶接ワイヤが溶けて母材に移行する形態を分類すると，溶接法，溶接条件あるいはシールドガスの種類などにより短絡移行，グロビュール移行，スプレー移行，電気的制御によって作られるパルス移行に分けられる。

〔1〕短絡移行

　ショートアーク溶接ともよばれ，図3.3に示すように短絡とアークが周期的に繰り返される。溶滴は，ワイヤ先端が母材に短絡した時に母材側に移行し，短絡の回数は50〜130回/秒程度である。

　この移行形態は，シールドガスの種類に関係なく，小電流域での現象であり，

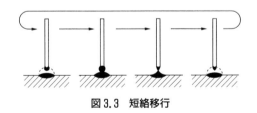

図3.3　短絡移行

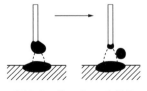

図3.4　グロビュール移行

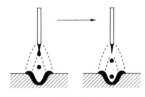

図3.5　スプレー移行

アークのエネルギーが小さく集中しているため，薄板や全姿勢溶接，裏波溶接などに適している。

〔2〕 グロビュール移行

炭酸ガスアーク溶接において大電流域になると，溶滴は図3.4のように，大きな粒となって移行する。これをグロビュール移行という。この移行では，深い溶込みが得られ溶込み形状も良いが，スパッタが多いのが欠点である。

〔3〕 スプレー移行

アルゴンガスにCO_2の混合比率が25%以下の混合ガス雰囲気中で250Aを超える大電流域になると，溶滴は図3.5のような小さな粒となって母材側に高速に移行する形態となり，これをスプレー移行という。また，図3.6に示すように，スプレー移行となる最小の電流を臨界電流という。スプレー移行領域では溶滴が小さく，スパッタの発生が極めて少ない溶接となる。臨界電流域から電流を下げていくと，溶滴は大きくなりドロップ移行となる。

また，CO_2の混合比率が30%以上の混合ガスになると，移行形態はスプレー移行とはならず，グロビュール移行となる。

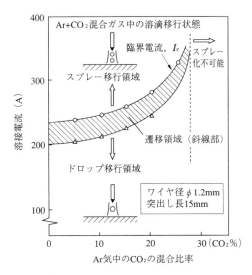

図3.6 Ar＋CO_2混合ガス中の溶滴移行状態

〔4〕パルス移行(電気的制御による溶滴移行)

マグ溶接において,スプレー移行とならない臨界電流以下の小電流域でも溶滴を小さくする方法がパルスアーク溶接であり,その移行形態をパルス移行という。

パルスアーク溶接とは,図3.7のように溶接電流をパルス波形とし,周期的かつ強制的に溶滴を離脱移行させる方法である。薄板の溶接など小電流域においてもスプレー移行が利用でき,スパッタを減少させる効果がある。

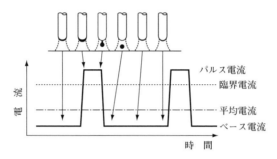

図3.7 パルスアーク電流波形と溶滴移行[1)]

3.1.3 溶極式ガスシールドアーク溶接装置

〔1〕溶接機の構成

溶極式ガスシールドアーク溶接装置は,一般的には図3.8に示すように,溶接電源,ワイヤ送給装置,溶接トーチ,シールドガス供給機器などで構成されているが,そのほか水冷トーチを使用する場合には冷却水循環装置が必要となる。

〔2〕溶接機の設置場所

溶接機の設置場所は,直射日光の当たる場所,雨の当たる場所,著しいほこり,特に金属粉末の多い所を避ける。直流溶接機は,その内部に制御用プリント基板があり,冷却ファンで空冷されている。そのため,冷却ファンの吸排気口は,

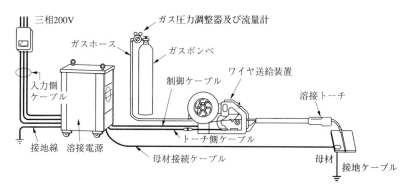

図3.8 溶極式ガスシールドアーク溶接装置

壁や隣の溶接機から少なくとも 30 cm 以上離し，溶接機の冷却機能を確保する。

〔3〕電源設備への接続

溶接機を接続する場合の注意事項は，交流アーク溶接機の場合とほぼ同じである。ただ，半自動アーク溶接機は交流アーク溶接機に比べ，溶接機の制御が複雑，高度になっているので，1次入力電圧の変動，配線ケーブルの長さなどにも，十分配慮して使用しなければならない。

〔4〕ワイヤ送給装置と溶接トーチ

ワイヤ送給装置は，溶接ワイヤを溶接トーチの先端まで連続送給するプッシュ方式が多く使われている。一般的な装置の外観を**写真 3.1** に示し，ワイヤリール取付部，送給モータ部，ガスホース接続部及び溶接開始信号接続部からなる。

溶接ワイヤはモータ軸に取り付けられた送給ローラと加圧ローラによって得られる摩擦力を利用して送給される。従来，送給ローラ1個と加圧ローラ1個の2ローラ駆動方式が主流であったが，4ローラ駆動方式が多くなっている。4ローラ駆動方式は，2個の送給ローラを同期させて回転させることにより，ワイヤへの加圧力を分散させ，ワイヤの変形や切り粉の発生が低減する効果がある。送給ローラは，使用するワイヤの材質や径に対応した送給ローラを取り付け，加圧ローラの加圧力を調整する。特にフラックス入りワイヤはソリッドワイヤに比べて変形しやすいので，加圧力の調整には留意する。また，送給ローラからコンジットケーブルへのワイヤ送給経路にあるアウトレットガイドは，ワイヤが一

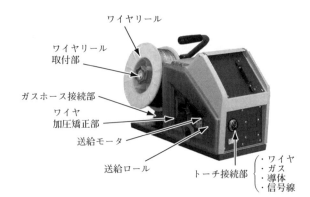

写真 3.1　ワイヤ送給装置

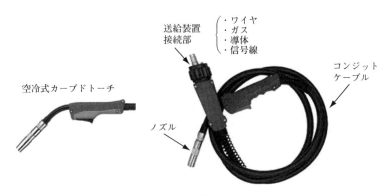

写真 3.2　半自動溶接トーチ

線状になるように取り付けられていることを確認することで，ワイヤ送給に伴う切粉の発生量は少なくなる。

　溶接トーチは，**写真 3.2** に示す空冷式カーブドトーチが作業性もよく，取扱いが簡単なのでよく用いられる。溶接電流が高い場合には，水冷式カーブドトーチに加えて，ピストル形トーチも用いられる。

　ワイヤ送給装置とトーチ部との間には，コンジットケーブルが接続される。コンジットケーブルの中には，

① 溶接電流が流れる電線
② シールドガスが流れるガスホース
③ 溶接ワイヤを通すコイルライナ（スプリングチューブ）

④ トーチスイッチ（溶接 on/off）のための信号線

などが組み込まれている。

溶接ワイヤが安定して送られるために，コンジットケーブルを極端に曲げたり，乱暴に扱ってはならない。また，コイルライナはワイヤの切粉による詰まりを防ぐため，定期的に清掃する。

トーチ先端のコンタクトチップは，ワイヤの出口であると同時にワイヤへの給電部である。チップが摩耗するとワイヤへの給電不良が起こり，アークが不安定になるので定期的に又は摩耗に応じて交換する。

3.1.4　半自動アーク溶接用電源とその特性

〔1〕ガスシールドアーク溶接電源と外部特性

ガスシールドアーク溶接に用いられる電源の外部特性は，垂下特性，定電圧特性，定電流特性の3種類に分類される。図3.9にそれぞれの外部特性を示す。

定電圧特性ではアーク長の変化によるアーク電圧の変化は少ないが，溶接電

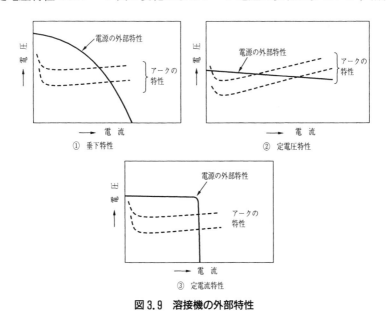

図3.9　溶接機の外部特性

流は大きく変化する。溶接電流の変動は溶接ビード形成や溶込みの安定化の点では適しているとはいえないが，細径ワイヤを高速に送給する半自動アーク溶接においては，アーク長を一定に保つために大きく貢献する。

　直流の定電圧特性の電源を用いた炭酸ガスアーク溶接やマグ溶接，ミグ溶接では，溶極式の溶接ワイヤは，設定された電流値やワイヤ送給速度で定速に送給される。溶接中はワイヤの供給量と溶融量がバランスしてアーク長が安定維持される。溶接作業中，溶接トーチの上下振動によりアーク長が変化した場合，瞬時に溶接電流が応答し溶融量が調整される。このように定電圧特性では，特別なアーク長制御がなくともアーク長を安定維持することができ，これを「電源の自己制御作用」という。

　電源の自己制御作用を図3.10に示す。アーク長がL_2で，溶接電流がI_2で安定していたとき，例えば，溶接トーチが上にブレ，一瞬，アーク長がL_1に伸びる。すると，定電圧特性により溶接電流はI_1へと瞬時に大幅に減少する。電流が減少するとワイヤの溶融速度も減少するが，ワイヤは定速で送給されているので，アーク長が短くなり，元のアーク長L_2に戻り溶接電流I_2で再び安定する。反対に，アーク長がL_3に短くなると，溶接電流はI_3へと瞬時に増加し

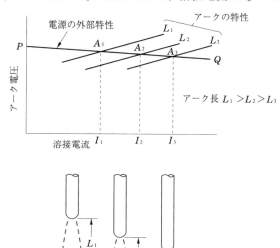

図3.10　電源の自己制御作用

ワイヤの溶融速度が増加し，アーク長は長くなり，元のアーク長 L_2 に戻り溶接電流 I_2 で安定する。

ガスシールドアーク溶接用の電源は，サイリスタやトランジスタを用いて複雑な溶接制御を行う。図 3.11 に，直流溶接電源のサイリスタ制御方式とインバータ制御方式の原理図を示す。

① サイリスタ制御アーク溶接電源

サイリスタとは，電流の流れを一方向にする整流機能と電流を流す時間を制御する機能をもつ半導体の制御素子である。商用交流をトランスで所定の電圧に降圧した後，サイリスタ回路で直流に整流すると同時に点弧制御で出力の調整を行う。それをリアクトルで平滑して溶接に用いる。このサイリスタ制御電源は，構造が比較的簡単で，リモートボックスで遠隔制御ができ，耐久性にも優れており，中。厚板を用いる産業分野を中心に比較的安価な電源として幅広く使用されている。

② インバータ制御アーク溶接電源

インバータ制御電源では，商用交流を整流器でいったん直流に変換した後，トランジスタインバータによって 20 kHz 〜 80 kHz 程度の高周波交流に変換する。その高周波交流を変圧器で所定の電圧に降圧した後，再び直流に整流する。

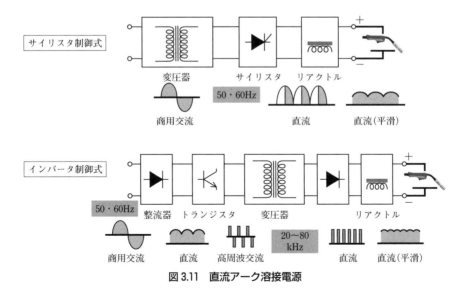

図 3.11　直流アーク溶接電源

写真 3.3　インバータ制御の溶接機

この断続的な櫛歯状の直流をリアクトルで平滑して溶接に用いる。

インバータ制御は複雑な回路となるが、出力を高速に制御することができ、スパッタの発生が少なく、アークスタート性やアーク安定性が向上する。また、制御周波数が高くなることにより変圧器やリアクトルが小さくなり、電源は大幅に小形軽量化された。機能面では溶接条件の一元調整機能やリモートコントロールでの条件設定が簡便となった。これらはいずれも作業者の負担を軽減し、技量を補うものである。写真 3.3 にインバータ制御溶接機を示す。

さらに、溶接電源の制御においてデジタル化がすすみ、例えば、電源の外部特性をソフトウェアとしてプログラム化し、溶接中のアークの状態を溶接の目的に応じて最適な状態に制御する機能が付加されている。この機能により溶接電流の波形が最適に制御され、さらにスパッタの少ない安定した溶接や従来では安定しない領域での高能率な溶接ができるようになった。

〔2〕セルフシールドアーク溶接機

セルフシールドアーク溶接機の機器構成は、図 3.12 に示す溶接電源、ワイヤ送給装置及びトーチからなる。

溶接電源は、交流又は直流が用いられるが、交流の場合は垂下特性電源を用い、ワイヤ送給はアーク電圧制御方式で行われる。また、直流では定電圧特性電源を用い、ワイヤを定速送給するのが一般的である。

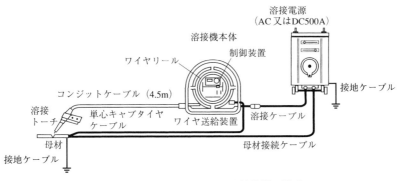

図3.12　セルフシールドアーク溶接機の構成

アークの起動や，アーク長の維持，安定などの面では，直流の方が優れているが，一般的には細径ワイヤには直流が用いられ，直径，ϕ 2.4 mm 以上の太径ワイヤには交流が用いられる。

セルフシールドアーク溶接に用いるワイヤは，フラックス入りワイヤであるため変形しやすく，ワイヤの送給抵抗も大きい。このため太径ワイヤでは特殊な溝の送給ローラを使用する。

3.1.5　定格出力電流と定格使用率

溶接機及び溶接トーチには，定格出力電流と定格使用率の範囲内で使用する。定格オーバーで使用すると，機器が焼損することになる。定格出力電流と定格使用率については，2.1.4項を参照のこと。

3.1.6　溶接機器の取扱い

安定した溶接を行うために，溶接機器の日常点検を実施し，取扱い上の注意を守らなければならない。

日常点検の主なポイントは，6章に述べるが，詳しくは機器メーカの取扱説明書を参考にして点検を実施するのが良い。

溶接施工時のコンジットケーブル及びパワーケーブルの引回しは，アークの安定性に大きく影響する。コンジットケーブルの極端な曲がりはワイヤの送給

表3.1 溶接用ケーブルのアークに及ぼす影響[2]

実験項目		(1) 標準条件	(2) 抵抗電圧降下の影響	(3) 抵抗電圧降下の補償	(4) インダクタンスの影響
ケーブル長さ(m)		5	30	30	30
ケーブルの状態		ストレート	ストレート	ストレート	300φ25ターン
観察項目		全長5m	全長30m	全長30m	全長30m
ケーブルでの電圧降下	出力端子電圧 V_1 (V)	20.5	20.5	23	23
	アーク電圧 V_2 (V)	20.0	安定せず	20.5	20.0
短絡回数（回/秒）		80〜100	安定せず	60〜80	30〜50
ビード外観（目視）		良い	悪い	良い	悪い
アーク	スタート	良い	悪い	良い	悪い
	音	連続音	不連続音	連続音	不連続音
	光	安定	不安定	安定	不安定
溶接電流（A）		150	150	150	150

性を妨げ，アーク長変動の要因となる．

また，溶接用ケーブルが必要以上に長かったり，ぐるぐる巻きになっていたりすると，ケーブルの電圧降下やインダクタンスの影響で，アークが不安定になるので注意しなければならない．**表3.1**に，溶接ケーブルのアークに及ぼす影響を示す．

例えば，同表の実験項目(2)では，母材接続ケーブルが30 mと長いため，この部分での電圧降下が大きく，溶接機の出力電圧20.5 Vのままでは，実際のアーク電圧が低下し150 Aのアーク状態は不安定となる．そこで実験項目(3)のように，30 mケーブルの電圧降下分を加味し溶接機の出力電圧を23 Vに上げると，実際のアーク電圧が20.5 Vとなり，安定したアークを得ることができる．

一方，余分なケーブルをコイル状に巻いた実験項目(4)の場合には，インダクタンスの影響が大きくなる．インダクタンスとは，ケーブルに電流が流れると磁界が生じ，電流に変化があったときに磁界の変化が抵抗のように働くが，その大きさをいう．ケーブルをコイル状に巻くと磁力線が重なりインダクタンスは大きくなる．直流であっても定電圧特性の電源では，溶接電流は短絡やアーク長の変動に瞬時に応答するため絶えず大きく変化している．そのため出力電圧を23 Vに上げても，ケーブルのインダクタンスが大きくなり，短絡回数が

減ってアークが不安定となる。余分なケーブルはコイル状に巻かず，なるべく平行に往復するように折り返して置くとインダクタンスの影響が軽減される。

3.2 半自動アーク溶接用溶接材料

半自動アーク溶接は高能率であり，構造物の溶接に広く適用されている。使用される溶接ワイヤには，ソリッドワイヤとフラックス入りワイヤがある。

3.2.1 ワイヤの種類と JIS

〔1〕ワイヤの種類

半自動アーク溶接に使用されるワイヤには表 3.2 に示すように，ソリッドワイヤとフラックス入りワイヤの 2 種類がある。

これらのワイヤは，一般の軟鋼用，490 N/mm^2 級以上の高張力鋼用のほかに，

表 3.2 半自動アーク溶接ワイヤの特徴[3]（一部改変）

ワイヤ	ソリッドワイヤ	フラックス入りワイヤ	
形状	銅めっき及び特殊表面処理		
主なワイヤ径 (mm)	0.8, 0.9, 1.0 1.2, 1.4, 1.6	1.2, 1.4 1.6, 2.0	1.6, 2.4, 3.2
シールドガス	CO_2 $Ar - CO_2$	CO_2 $Ar - CO_2$	セルフシールド
スパッタ	やや多い （短絡移行や $Ar - CO_2$ では少なくなる）	少ない	やや少ない
溶着速度 (g/min)	110 （ϕ 1.6 mm, 400 A）	120 （ϕ 1.6 mm, 400 A）	105 （ϕ 2.4 mm, 400 A）
溶着効率 (%)	90～95	85～90	75～80
ビード外観	普通	美しい	美しい

低温用鋼用，ステンレス鋼用など，さまざまな鋼種に対応し，シールドガスの種類や溶接法に応じて，多くのワイヤが製品化されている。使用されるワイヤ径は，φ1.2 mmが一般的で，φ1.0 mm～φ1.6 mmの範囲で選択されることが多い。セルフシールドアーク溶接では，さらに太いワイヤが使用されている。

フラックス入りワイヤの内部に充填されるフラックスは，溶接金属の機械的性質，耐割れ性，耐気孔性及び溶接作業性などの諸性能を考慮し，スラグ形成剤，アーク安定剤，脱酸剤，合金粉末及び鉄粉などから構成されている。

充填フラックスはスラグ形成剤の多少により，スラグ系（スラグ形成剤多）とメタル系（スラグ形成剤少）に分けられる。さらにスラグ系は，スラグ形成剤の原料である酸化チタンやフッ化物などの量によってルチール系（チタニア系ともいう），ライム系及び塩基性系に分類されるが，わが国では，ほとんどルチール系フラックス入りワイヤが使用されている。

炭酸ガスアーク溶接用のソリッドワイヤとフラックス入りワイヤの特性の違いを，**表3.3**に示す。この表に示した標準電流範囲は，水平すみ肉，下向すみ肉溶接などの姿勢に適した条件を示す。また，小電流用ソリッドワイヤには全姿勢溶接ができるものもある。スラグ系フラックス入りワイヤは，形成するスラグの働きにより立向姿勢や上向姿勢でのビードの垂下り傾向が少ないため，ソリッドワイヤに比べ，適正溶接条件も高電流側に設定できる。また，スラグ

表3.3　各種ソリッドワイヤとフラックス入りワイヤの比較[4]（抜粋，一部改変）

ワイヤの種類	ソリッドワイヤ			フラックス入りワイヤ		
	JIS Z 3312 YGW 11 相当 （大電流用）	JIS Z 3312 YGW 12 相当 （小電流用）		JIS Z 3313 T49J0T1-1C A-U 相当 スラグ系（全姿勢用）		JIS Z 3313 T49J0T15-0C A-U 相当 メタル系（大電流用）
ワイヤ径(mm)	1.2	1.6	1.2	1.2	1.6	1.6
標準電流範囲(A)	220～350	250～550	80～220	120～300	200～450	250～500
スラグ発生量	きわめて少ない	きわめて少ない	きわめて少ない	多い	多い	少ない
ビード形状	凸気味	凸気味	やや凸気味	平坦に近い	平坦に近い	やや凸気味
アーク安定性	普通	普通	良好	良好	良好	良好
ヒューム発生量	普通	普通	やや少ない	やや多い	やや多い	やや多い
全姿勢溶接	不可	不可	良好	良好	可	不可

系フラックス入りワイヤは母材の汚れ（塗料，油，ミルスケール）に若干強い傾向がある。メタル系フラックス入りワイヤの作業性やビード形状は，ソリッドワイヤに類似しており，ルチール系フラックス入りワイヤに比べて，溶着効率は高い。

〔2〕 ソリッドワイヤの JIS

炭酸ガスアーク溶接及びマグ溶接用ソリッドワイヤの規格は，JIS Z 3312：2009「軟鋼，高張力鋼及び低温用鋼用のマグ溶接及びミグ溶接ソリッドワイヤ」や JIS Z 3315：2012「耐候性鋼用のマグ溶接及びミグ溶接用ソリッドワイヤ」などで制定されている。JIS 改正により記号の付け方は，ISO（国際規格）に基づいた種類区分記号が取り入れられたが，わが国で多く使用されている汎用ソリッドワイヤでは実情を考慮して，従来の JIS に従った記号も存続させる形になっている。すなわち 2 つの区分記号のつけ方がある。主に軟鋼及び 490 N/mm^2 級高張力鋼に適用される汎用ソリッドワイヤは，図 3.13a）に示す記号の付け方で，表 3.4a）に示すワイヤの種類がある。それらのワイヤの特性は以下のとおりである。なお，ワイヤの化学成分の記号は，JIS Z 3312 を参照のこと。

YGW11 は，シールドガスとして炭酸ガス，230 A 程度以上の大電流範囲で使用し，厚板の下向や横向姿勢，水平すみ肉溶接に用いられる。

YGW12 は，炭酸ガスシールドで，小電流を使用し，薄板の溶接，立向姿勢や上向姿勢の溶接に用いられる。

YGW15，16 は，シールドガスとしてアルゴン 80％と炭酸ガス 20％の混合ガスを使用し，YGW15 は大電流，YGW16 は小電流に適している。炭酸ガス溶接と比較してアークは安定しており，スパッタは極めて少ない。

YGW18，19 は，厚板溶接を特徴とする建築鉄骨向けワイヤであり，図 2.55 に示されている大入熱，高パス間温度対策として使用される。

一方，ISO に基づいた溶接ワイヤの種類区分記号は，実用上，590 N/mm^2 級

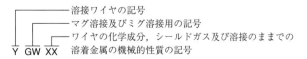

図 3.13a） マグ溶接用汎用ソリッドワイヤの種類の記号の付け方

表 3.4a) 軟鋼及び高張力鋼用汎用ソリッドワイヤの種類 (JIS Z 3312：2009 より抜粋)

ワイヤの種類	ワイヤの化学成分の記号 a)	シールドガス	引張強さ MPa	耐力 c) MPa	伸び %	衝撃試験温度 ℃	シャルピー吸収エネルギーの規定値 d) J
YGW11	11	C e)	490〜670	400 以上	18 以上	0	47 以上
YGW12	12	C e)	490〜670	390 以上	18 以上	0	27 以上
YGW13	13	C e)	490〜670	390 以上	18 以上	0	27 以上
YGW14	14	C e)	430〜600	330 以上	20 以上	0	27 以上
YGW15	15	M f)	490〜670	400 以上	18 以上	−20	47 以上
YGW16	16	M f)	490〜670	390 以上	18 以上	−20	27 以上
YGW17	17	M f)	430〜600	330 以上	20 以上	−20	27 以上
YGW18	J18	C e)	550〜740	460 以上	17 以上	0	70 以上
YGW19	J19	M f)	550〜740	460 以上	17 以上	0	47 以上

注 a) ワイヤの化学成分の記号は，JIS Z 3312 表 3 による．
b) 溶接のままで試験を行う．
c) 降伏が発生した場合は下降伏応力とし，その場合以外は，0.2％耐力とする．
d) 衝撃試験片の個数は，3 個とし，その平均値で評価する．
e) C：JIS Z 3253 に規定する C1（炭酸ガス）
f) M：JIS Z 3253 に規定する M2 1で，炭酸ガス 20％〜25％（体積分率）とアルゴンとの混合ガス

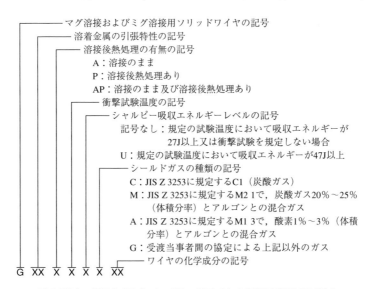

図 3.13b)　ISO に基づいたソリッドワイヤの種類の記号の付け方

以上の高張力鋼や低温用鋼に適用される。ISO区分表示によれば，同じワイヤでも溶接後熱処理の有無，異なるシールドガスとの組合せで異なる種類の分類となる。記号の付け方は図3.13b) のとおりであり，溶着金属の引張特性の表示について表3.4b) に示す。その他の溶着金属の衝撃特性，ワイヤの化学成分などは，JIS Z 3312を参照のこと。ISOに基づいた溶接ワイヤの記号例を次に示す。

表3.4b)　ISOに基づいたソリッドワイヤの区分（溶着金属の引張特性）

記号	引張強さ MPa	耐力[a] MPa	伸び %
43	430 ～ 600	330 以上	20 以上
49	490 ～ 670	390 以上	18 以上
52	520 ～ 700	420 以上	17 以上
55	550 ～ 740	460 以上	17 以上
57	570 ～ 770	490 以上	17 以上
57J	570 ～ 770	500 以上	17 以上
59	590 ～ 790	490 以上	16 以上
59J	590 ～ 790	500 以上	16 以上
62	620 ～ 820	530 以上	15 以上
69	690 ～ 890	600 以上	14 以上
76	760 ～ 960	680 以上	13 以上
78	780 ～ 980	680 以上	13 以上
78J	780 ～ 980	700 以上	13 以上
83	830 ～ 1030	745 以上	12 以上

注記　1MPa = 1N/mm^2
注a) 降伏が発生した場合は下降伏応力とし，その場合以外は0.2%耐力とする。

例1　G 59J A 1 U C 3M1T
- 溶着金属の引張特性の記号；「59J」は，引張強さ 590 MPa ～ 790 MPa，耐力 500 MPa 以上，伸び 16% 以上
- 溶接後熱処理の有無の記号；「A」は溶接のまま
- 衝撃試験温度の記号；「1」は－5℃
- シャルピー吸収エネルギーレベルの記号；「U」は規定の試験温度において 47J 以上
- シールドガスの種類の記号；「C」は炭酸ガス（JIS Z 3253に規定する C 1）

- ワイヤの化学成分の記号;「3M1T」は,Mn;1.40～2.10%,Mo;0.10～0.45%,Ti;0.02～0.30%

例2　G 59J A 1 U M C1M1T
- 溶着金属の引張特性の記号;「59J」は,引張強さ 590 MPa～790 MPa,耐力 500 MPa 以上,伸び 16%以上
- 溶接後熱処理の有無の記号;「A」は,溶接のまま
- 衝撃試験温度の記号;「1」は,-5℃
- シャルピー吸収エネルギーレベルの記号;「U」は,規定の試験温度において 47 J 以上

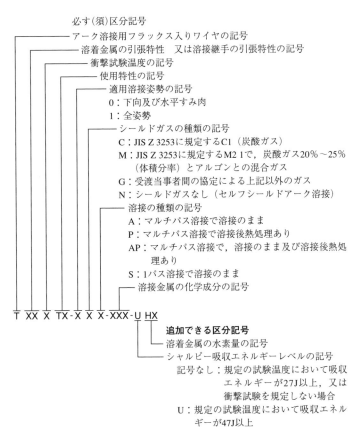

図 3.13c)　軟鋼,高張力鋼及び低温用鋼フラックス入りワイヤの種類の記号の付け方

- シールドガスの種類の記号；「M」は，混合ガス（JIS Z 3253に規定するM21）
- ワイヤの化学成分の記号；「C1M1T」は，Mn；1.10 ～ 1.60％，Cr；0.30 ～ 0.60％，Mo；0.10 ～ 0.45％，Ti；0.02 ～ 0.30％

〔3〕フラックス入りワイヤのJIS

フラックス入りワイヤの規格は，JIS Z 3313：2009「軟鋼，高張力鋼及び低温用鋼用アーク溶接フラックス入りワイヤ」などで制定されている。記号の付け方は図 3.13c)のとおりであり，溶着金属の引張特性の表示について表 3.5に示す。なお，マルチパス溶接の溶着金属の引張強度，衝撃吸収エネルギー，化学成分及び使用特性の記号などはJIS Z 3313を参照のこと。フラックス入りワイヤの記号例を次に示す。

表 3.5 軟鋼，高張力鋼及び低温用鋼用フラックス入りワイヤの区分
（マルチパス溶接の溶着金属の引張特性）

記号	引張強さ MPa	耐力[a] MPa	伸び％
43	430 ～ 600	330 以上	20 以上
49	490 ～ 670	390 以上	18 以上
49J	490 ～ 670	400 以上	18 以上
52	520 ～ 700	420 以上	17 以上
55	550 ～ 740	460 以上	17 以上
57	570 ～ 770	490 以上	17 以上
57J	570 ～ 770	500 以上	17 以上
59	590 ～ 790	490 以上	16 以上
59J	590 ～ 790	500 以上	16 以上
62	620 ～ 820	530 以上	15 以上
69	690 ～ 890	600 以上	14 以上
76	760 ～ 960	680 以上	13 以上
78	780 ～ 980	680 以上	13 以上
78J	780 ～ 980	700 以上	13 以上
83	830 ～ 1030	745 以上	12 以上

注記　1MPa ＝ 1N/mm^2
注 a) 降伏が発生した場合は下降伏応力とし，その場合以外は0.2％耐力とする。

例1　T 49J 0 T1-1 C A-U
- 溶着金属の引張特性の記号；「49J」は引張強さ 490 MPa ～ 670 MPa，耐力 400 MPa 以上，伸び 18%以上
- 衝撃試験温度の記号；「0」は 0℃
- 使用特性の記号；「T1」はシールドガスあり，DC（＋），ルチール系
- 適用溶接姿勢の記号；「1」は全姿勢
- シールドガスの種類の記号；「C」は炭酸ガス（JIS Z 3253 に規定する C 1）
- 溶接の種類の記号；「A」はマルチパス溶接で溶接のまま
- シャルピー吸収エネルギーレベルの記号；「U」は，規定の試験温度において 47 J 以上
- ワイヤの化学成分の区分；記号なしは，Mn；2.00%以下，Ni；0.50%以下，Cr；0.20%以下，Mo；0.30%以下

例2　T 49 Y T4-0 N A
- 溶着金属の引張特性の記号；「49」は，引張強さ 490 MPa ～ 670 MPa，耐力 390 MPa 以上，伸び 18%以上
- 衝撃試験温度の記号；「Y」は＋20℃
- 使用特性の記号；「T4」は，シールドガスなし，DC（＋）又は AC，塩基性系
- 適用溶接姿勢の記号；「0」は，下向及び水平すみ肉
- シールドガスの種類の記号；「N」は，シールドガスなし
- 溶接の種類の記号；「A」は，マルチパス溶接で溶接のまま
- ワイヤの化学成分の区分；記号なしは，Mn；2.00%以下，Ni；0.50%以下，Cr；0.20%以下，Mo；0.30%以下

3.2.2　シールドガスと取扱い

　健全な溶接金属や性能を確保するためには，アーク柱ならびに溶融プールを外界の空気，主に窒素（N_2），酸素（O_2）及び水素（H_2）から遮断する必要がある。被覆アーク溶接やサブマージアーク溶接では，一般に被覆剤やフラックスが高温の熱でスラグ化し，一部にガスが発生し，これが溶融金属を保護する。一方，このような被覆剤やフラックスを使用しないワイヤの場合は，炭酸ガス

(CO_2) や不活性なアルゴンガス (Ar) をアークの周辺に流して，溶接雰囲気を保護することになる。

しかし，シールドガスは単に大気の遮断だけが目的ではなく，そのガスの種類がアークの状態，溶滴の移行及び溶接金属の各種性能，ビード形状などの溶接現象に密接に影響する。したがって，シールドガスの種類は溶接する金属の種類，使用ワイヤ，要求される性能などによって異なってくる。**表 3.6** に JIS Z 3253：2011「溶接用及び熱切断用シールドガス」の抜粋を示す。炭素鋼では 100％ CO_2 ガスと 80％ Ar ＋ 20％ CO_2 の混合ガスが多く用いられるが，80％ Ar ＋ 20％ CO_2 用に設計されたワイヤを誤って 100％ CO_2 ガスで使用すると所定の強度や靭性が得られない場合がある。逆に 100％ CO_2 用のワイヤを 80％ Ar ＋ 20％ CO_2 の混合ガスで使用すると溶接金属の強度が必要以上に高くなる場合があるので，ワイヤの適切な選択が必須である。**表 3.7** は半自動アーク溶接が適用される金属の種類とシールドガスの種類と特徴を示す。

ガス流量調整器は，ボンベ内の圧力を減圧する調整器と，ガスの流量を読み取るための流量計からなっており，シールドガスの種類に応じたものを使用しなければならない。炭酸ガス用の流量調整器の多くは，減圧時の断熱膨張でガスの温度が低下することを防ぐヒータが付いているので，圧力調整器及び流量計のガラスの傷み，ヒータの断線，接続ホースの傷み及び締付状態の点検をする。

表 3.6 シールドガスの種類と純度及び水分 (JIS Z 3253：2011 年抜粋)

種類		組成 ％(体積分率)			純度 ％(体積分率)	水分 ppm(体積分率)
大分類	小分類	炭酸ガス	酸素	アルゴン		
I	1	－	－	100	99.99 以上	40 以下
M1	2	0.5 以上 5 以下	－	残部	99.9 以上	40 以下
M1	3	－	0.5 以上 3 以下	残部	99.9 以上	40 以下
M2	1	15 を超え 25 以下	－	残部	99.9 以上	80 以下
M3	1	25 を超え 50 以下	－	残部	99.9 以上	120 以下
C	1	100	－	－	99.8 以上	120 以下

表 3.7 マグ・ミグ溶接に用いられるシールドガスの種類と特色

金属	シールドガス	適用・特徴
炭素鋼	Ar-O$_2$	・じん性良好，流動性良好，下向ぬれ性とビード外観良好 ・アンダカット減少，高速溶接性
	Ar-CO$_2$	・優れたぬれ性とナゲット形状改善，ビード外観良好
	CO$_2$	・高能率多層自動溶接，低コスト半自動溶接
低合金鋼	Ar-O$_2$	・アンダカットの低減，良好な靭性
ステンレス鋼	Ar-O$_2$	・アーク安定性改良，流動性付与，ぬれ性良好 ・ビード形状良好，厚板でのアンダカット軽減 ・薄板での高速溶接性
	CO$_2$, Ar-CO$_2$	・フラックス入りワイヤ
アルミニウム	Ar	・t ≦ 25mm：最良の金属移行，アーク安定性大，スパッタ最小
	Ar-He	・25～75mm：より高入熱，高能率
	He-Ar	・t > 75mm：高入熱，気孔最小
チタニウム	Ar	・アーク安定性，溶着金属酸化最小，裏波溶接ガスバッキング
マグネシウム	Ar	・優れたクリーニングアクション
銅，ニッケル合金	Ar	・良好なぬれ性
	Ar-He	・高入熱

3.2.3 ワイヤの保管

　ソリッドワイヤには，一般的に銅めっきが施されており，錆は発生しにくくなっているが，湿気の多い所での保管を避け，開封後使用を中断する時は，製品に巻かれていた防錆紙で包み，段ボール箱に入れておくのが望ましい。また，銅めっきが無く送給潤滑剤が塗布されたソリッドワイヤも最近では広く使用されているが，開封後は，早めに使い切ることが推奨されている。
　フラックス入りワイヤは，銅めっきが施されていないものがあるので，湿気が少なく風通しの良い場所で床への直置きを避けて保管し，開封後はほこりがかからないように，特に注意して取り扱うべきである。

3.2.4 ワイヤの選択

　溶接作業を行う際には，被溶接物の材質，板厚，溶接姿勢，継手形状など，

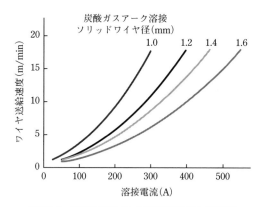

図3.14　溶接電流とワイヤ送給速度との関係

さまざまな要因を考慮して，ワイヤの材質及びワイヤ径を選定する必要がある。

具体的には，①母材の材質と強度及び靱性，使用するシールドガスの種類に基づいて，適切なワイヤのJIS分類番号を選定する，②溶接継手の種類やビード外観の仕上がり，作業性を考慮し，ソリッドワイヤ又はフラックス入りワイヤを選ぶ，③溶接姿勢や使用する溶接電流に応じて，適切なワイヤ径を選ぶ，以上の3点に注意を払う。

ワイヤ径の選定に関する一つの考え方をあげる。定速送給方式を定電圧特性電源と組み合わせた直流溶接機を使用する場合，図3.14に示す溶接電流とワイヤ送給速度との関係（ワイヤ溶融特性）がある。例えばϕ1.2 mmのワイヤを使用し，溶接電流400 Aで溶接する場合，ワイヤ送給速度は15 m/minを超える高速送給となり，アークの発生時にワイヤの座屈やアーク発生の失敗が予想される。したがって，一般的には，350 A以上の高電流域ではϕ1.4 mm又はϕ1.6 mmのワイヤが使用され，これより低い電流範囲では，ϕ1.2 mmのワイヤが使用されることが多い。

また，200 A以下の溶接電流を使用する薄板の溶接では，ϕ1.0 mm以下のワイヤを選定することも選択肢の一つである。ワイヤ単価は高くなるが，品質の安定や作業効率が向上する。

3.3 溶接施工

溶接品質の安定，製作コストの低減などの追求により，自動化，半自動化が進んでいるが，これらの基本となるものは，個々の溶接技能者の技能と，作業者の適正配置で効率的な作業を進める立場にある溶接指導者の能力とに負うところが大きい。ここでは，ソリッドワイヤを用いた炭酸ガスアーク溶接の施工手順を中心に説明する。

3.3.1 溶接前作業

安全で安定した作業を行うための溶接準備には，溶接作業者の準備と，周辺の溶接機器類の準備，被溶接箇所の確認などの作業がある。

溶接指導者は，1.1項で述べたように，施工要領書や作業計画に従い作業員を配置し，作業内容の説明，事前の指導を行う。また，必要な台数の溶接機を確保，設置することに加え，炭酸ガスの準備を行う。炭酸ガスが工場配管で供給される場合には，その接続口を確保し事前の点検を行う。また，ガスボンベを使用する場合には，作業に必要な本数に基づき，ボンベの固定具を準備する。さらに，交換用ボンベの保管場所，ボンベの補充手配を計画する。

また，作業指導者は，施工要領に従い作業が実現できるか確認し，新たな要素がある場合には，事前に確認することが基本である。特に，板厚や開先形状によっては，図 3.15 に示すノズルー母材間距離が標準条件から外れることも

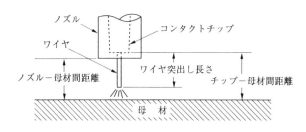

図 3.15　ノズル先端付近の用語[3)]

ある。その場合には，適したノズル径やチップ長さのトーチ部品を準備し，ワイヤ突出し長さの変化を含めて事前に溶接条件の確認作業を行い，個々の溶接作業者に指示することが大切である。

3.3.2 運棒方法とトーチ操作の基本

〔1〕ノズル－母材間距離とワイヤ突出し長さ

ワイヤが連続送給される半自動アーク溶接では，溶接トーチのノズルと母材との間の距離を一定に保つと，アーク長が一定になり安定した溶接となる。逆に溶接中，ノズルの高さを大幅に変えるとアークの安定性，溶込み，ビード外観などが変化し，品質に影響をおよぼす。

溶極式ガスシールドアーク溶接では，使用される溶接電流に応じた標準的なノズル－母材間距離が図3.16に示されている。一般的に小電流域ではシールドガスの流量は比較的少なく，小径ノズルを使用し，ノズル－母材間距離は小さくなる。大電流域ではガス流量は多くなり，大径ノズルを使用し，ノズル－母材間距離は大きくなる。

一方，コンタクトチップ先端からワイヤのアーク発生点までの距離を「ワイヤ突出し長さ」とよび，溶接電流値に応じて標準的な突出し長さが異なる。半自動アーク溶接では，細いワイヤに大きな電流が流れ，ワイヤの電流密度（断面積1mm^{2}当りに流れる電流の大きさ）が高く，ワイヤ突出し部に生じる抵抗発熱によりワイヤは軟化し，アーク発熱によりワイヤは溶融する。大電流域で

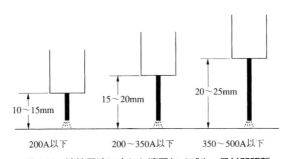

図3.16 溶接電流に応じた適正なノズル－母材間距離

は，ワイヤはより高速に送給され，長い突き出し長さにおいて抵抗発熱し十分軟化し，ワイヤの溶融量が多くなる。

また，図3.15ではコンタクトチップ先端がノズル内に位置した標準トーチを示すが，厚板などの溶接では，ノズル下端からコンタクトチップ先端の飛び出るロングチップを使用することもある。

定電圧特性の電源（3.1.4項　参照）を使用した場合，溶接電流調整（＝ワイヤ送給速度）つまみを固定したまま（ワイヤ送給速度が一定のまま），例えば，溶接中にワイヤ突出し長さが長くなると，電源特性により溶接電流は減少し，溶込みは浅くなる。逆にワイヤ突出し長さが適正値より短くなると，溶接電流が増加し溶込み深さが増す。**図3.17**（b）にはワイヤ送給速度を一定とし，トーチ高さを変化させたときの溶接電流の変化と溶込み深さの変化を示す。また，溶接電流に対する適正なワイヤ突出し長さの範囲を図3.17（a）に示す。なお，ここでは実験の際に設定したチップ－母材間距離に対する変化や範囲を示している。

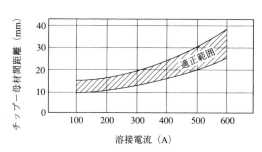

(a) 溶接電流に対する適正チップ－母材間距離

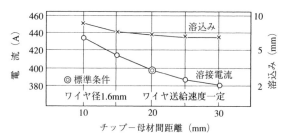

(b) チップ－母材間距離の変動に伴う溶接電流・溶込みの変化

図3.17　チップ－母材間距離と溶接電流及び溶込みの関係[5]

〔2〕トーチ角度

半自動アーク溶接の場合，トーチの傾け方には前進角と後進角（後退角）がある。それぞれの特徴は，**表3.8**のとおりである。一般に炭酸ガスアーク溶接では，前進角（前進溶接）で行う方が溶接線の見やすさ，ガスのシールド効果の点で良いとされている。前進溶接では幅の広い偏平なビードになりやすく，溶込みはやや浅くなり，また，水平すみ肉溶接では，余盛が低く，平滑なビードが得やすい。薄板の溶接では溶落ちが生じにくく，溶接速度も速くできる。後進角（後進溶接）ではビードの幅は細く盛り上がり，溶込みは深くなる傾向がある。中厚板の突合せ溶接など深い溶込みが要求される場合に用いると効果がある。

表3.8 前進溶接および後進溶接[3]

トーチの傾け方と進行方向	ビード断面形状	特　徴
前進溶接：溶接の進行方向，前進角 10〜20°，80〜70°，溶接金属	（偏平なビード断面）	① 溶接線が見やすく，操作がやりやすい ② ビードの幅が広く，溶込みがやや浅い ③ 溶融金属が先行しやすい ④ 水平すみ肉溶接では偏平なビード形状が得やすい
後進溶接：溶接の進行方向，後進角 10〜20°，80〜70°，溶接金属	（凸形のビード断面）	① ビード幅は狭くなり，溶込みはやや深くなる ② ビードがとつ（凸）形になりやすい

〔3〕ウィービング操作

トーチ操作の基本は，ストリンガ法とウィービング法に大別できる。ウィービング操作は，広幅で平滑なビードや，多量の溶接金属を盛りたい時，又は裏への溶落ちや立向溶接などの垂落ちを防ぐ場合に使用する。

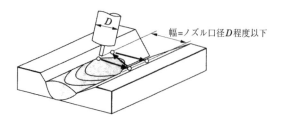

図 3.18　炭酸ガスアーク溶接のウィービング幅

表 3.9　トーチ操作方法の種類と用途

種類	用途（一例）	種類	用途（一例）
←	・タック溶接 ・各溶接の初層 ・すみ肉溶接の多層盛の場合	∧∧∧∧	・小さなギャップの場合 ・裏波溶接の初層 ・余盛を少なくする場合
∧∧∧∧	・立向上進溶接する場合 ・突合わせ溶接の2層目以降 　（横向溶接は除く）	⌒⌒⌒⌒	・すみ肉溶接の多層盛の場合 ・横向溶接
∞∞∞	・大きなギャップの場合	前後ウィービング法	・薄板溶接（ルートギャップがあり，別板裏当てと施工物にギャップがある場合）

ウィービング幅は，**図 3.18** に示すように，ノズル口径程度以下が適当であるとされている。

基本的なウィービング操作法の種類と用途を**表 3.9** に示す。このうち，薄板に対して溶落ちを防止するために，溶接線と平行に前後させる方法を，前後ウィービング法という。ウィービング操作のポイントは，①ウィービング幅，②ピッチ（溶接速度とバランスのとれたピッチ），③ウィービング速度（トーチの移動速度），の3点で，これらをバランスよく調整する。

〔4〕ビード始終端部の処理

実際の溶接作業では，溶接線が長いので，ビードを継ぎ足して作業を進める。その継ぎ目では端部処理を行う。

（1）始端部

アーク発生時にガスシールド不足によるブローホール発生防止のために，溶接機には一般的に，ワイヤ送給前にシールドガスが出る機能（プリフロー）が

付いている。しかし，溶接の開始点（始端部）では，母材の温度が上がっていないので溶込みが不足気味になり，突合せ継手部などでは溶込不良を招きやすい。この対策として，図3.19の例に示すようなタブ板を用いたり，後戻りスタート運棒法などを適用する。

(2) 終端部（クレータ）

炭酸ガスアーク溶接では，一般に被覆アーク溶接より大電流を使用し，溶接ビード終端部のクレータは大きくなる。このクレータをそのまま残すと，溶接金属の収縮割れを起こすので，クレータ処理を行う。

溶接機にクレータ制御機能がある場合は，終端部でクレータ処理条件に切り替えクレータのくぼみを埋める溶接を行う。この操作は図3.20に示すように，溶接機にあらかじめ本電流の60％～70％のクレータ電流及び電圧を設定しておき，作業時にトーチスイッチを操作し，この溶接条件に切り換えクレータ処理を行う。

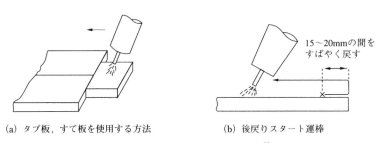

(a) タブ板，すて板を使用する方法　　(b) 後戻りスタート運棒

図3.19　溶接開始要領（代表例）[3]

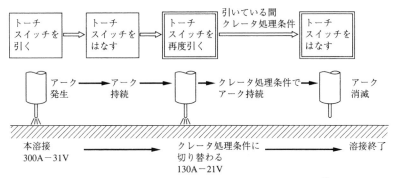

図3.20　クレータ処理方法（クレータ制御機能による）[3]

158　第3章　半自動アーク溶接・薄板の溶接

　一方，このクレータ制御機能が付いていない溶接機では，図 3.21 に示すように，終端部では，トーチを溶接線の後方へ少しバックさせた後，トーチの移動

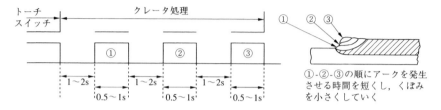

図 3.21　クレータ処理のアーク制御[3]

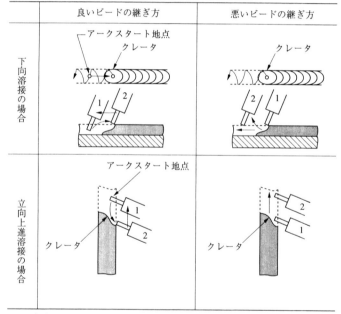

（注）その他の溶接法のビードの継ぎ方は上記の継ぎ方に準じる。

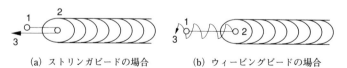

(a) ストリンガビードの場合　　(b) ウィービングビードの場合

図 3.22　ビード継ぎの処理方法[3]

を止め，一度アークを切って1〜2秒後，ビードが固まりかけた状態でトーチスイッチを0.5秒〜1秒間押し，クレータの上でアークを発生させる。この操作を2，3回繰り返してクレータのくぼみに溶接金属を補充し，くぼみを埋める。この時，クレータが完全に冷却した後にこの処理を行うと内部に欠陥が残るので，くぼみがまだ赤い状態のうちに再アークを発生させるのがコツである。

また，溶接機にはアークが切れた後，しばらくシールドガスを流すアフタフロー機能がある。これによりビード終端部表面の酸化を防ぐ。

(3) ビード継ぎ

長い継手の溶接作業を行う時のビード継ぎの基本操作は，図3.22に示すように，一度クレータ前方10 mm〜20 mmの位置でアークを発生させ，アークが安定してから手早くクレータ（継ぎ目）に引き戻し，折り返して本溶接を開始する。

〔5〕溶接中の異常

溶接中に見られる異常な現象とその対策を，表3.10に示す。

表3.10 アーク不安定の原因と対策

	起こっている現象	点検箇所と対策
1	ワイヤ送りが不安定	①コンタクトチップの穴径と摩耗。 ②コンジットケーブルの曲がりが強すぎないか。 ③ワイヤがリールでもつれていないか。 ④送給ロールのサイズは合っているか。 ⑤加圧ロールの締め付けが適正か。 ⑥スプリングチューブが詰まっていないか。
2	アーク電圧（アーク長）が安定しない	①電源の1次入力が極端に変動していないか。 ②溶接ケーブルの接続は確実か。 ③ワイヤ突出し長さが長すぎないか。 ④ワイヤ送りは安定か。 ⑤ワイヤ径と使用電流が適正か。
3	スパッタが多い	①電流・電圧の設定は適正か。 ②ワイヤ径が太すぎないか。 ③トーチを傾けすぎていないか。 ④磁気吹きが起きていないか。
4	磁気吹きが起きている	①アースの位置の確認と変更。 ②タブ板を使用する。 ③溶接部のすきまを少なくする。

3.3.3 タック溶接の乗り越え

　タック溶接は，溶接前に継手の構成材を固定する手段として用いるが，その溶接ビードの始終端部は不完全になりやすい。それでタック溶接はできるだけ溶接個所や開先内を避け，タブ板，ストロングバック，裏当て金などを用いて固定することが望ましい。
　しかし，実際の構造物の製作では，部材を組み立てる段階で，溶接線上のタック溶接が避けられないケースも多い。タック溶接が本溶接の一部となる場合には，タック溶接は本溶接の要領に従う。

〔1〕すみ肉溶接継手の場合

　本溶接の脚長より一回り小さいサイズで，できるだけ凹みビード形状のすみ肉溶接を行う。
　タック溶接の始終端部は溶込不良の原因となりやすいので，本溶接で十分な溶込みが得られるよう，タック溶接の始終端部をグラインダ又はエアアークガウジングにより滑らかな勾配を付けることもある。
　本溶接のタック溶接上での運棒法は，**図 3.23** のように溶接速度を若干速めて，タック溶接のない部分と溶接金属量が同等となり，ビード表面が平滑になるよう溶接速度とウィービング操作で調整する。

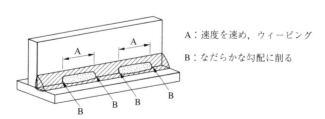

図 3.23　タック溶接ビード上の本溶接要領

〔2〕突合せ開先継手の場合

　部分溶込み溶接継手など，開先内のタック溶接をそのまま残す場合が多く，

すみ肉溶接と同じ要領でタック溶接部を乗り越えて，本溶接の一部とする。

一方，完全溶込み溶接の場合は，裏溶接側にタック溶接を行い，表溶接を行った後の裏はつりでタック溶接部を完全に除去することを基本とする。やむを得ず表溶接側からタック溶接を行う時は，溶接時の回転変形でルート部が割れない程度の溶込み量を確保したタック溶接とし，本溶接の進行に従って順次タック溶接部を除去しながら進めるか，表側の本溶接を進めた後に，タック溶接も含めて裏ガウジングで，健全な溶接金属が現れるまで取り除く。

3.3.4 作業姿勢と溶接要領

半自動アーク溶接での作業姿勢は，突合せ溶接では下向姿勢が，すみ肉溶接では水平姿勢が基本となる溶接姿勢である。

〔1〕突合せ溶接

突合せ溶接では，基本的なトーチ操作に加えて，ワイヤねらい位置及び多層溶接の時の積層要領が重要である。とりわけ裏当て金継手では，初層のワイヤねらい位置が，両面溶接ほど単純ではないので，ここでは，主として裏当て金を用いた突合せ継手を対象として説明する。

(1) 下向姿勢の溶接要領

第1層目でのトーチの操作は前進溶接（前進角5°〜10°）を用いて，**図3.24**

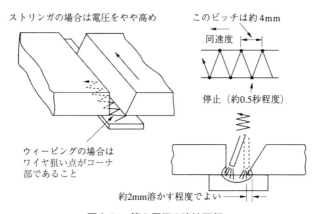

図3.24 第1層目の溶接要領

に示すように両コーナ部を狙って,ルート間隔に応じたウィービングを行い,ルート部を十分に溶融させる。この場合,運棒速度が遅いとアークよりも溶融金属が先行し,十分な溶込みが得られないことがあるので注意しなければならない。

　第2層目以降は,前溶接のビード上のスラグを十分に除去し,ノズル及びチップの清掃を行った後,第1層目のビードと開先の交わる止端を狙って,ルート幅全体にわたりウィービングしながら溶接を行うか,図3.25 に示すように,1層を2パスに分けて溶接する。この場合,後進溶接及び前進溶接を使い分け,平滑なビード形状になるように心掛ける。この時,トーチの前進角に留意し,図3.26 に示す前進角度過大で溶融金属が前に流れて,融合不良を起こすことのないよう注意する。

　仕上げ前の溶接は,図3.27 に示すように,開先を2 mm 程度残すように溶接して,最終層溶接は,ワイヤ先端部を図3.28 に示すように,前溶接ビード

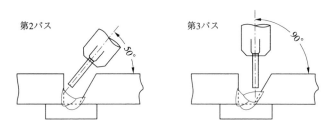

図3.25　中間層の溶接要領

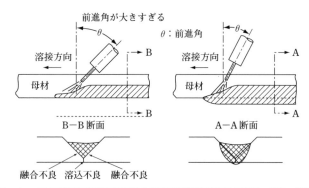

図3.26　トーチの傾きに起因する融合不良及び溶込不良の発生（ビード断面図）

3.3 溶接施工　163

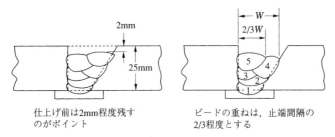

図 3.27　仕上げ前層の積層高さ及びビード幅

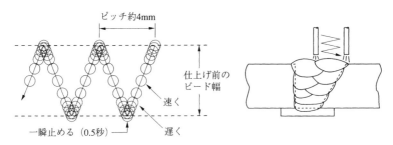

図 3.28　最終層の溶接(ウィービング)要領

の両端を溶かす範囲にウィービングを行いながら仕上げていく。ウィービング幅の目安は前層のビード幅が 15 mm 程度までは 1 パスとし，それ以上の場合は 2 パス以上に振り分けてビードを置くようにする。なお，ワイヤねらい位置及びねらい角は，図 3.29 に示すように，コーナ及びビード交差部とするのが良い。

下向姿勢の溶接で起こりやすい溶接欠陥には，初層の融合不良や溶込不良がある。この対策は，適正な溶接条件の選定と，溶融金属がアークより先行しないように，ワイヤのねらい位置を溶融池の前寄りに持っていくことである（図

図 3.29　下向姿勢におけるワイヤねらい位置

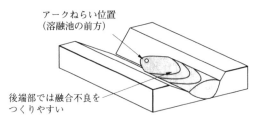

図3.30 初層ルート部のアークねらい位置

3.30）。また，ストリンガの運棒を避け，ルート間隔に応じた適当なウィービングを行うようにする。

ビード外観の不良は，前層ビードの盛りすぎ，不適当なウィービング操作が原因で起こりやすいので，前進，後進溶接の使い分けなどを工夫して，ビードを整える。

(2) 立向姿勢（上進）の溶接要領

立向姿勢の溶接では，薄板を除いて一般的に上進法を使用する。

初層は，図3.31のようにトーチ角度を前進角（仰角），後進角（俯角）とも0〜10°の範囲に保ち，ウィービング操作で裏当て金とルート部を十分溶かしながら，凸形ビードを作らないようにする。

第2層目から最終層の一つ前までの中間層は，前ビードの両端を確実に溶け込ませ，凸形ビードにならないように，溶着金属を積み上げる感覚で，上に凸形の三日月形にウィービング操作するのが良い。仕上げ前の層は，開先を1mm〜2mm残し，平らなビードとする。

仕上げ層では，アンダカットが生じないように，母材表面の開先幅の振幅で

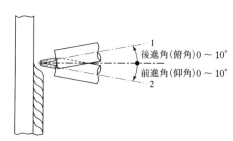

図3.31 上進溶接のトーチ保持角度[3]

均一にウィービングするとともに，ウィービング操作は開先両端部でゆっくり，中央部は速く行い，ビードの垂下りに注意する。仕上げ層を下進法で行う場合は，図 3.32 に示すようにトーチを大きな仰角とし，ストリンガか小刻みなウィービングで処理するのが良い。

立向上進法では下向姿勢とは異なり，溶融金属がアークより先行することが少なく，融合不良は起こりにくいが，ウィービング操作を適切に行わないとビードが凸形になり，その両端の谷間が次のパスで十分に溶け込まず，層間に融合不良が生じることがある。また，最終層のウィービングピッチが粗すぎたり，上進速度が速すぎると，アンダカットが残りやすい。

(3) 横向姿勢の溶接要領（レ形開先）

横向姿勢の溶接では，ワイヤ突出し長さを短く，図 3.33 のように 0〜15°の

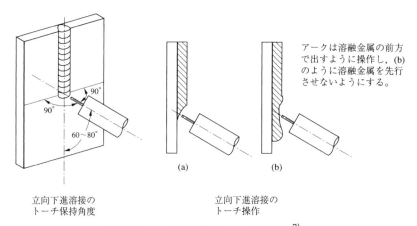

図 3.32　立向下進溶接のトーチ保持角度[3)]

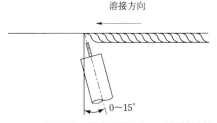

図 3.33　横向姿勢のトーチ傾斜角度

前進角で溶接する。トーチ前進角を15°以上にすると，溶融金属が先行し，アークがバタつき，スパッタも多くなりノズルが詰まりやすくなる。

初層はルート部を十分溶かすよう，ストリンガビード又は小さいウィービングで溶接を行う。その時のトーチ角度及びワイヤねらい位置を，**図3.34**に示す。

2層目の1パス目は，初層ビードの下端部をねらい，トーチに20°〜30°の俯角を付けて，前進角又は後進角でストリンガビードを置く。2パス目は1パス目より俯角を小さく10°〜15°とし，上板と1パス目のビードとの間の谷間を十分溶かすように，小刻みなウィービング操作を行い，わずかな前進角又は後進角で溶接する。

3層目から最終層の一つ前までの中間層は，トーチの保持角度に注意してビードの垂下りに気を配りながら，各パスはできるだけ平滑なビードを置き，各層の最初のビードと同じ高さに積層していく。

最終層は溶接電流，アーク電圧を少し下げ，**図3.35**のように仰角又は俯角の範囲を0〜10°に保持し，下のビードの上端をねらい，ストリンガ又は小刻みなウィービング操作で，ビード表面に凹凸をつくらないように均一にビード

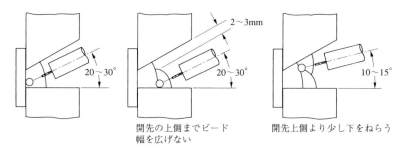

図3.34　横向姿勢のワイヤねらい位置

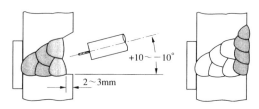

図3.35　横向姿勢の最終層の溶接要領

を積み重ねる。

初層ルート部の溶込不良を防ぐこつは，溶融金属よりアークを先行させることであり，層間の融合不良及び仕上げ層最終パス上側のアンダカットを防ぐこつは，トーチの保持角度とウィービング操作に気をつけて，垂下りビードをつくらないことである。

[2] 水平すみ肉溶接

水平すみ肉溶接では，図 3.36 に示すアンダカットとオーバラップの溶接欠陥が出やすく，平滑で美しい外観のビード形状を得るには，溶接ワイヤの選定，適切なトーチ角度やワイヤねらい位置，適切な溶接条件を選定する。

(1) 溶接ワイヤの選定

溶接ワイヤは，要求されたすみ肉脚長に合ったワイヤ径を選定する。フラックス入りワイヤの場合は，スラグが適度な融点と粘性を持ち，溶融金属の垂れ下がりを抑えて，ビード形状は平滑になる。ソリッドワイヤの場合は，スラグの発生は少ないが，等脚長が得られるよう溶接速度や運棒操作での工夫が必要である。

(2) トーチ角度とねらい位置

水平すみ肉溶接で1パス仕上げの場合は，ビード形状が平滑になる前進角（前進溶接）で溶接することが望ましい。溶込みを重視して後進角（後進溶接）を選ぶと，図 3.37 のようにビード形状が凸形になったり，オーバラップになる傾向がある。1パス溶接で脚長が大きい場合には，図 3.38 に示すように少し下板側をねらい位置にするとよい。

大きな脚長を多層溶接する場合は，初層・中間層に後進溶接を適用するが，最終仕上げパスは，アンダカット防止の意味から溶込みが浅く，ビードが平滑

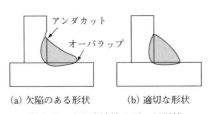

図 3.36　すみ肉溶接のビード形状

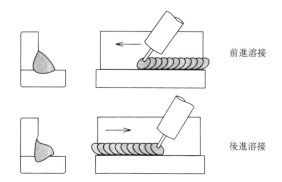

図 3.37　すみ肉溶接のトーチ角度によるビード形状の変化

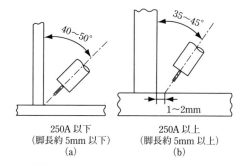

図 3.38　水平すみ肉溶接のトーチ角度とワイヤねらい位置（1 パス溶接の場合）[3]

になるように前進溶接で行う。トーチ角度は，溶接線方向には前進角，後進角とも，0～20°に保持するのが良い。また，トーチのねらい角とねらい位置は，図 3.39 に示す程度が良い。

（3）溶接条件の選定

一般的に水平すみ肉ビードは垂れ下がりやすいので，高い電流を避け，平滑なビードが得られる条件を選定する。しかし，過度に電流を低くすると，溶接入熱量が小さくなり，ビード形状は凸形となるので注意する。表 3.11 に，溶接条件の一例を示す。

（4）運棒法

水平すみ肉溶接では，ストリンガ法を用いることが多いが，1 パス仕上げの脚長の限界は 7,8 mm である。厚板継手の水平すみ肉溶接では，小刻みなウィー

3.3 溶接施工 169

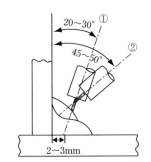

(a) 脚長 8〜12mm の 2 パス溶接

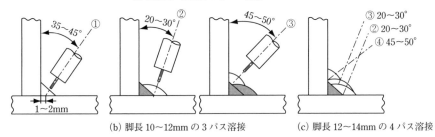

(b) 脚長 10〜12mm の 3 パス溶接　　(c) 脚長 12〜14mm の 4 パス溶接

図 3.39　水平すみ肉溶接のトーチ角度とワイヤねらい位置（多層仕上げの場合）[3)改変]

表 3.11　水平すみ肉溶接条件

	脚長 (mm)	ワイヤ径 (mm)	パス数	溶接電流 (A)	アーク電圧 (V)	溶接速度 (cm/min)
ソリッドワイヤ	4	1.2	1	180〜190	23〜24	70〜80
	6	1.2	1	240〜250	28〜30	40〜50
		1.6	1	380〜390	33〜35	60〜70
	8	1.2	1	270〜280	29〜31	30〜40
		1.6	1	400〜410	36〜38	30〜40
フラックス入りワイヤ	4	1.2	1	180〜190	21〜22	60〜70
	6	1.2	1	260〜270	27〜28	40〜50
		1.6	1	340〜350	33〜34	50〜60
	8	1.2	1	300〜310	30〜31	40〜50
		1.6	1	370〜380	35〜36	30〜40

ビング操作を行う場合もあるが，図 3.40 に示すように，振り幅は 2, 3 mm の範囲にとどめ，板幅の狭い上板に応じて温度のバランスがとれるよう，ねらい

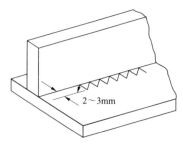

図 3.40 厚板水平すみ肉溶接におけるウィービング操作

位置の中心を少し下板側にずらして，ウィービング操作を行うのがよい。
水平すみ肉溶接で発生しやすい欠陥とその原因を，**表 3.12** に示す。

表 3.12 水平すみ肉溶接の欠陥と原因

欠 陥 形 状	原　　因
① 垂下がりビード	・溶接電流が高すぎる ・アーク電圧が低すぎる ・溶接速度が遅すぎる
② アンダカット及び 　オーバラップ	・溶接速度が速すぎる(アンダカット) ・溶接速度が遅すぎる 　(アンダカット，オーバラップ) ・溶接電流が高すぎる(アンダカット) ・多層溶接のときのパス間温度が 　高すぎる(アンダカット) ・ねらいが立板になっている 　(アンダカット，オーバラップ) ・アーク電圧が高すぎる 　(アンダカット)

3.4 その他の技術

3.4.1 裏当て材を用いた片面溶接

突合せ継手の片面溶接は，原則的には裏側溶接が困難な箇所に適用する工法であるが，ガウジング省略，反転不要などの利点があるため，利用されることもある。

ここでは，構造物に裏当て材を残さない，固形フラックス，セラミックス材などを利用した方法について述べる。

〔1〕炭酸ガスアーク溶接における片面溶接用ワイヤ及び裏当て材

炭酸ガスアーク溶接に用いる片面溶接のワイヤは，ソリッド，フラックス入りワイヤのいずれでもよいが，溶接部の靱性の点では，Siが低く，Mn/Si比の高いワイヤが適している。

片面溶接に用いる裏当て材は，固形フラックス系，セラミックス系，ガラス繊維系などが市販されている。

母材の拘束が大きく，厚板で高靱性，高強度が要求される重要継手では，できる限りSiO_2などの酸性成分の少ない裏当て材で，かつ開先の組立精度に対する許容範囲が広く，初層ビードののど厚が小さくなるよう比較的速い運棒ができ，ブローホールなどが発生しにくい高い焼結温度の裏当て材が望ましい。

〔2〕開先形状

裏当て材を用いた炭酸ガスアーク溶接による片面溶接の場合，開先形状は50°V形開先を標準としているが，構造物によっては35°又は45°レ形開先を用いることもある。

一般的には，開先角度及びルート間隔が小さいほど耐割れ性の点で不利な条件となる。また，ルート間隔が8 mm以上になると，運棒操作や電流調整だけでは欠陥の無い良好な裏波ビードは得にくいので，ルート間隔を保持する治具

などの工夫が必要である。

なお，初層溶接時の開先間隔が広い場合，作業能率の改善から開先内充填材（メタルパウダ又はカットワイヤ）を用いることもある。このような充填材を使用する際には，材質の選定，取り扱い，散布量など，溶接技術者とよく協議しなければならない。

〔3〕裏当て材の取り付け方法

裏当て材の取り付けは，くさび，ばね，マグネットなどで裏から押し付けるか，粘着テープを利用して張り付ける方法が採られている。

固形フラックス系裏当て材は，よく密着させる方が裏波ビードは安定する。ガラス繊維系裏当て材は，あまり強く押し付けると，ガス抜けが悪くなり裏波ビードに凹みが発生することがあるので注意する。

〔4〕運棒方法と溶接条件

運棒は一般的に前進溶接で行われるが，後進溶接の場合は前進溶接に比べて，溶込みが大きく，裏波ビードが安定する利点がある。また，トーチの運棒

表3.13 ルート間隔の違いによる運棒方法（下向姿勢）

ルート間隔	運棒方法
狭い場合 （3mm）	ゆっくりしたリズムで前後にウィービングする。
適　正 （4～6mm）	デルタウィービング，デルタの先端を溶融池の先端にもってくる。ただし，突っ込ませないように注意する。
広い場合 （7～9mm）	裏波ビードが出すぎるので，なるべく溶接電流を下げ，裏当て材を過度に溶かさないようにする。

は，ルート間隔の広い場合は円弧状のウィービングが適し，狭い場合は溶融池の前方のルート部に孔をあけつつ前後に動かす方法が良い。

また，裏波ビードの幅が狭く細長い形になると，最初に凝固を開始する溶融境界部（ボンド部）と，溶接金属中央部の冷却速度に差がないため，柱状晶は母材面と平行の方向に成長して凝固し，いわゆる梨形ビードになりやすく，割れ発生の危険がある。したがって，表3.13に示すように，ルート間隔の大きさに応じた運棒方法を使い分ける。

長い溶接線を半自動アーク溶接で施工する場合，作業者は途中で溶接を中断するが，この中断箇所では，図3.41に示すように，クレータ近傍に収縮孔が発生し，そのままの状態でビード継ぎを行うと，この収縮孔は溶融されずに残ることがある。

この収縮孔の残存を防ぐため，溶接中断後に，アークエアガウジングでク

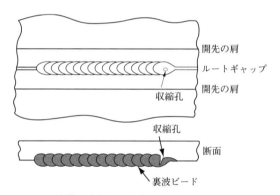

図3.41 溶接を中断した場合のクレータ近傍の溶接部形状

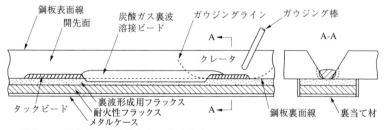

図3.42 面内タック溶接部上に裏波溶接ビードのスタート及びクレータを
ラップさせながらガウジング併用によるビード継ぎを行う施工法

レータ部をはつり取り，改めてこの上からアークを発生させ，次の溶接を行うのが良い．なお，この場合のガウジングの方向は，図 3.42 に示すように，溶接の進行方向と逆方向とし，裏当て材が焼損しないようにする．

3.4.2 セルフシールドアーク溶接

シールドガスを使用しないセルフシールドアーク溶接は，ガスボンベやホースが不要であり，風速 10 m/sec 程度までの環境でも対応でき，主として屋外作業で使用されている．また，スラグの剥離性が良く，ビード外観もきれいで，被覆アーク溶接用の交流電源がそのまま使用でき，錆や塗料に対する耐ピット性にも優れている，などの利点がある．反面，溶接金属の靱性がやや劣り，ヒュームが多い欠点もある．

なお，セルフシールドアーク溶接には，直径，ϕ 1.6 mm 以下のワイヤを直流・定電圧電源と組合せる方法もあるが，ここでは，ϕ 2 mm 以上の太径ワイヤを使用する場合について説明する．

〔1〕溶接電流及びアーク電圧

ワイヤ径に対する適正電流範囲例を，図 3.43 に示す．なお，ワイヤ径以外に母材の種類，継手形状及び溶接姿勢に応じて溶接電流は調整されるので，現場の状況から適切に判断し，溶接条件を選定する．

また，セルフシールドアーク溶接では，他の溶接法に比べてアーク電圧を適

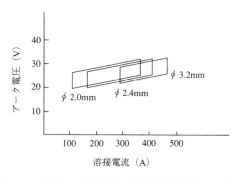

図 3.43 セルフシールドアーク溶接における溶接電流とアーク電圧の関係

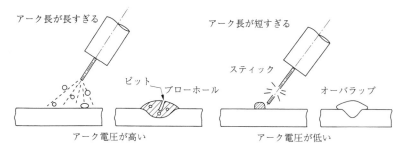

図3.44　セルフシールドアーク溶接におけるアーク電圧とアーク長及びビード形状との関係

正に保つことが健全な溶接部を得るために重要である。図3.44に示すようにアーク電圧が高すぎると，アーク長が長くなり，溶融池が広がり，ビードは平坦となり，溶込みが著しく浅くなる。また，シールド効果が十分でなく，ピットやブローホールの発生を招くことになる。

一方，アーク電圧が低すぎると，ワイヤが溶融池へ突っ込みアークが不安定となり，スパッタが粗大化する。また，ビードは広がらずにオーバラップ気味となる。

溶接電流に対する適正アーク電圧を求めるには，一旦ワイヤが溶融池に突っ込むまで電圧を下げ，その電圧から1,2V上げるのが実用的な方法とされている。

〔2〕ワイヤ突出し長さ

セルフシールドアーク溶接では，溶融池のシールドはフラックスの成分がガス化することによって行われるが，このガス化にはワイヤの予熱効果が大きく寄与するため，ワイヤ突出し長さは極めて重要な溶接条件である。

例えば，ワイヤ突出し長さが短すぎる場合，溶接金属中の拡散性水素量は低くなるが，ピット，ブローホールが発生しやすくなり，アークも不安定になりスパッタも大粒化する。適正なワイヤ突出し長さは，30 mm～50 mmである。

〔3〕アークの起動及びビード継ぎ

太径ワイヤを使用するセルフシールドアーク溶接では，垂下特性の電源が使用されるが，この場合，ワイヤを母材に接触させると初めてワイヤ送給が始ま

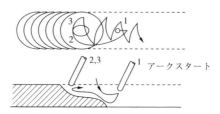

図 3.45 セルフシールドアーク溶接の下向姿勢におけるビード継ぎ

る。このため，炭酸ガスアーク溶接と比較すると，アークスタートが難しく，適正なアーク電圧でも，しばしばワイヤの固着が発生する傾向にある。このためアークのスタート時やビード継ぎの際，アーク電圧が不安定で，ブローホールが発生しやすいので，後戻りスタート運棒法を用いると良い。

ビード継ぎの場合，図 3.45 に示すように，前ビードのクレータのやや前方でアークを発生させ，約 20 mm 程度後へ戻って，直ちに継目箇所にトーチを移動させて本溶接を続ける方法を採る。

〔4〕トーチ角度，ワイヤねらい位置及びトーチの運棒

アークが発生したら，ワイヤ突出し長さ，トーチ角度及びワイヤねらい位置を定め，後進角（後退角）で定速度運棒を心掛ける。セルフシールドアーク溶接では，運棒を前進角で行うとブローホール，ピット及び溶込不良などの欠陥が発生しやすくなる。

(1) 下向姿勢の溶接

下向姿勢でのトーチ保持角度は，図 3.46 に示すように，溶接線に対してほぼ垂直に保ち，進行方向に傾ける。トーチは，溶接線に対して左，右いずれかの方向に極端に傾けると融合不良を起こしやすくなる。特に，開先底部ではワ

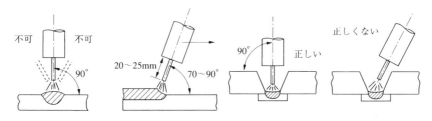

図 3.46 セルフシールドアーク溶接の下向姿勢におけるトーチ角度

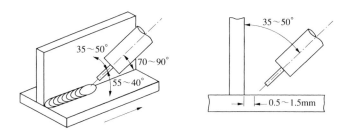

図 3.47 セルフシールドアーク溶接の水平すみ肉溶接におけるトーチ角度

イヤが片溶けして左右対称の溶込みが得られなくなる危険性がある。

この時のウィービング幅は，母材表面までアークを到達させずに開先内に止め，最大 15 mm 程度までとすべきである。

(2) 水平すみ肉溶接

水平すみ肉溶接では，図 3.47 に示すようなトーチ角度をとり，また，ワイヤねらい位置はコーナ部から 1 mm 程度手前に移すと良い。通常はストリンガ運棒法であるが，大脚長を得るため軽くウィービングすることがある。

アーク電圧を上げすぎると上部にアンダカットが生じやすく，逆に電圧が低すぎると凸形ビードになる。

(3) 横向姿勢の溶接

横向姿勢のセルフシールドアーク溶接では溶融金属の垂下りや，ビードの上側にアンダカットが生じないよう，溶接条件の設定や運棒に，特に注意する。

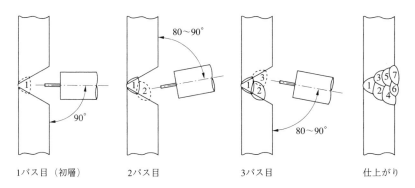

図 3.48 セルフシールドアーク溶接における V 形開先溶接でのパスの置き方

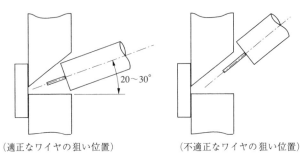

(適正なワイヤの狙い位置)　　（不適正なワイヤの狙い位置）

図 3.49　セルフシールドアーク溶接のレ形開先溶接におけるワイヤねらい位置

トーチ角度は，進行方向に対して若干の後進角で溶接を行うが，パスの置き方，ワイヤねらい位置は，**図 3.48** 及び **図 3.49** に示すように，開先形状，積層（パス）の順序，初層溶接及び仕上げ溶接などにより異なる。

また，運棒はストリンガ運棒法を原則とするが，ワイヤ径の 2, 3 倍程度までの小さなウィービングを行うこともある。なお，仕上げ層でビードを積み上げる場合は，アークを前ビードの止端に発生させ，新しいビード幅の 1/3 程度を前ビードに重ねるようにするのが一般的である。

3.5　薄板の溶接

3.5.1　溶接法の選び方

〔1〕薄板溶接の特徴

板厚が 4 mm 以下であるような薄板の溶接は，中厚板溶接とは異なり母材の熱容量が非常に小さいので，溶接時に，溶落ちや溶接変形（「溶接ひずみ」ともいう）が発生しやすい。そのうえ構造物の形状が複雑で，しかも製品の外観を重視するものが多いことから，溶落ちやひずみ防止の点から溶込みが浅いこと，ビード外観が良好なこと，全姿勢に対応できる作業性を持つこと，などが求められる。

しかし，これらすべてを満たすことは難しく，溶接物の材質，継手形状，板

厚，使用目的などから，炭酸ガスアーク溶接以外の溶接方法から選択することも必要となる。これらの薄板溶接法の選び方の目安を表3.14に示す。

薄板の溶接に使用される溶接ワイヤは表3.15に示すソリッドワイヤの中で，ワイヤ径が φ0.8 mm〜1.2 mmのYGW 12とYGW 16が適用されることが多い。これらのワイヤは，小電流の短絡移行領域で使いやすく薄板溶接に適しているほか，全姿勢溶接にも用いられる。YGW 12は100％炭酸(CO_2)ガスで使用され，YGW 16は80％ Ar ＋ 20％ CO_2の混合ガスで使用される。3.1.1 [2]で述べた

表3.14 薄板溶接方法の選び方の目安[6]

溶接の種類		継手形式	突合せ		重ね		T形		へり		溶接速度	設備費	コスト
		板厚 mm	1以下	1〜2.3	1以下	1〜2.3	1以下	1〜2.3	1以下	1〜2.3			
ろう付			○	○	◎	◎	○	○	◎	○	L	L	H
融接	被覆アーク溶接		□	◎	○	◎	□	○	○	○	L	L	M
	サブマージアーク溶接		×	○	×	○	×	○	×	×	H	H	M
	ティグ溶接		◎	○	□×	□×	◎	○	◎	◎	M	M	M
	ティグ溶接(ワイヤフィード)		◎	◎	×	○	◎	○	×	×	M	M	M
	炭酸ガスアーク溶接		○	◎	○	◎	○	◎	×	×	H	H	M
	短絡移行形アーク溶接		○	○	◎	○	◎	○	○	○	H	M	M
圧接	スポット溶接	ダーイレクト	×	×	◎	◎	×	×	○×	×	H	M	L
		シリーズ	×	×	○	○	×	×	×	×	H	M	L
	シーム溶接	重ね	×	×	◎	◎	×	×	○×	×	H	M	L
		マッシュ	×	×	○	◎	×	×	×	×	H	M	L
		フォイル	◎	○	×	×	×	×	×	×	H	M	L
	フラッシュ溶接		○×	○	×	×	×	□	×	×	H	H	L

◎最適，○板厚によっては適，□可能だが避けた方がよい，×不適，H 高い，L 低い，M 普通

表3.15 マグ溶接用ワイヤの種類と適用

種類	シールドガス	適用鋼種	用途
YGW 11	炭酸ガス（CO_2）	軟鋼，490 N/mm² 級高張力鋼	大電流溶接用
YGW 12			短絡移行溶接用
YGW 13			水平すみ肉溶接用
YGW 15	混合ガス (80％ Ar ＋ 20％ CO_2)		大電流（スプレー移行）
YGW 16			短絡移行
YGW 18	上記炭酸ガス	490，520，550 N/mm² 級高張力鋼	大電流溶接用
YGW 19	上記混合ガス		大電流（スプレー移行）

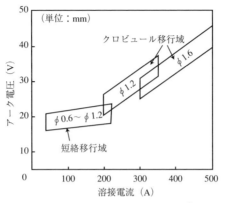

図 3.50 適正溶接電流・電圧範囲[4]

表 3.16 I形突合せ片面溶接[6]

板厚 (mm)	ルート間隔 g (mm)	ワイヤ径 (mm)	電流 (A)	電圧 (V)	溶接速度 (cm/分)	ワイヤ送給 速度 (m/分)
0.6	0	0.9	50	15	115	2.0
0.8	0	0.9	60〜70	16〜17	105〜115	2.0〜2.3
1.0	0	0.9	60〜70	16〜17	90〜100	2.0〜2.3
1.2	0	0.9	70〜75	17〜18	90〜100	2.3〜2.6
1.6	0	0.9	75〜85	18〜19	80〜85	2.7〜3.0
	0	1.2	100〜110	16〜17	90〜100	1.7〜1.8
2.0	0.8	0.9	90〜95	19〜20	70〜80	3.2〜3.3
	0.8	1.2	110〜120	17〜18	60〜70	1.8〜2.1
2.4	1.5	0.9	100〜110	20〜21	40〜45	3.5〜4.2
	1.2	1.2	120〜130	19〜20	50〜55	2.1〜2.3
3.2	1.6	0.9	110〜130	20〜22	30〜35	4.2〜5.8
	1.5	1.2	140〜150	19〜20	48〜52	2.5〜3.0
4.0	1.8	0.9	130〜140	21〜22	25〜35	5.8〜6.5
	1.8	1.2	140〜150	19〜20	40〜45	2.5〜3.0

① CO_2 流量：10〜15 ℓ/分。
② 薄板の溶接では被溶接物を 5〜15°傾け，下進溶接するとよい（とくに 1.2 mm 厚以下）。
③ トーチ角度は進行方向と逆方向に垂直線に対して 0〜10°傾けること。
④ 段違いをなくすこと。
⑤ 継手間隔に注意すること。

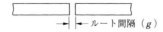

ように，混合ガス（マグ溶接）の場合，スパッタが少なくビード外観が優れた溶接ビードが得られる．

〔2〕 溶接条件の選定

薄板の溶接では，溶接電流，アーク電圧，溶接速度などの条件により，ビード形状，溶込み深さなどが大きく変わる．特に，アークの状態と密接に関係するアーク電圧には注意を要するが，適正アーク電圧は一般的に溶接電流と図3.50に示す関係にあり，薄板の場合，同図に示す短絡移行域を目安に適正値を選定する．表3.16～表3.19に，炭酸ガスアーク溶接の薄板の標準的な溶接条件を示す．

短絡移行域における適正アーク電圧の範囲は比較的狭く，±1V程度である．

表3.17 水平すみ肉溶接[6]

板厚 (mm)	脚長 (mm)	ワイヤ径 (mm)	電流 (A)	電圧 (V)	溶接速度 (cm/分)	ワイヤ送給速度 (m/分)
0.6	1.8～2.0	0.9	50	15	55～60	2.0
0.8	2.3	0.9	50～55	16～16.5	50～55	1.8～1.9
1.0	2.5	0.9	60～70	16～17	50～55	2.0～2.3
1.2	2.8	0.9	70～80	17～18	45～50	2.3～2.7
1.6	2.8～3.0	0.9	80～90	18～19	45～50	2.7～3.2
	3.0	1.2	110～120	18～19	43～48	1.8～2.1
2.0	3.0	0.9	85～95	18～19	45～50	3.0～3.3
	3.0～3.5	1.2	120～130	19～20	45～50	2.1～2.3
2.4	3.5	0.9	95～100	19～20	43～48	3.3～3.5
	3.5	1.2	120～130	19～20	45～50	2.1～2.3
3.2	3.4～4.0	0.9	100～120	20～21	43～48	3.5～5.0
	4.0	1.2	150～160	20～21	40～45	3.0～3.2
4.0	5.5	0.9	130～140	21～22	30～35	5.8～6.5
	5.5	1.2	150～160	20～21	35～40	3.0～3.2

① CO_2流量：10～15 ℓ/分．
② 薄板に対しては適当な裏当て金を使用．確実にセンターをねらうこと．

表3.18　重ね継手溶接[6]

板厚 (mm)	ワイヤ径 (mm)	電流 (A)	電圧 (V)	溶接速度 (cm/分)	ワイヤ送 給速度 (m/分)
0.6	0.9	50	15	105～115	2.0
0.8	0.9	50～60	16	105～115	1.8～2.0
1.0	0.9	60～70	16～17	100～110	2.0～2.3
1.2	0.9	70～80	17～18	90～100	2.3～2.7
1.6	0.9	75～85	17～18	68～73	2.6～3.0
	1.2	110～120	17～18	70～75	1.8～2.1
2.0	0.9	85～90	18～19	60～65	3.0～3.2
	1.2	120～130	18～19	60～70	2.1～2.3
2.4	0.9	90～110	19～20	50～55	3.2～3.5
	1.2	130～140	18.5～19	45～50	2.3～2.5
3.2	0.9	100～120	20～21	40～45	3.5～5.0
	1.2	140～160	19～20	42～47	2.5～3.2
4.0	0.9	120～140	21～22	37～42	5.0～6.5
	1.2	140～160	19～20	35～40	2.5～3.2

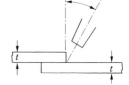

① CO_2 流量：10～15 ℓ/分．
② 1.2 mm 以下の板厚の場合はトーチを垂直にした方がよい．
③ 薄板の溶接では被溶接物を 5～15°傾け，下進溶接するとよい．

　短絡移行域では，アーク音がアーク電圧の判断の指標となり，適正アーク電圧では「ジー」といった軽快な連続音となる．アーク電圧が低すぎると「パンパン」という不連続音が生じる．またアーク電圧が高すぎると「パタパタ」という音になり，ワイヤ先端から少し大粒の溶滴が移行する．

　このほか，溶接ワイヤの材質，径，シールドガスの種類，開先形状，ワイヤ突出し長さなどによっても影響を受けるので，板厚や継手形状に合った溶接条件を入念に選定しなければならない．この際，同じ板厚の鋼板による事前テストで電流調整を行い，適正な溶接条件を素早く選定できるように準備しておくことが望ましい．なお，混合ガス用のYGW16ワイヤを用いる場合は，炭酸ガスアーク溶接に比べ，スパッタの発生量が減少することが知られているが，短絡移行域ではアークが安定するようにアーク電圧の設定を1, 2 V低めにした方が良い．

　一般にシールドガスの流量は，200 A 以下の薄板の溶接では 15～20 ℓ/min

表3.19 ヘリ溶接[6]

板厚 (mm)	ワイヤ径 (mm)	電流 (A)	電圧 (V)	溶接速度 (cm/分)	ワイヤ送給 速度 (m/分)
0.6	—	—	—	—	—
0.8	0.9	60～65	16.5～17.5	110～120	2.0～2.2
1.0	0.9	60～65	16.5～17.5	110～120	2.0～2.2
1.2	0.9	65～70	17～18	90～100	2.2～2.3
1.6	0.9	75～85	17～18	85～95	2.6～3.0
	1.2	80～85	17～17.5	55～60	1.4～1.5
2.0	0.9	80～90	17～18	55～65	2.7～3.2
	1.2	85～90	17～18	55～60	1.5～1.55
2.4	0.9	90～100	18～19	45～50	3.2～3.5
	1.2	90～95	17～18	45～55	1.55～1.6
3.2	0.9	100～110	18～19	40～45	3.5～4.2
	1.2	90～100	18～19	40～45	1.55～1.7
4.0	0.9	110～120	19～20	38～45	4.2～5.0
	1.2	100～110	19～20	35～40	1.7～1.8

① CO_2 流量：10～15ℓ/分（ガス流量を多くする）。
② 0.8 mm以下の板厚の場合はビード面が多少凸凹の状態になる。
③ トーチ角度は進行方向とは逆に垂直線に対して0～10°傾けること。

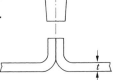

としているが，ノズルの形状，ノズルと母材との距離，溶接電流，溶接速度に応じて，ガスの流量を調整する。また，溶接現場で風が強い場合には，ガス流量を増やしても効果は得難いため，必ず防風設備を設けるべきである。

〔3〕タック溶接上の注意

タック溶接については，①本溶接と同様に十分な技量を有する者が行う，②板厚が薄くなるほど，溶接熱の影響を敏感に受け変形しやすいので，タック溶接のピッチは短くする，③ビード長さは5 mm～15 mm程度とする，④ビードの高さはできる限り低く，本溶接時にその上からビードを重ねても苦にならない程度にしておく，⑤溶接ジグや拘束ジグを利用して溶接線上のタック溶接はできるだけ少なくする，⑥可能であれば裏面からのタック溶接を行う，などの工夫が必要である。

〔4〕本溶接上の注意

　本溶接は，適切なワイヤ突出し長さを保ち，溶接電流が過大にならないように注意する。溶接電流が過大になると，溶落ちの最大の原因になるほか，アンダカットやスパッタの発生，溶接ひずみの増大などの原因となる。

　一方，電流が低すぎると，溶融が遅く，溶込不良やスラグ巻込み，オーバラップが生ずる。アーク長が長すぎるとアークが不安定となり，その上，溶接ひずみが大きくなり，ビード外観も悪くなる。また，連続して長いビードを置くと，その溶接熱で溶落ちが起き易いので，板厚が薄くなるほど，この点にも十分留意しなければならない。

　板厚が1mm前後の鋼板の突合せ溶接などでは，図3.51のように，裏側に銅板を当てて溶接し，溶落ちを防ぐことが良く行われる。この場合，銅当板との密着性を高め，熱吸収を良くして，溶接ひずみを小さくするために鋼板の上からウエイトを乗せて拘束するか，締め付けると，さらに効果的である。

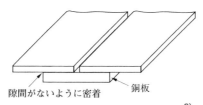

図3.51　約1mm厚の薄板の突合せ[6]

3.5.2　薄板の裏波溶接（下向姿勢）

　薄板の裏波溶接では，被溶接物の継手精度が特に重要である。しかし，実際の作業現場では，開先精度は必ずしも理想的な状態ばかりではない。したがって，裏波溶接に従事する作業者は，溶融池の表面状態から裏波ビードの様子を予測できる洞察力と，溶融池の変化に対し瞬間的に反応できる機敏さを身に付けなければならない。

　まず，溶落ちの前兆を感じ取る練習を行うため，板厚3.2mmの板で，図3.52に示すようなテストピースと，φ1.2mmのワイヤを準備し，溶接電流120A

3.5 薄板の溶接

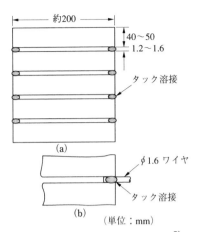

図3.52 テストピースの準備要領[3)]

～140 A，電圧 18 V ～ 20 V，炭酸ガス流量 15 ℓ /min に条件を設定して，ノズル－母材間距離 10 mm ～ 15 mm，溶接速度 20 cm/min ～ 30 cm/min でストリンガビードを置いていく。

　溶融池の形は，初めは真円に近いが，色が白身を帯び，溶融池が楕円形に細長くなるとともに，その表面が母材面より低くなってくると溶落ちの前兆であるので，この感覚を体得するまで，繰り返し練習しなければならない。溶落ち発生に至るまでの状態変化を図3.53に示す。

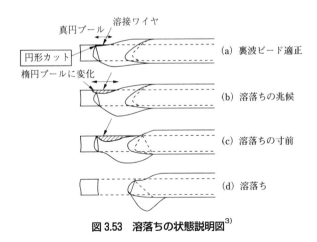

図3.53 溶落ちの状態説明図[3)]

186　第3章　半自動アーク溶接・薄板の溶接

　注目するポイントは，図3.53及び図3.54に円形カット（ここでは，このようによぶ）と示した，溶融池前面で溶融金属が母材表面よりやや沈んでアンダカット状となっている部分で，この深さが0.1 mm〜0.2 mmの時，裏波ビードは良好である。
　次に，溶融池の形状と，この適切な円形カットの深さを持続するために，小刻みな三日月形ウィービング操作を行いながら溶接を進める。図3.55に，薄板裏波溶接時のウィービングパターンを示す。
　溶接中，溶融池の形が崩れて円形カットの深さが約0.3 mmとなり，溶落ちの前兆が現われたら，すみやかに前後ウィービングに切り替え，円形カットの深さが0.1 mm〜0.2 mmに戻ったら，再び三日月形ウィービングに戻す。こ

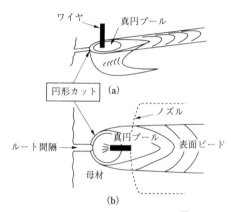

図3.54　溶融池と円形カット[3]

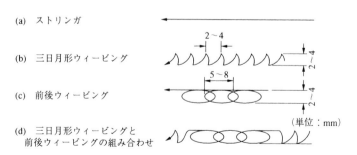

図3.55　裏波溶接のウィービングパターン[3]

3.6 溶接変形の防止と矯正

の動作を反射的に行えるようになるまで，繰り返し練習する。

3.6.1 溶接変形の種類

溶接は局部的に大量の熱を投入して母材を溶融接合させるので，母材に不均一な温度分布が生じる。溶接部近傍の高温に加熱された部分は膨張と冷却による収縮が起こり，これらが溶接金属の収縮とあいまって，溶接物には各種の変形が生じる。溶接変形は，その発生形態や生成原因から**表 3.20**のように分類でき，実際の溶接物には，これらの変形が複合した複雑な変形が現れると同時に，残留応力が生じる。残留応力については7.6節を参照されたい。

溶接変形は，溶接ひずみともよばれ，母材の種類，継手の形状，溶接方法，

表 3.20 溶接変形の分類

		名　称	変形の例
溶接変形	面内の変形	横収縮	
		縦収縮	
		回転変形	溶接進行方向
	面外の変形	角変形 (横曲がり変形)	
		縦曲がり変形	
		座屈形式の変形 (横たわみ・波打ち)	

溶接条件，拘束状態，溶接ジグ及び溶接順序などによって異なり，その定量的な予測はなかなか困難である。また，小型試験により実際の溶接構造物の溶接変形を推測しようとしても，小さな試験体と実際の溶接構造物では，条件が異なるため，両者の溶接変形の傾向が一致しないこともしばしばである。したがって，溶接変形の防止対策としては，経験の蓄積に頼らざるを得ないことが多い。

3.6.2 溶接変形の防止

溶接変形は，製品の仕上がり精度を低下させ，その外観を著しく損ねるだけでなく，強度の点でも問題となることがあるので，過去の実績データを積み重ねて，その防止対策を確立していくことが重要である。

〔1〕溶接順序による変形防止対策

溶接順序によって，溶接変形の発生量に違いがあることは，よく知られている。図 3.56 は，薄板における溶接変形を小さくするための溶接順序の一例を示す。また，多数の溶接継手が集まっている場合は，周囲を拘束し，面積の中心あるいは継手の中央から溶接を開始して，外側の方向に進めていく方法が採られている。一線上での溶接変形を小さくする溶着順序には，図 3.57 に示す

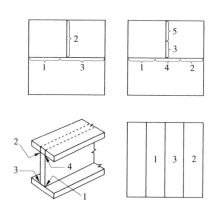

図 3.56　溶接順序による変形防止[6)]

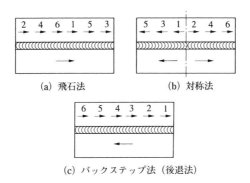

図3.57　ビードの溶着順序による変形防止[6]

ような飛石法，対称法，バックステップ法（後退法）などもある。

〔2〕ジグによる変形の防止対策

ジグによる変形の防止対策には，拘束法（抑制法）と逆ひずみ法がある。拘束法は薄板溶接に極めて有効である。図3.58 に一例を示す。具体的には被溶接材を定盤に締め付けるか，補助材を取り付けて，溶接変形を抑える方法である。また，ジグの一部に銅材を組み込み，溶接熱を急速に取り去ることも効果がある。

逆ひずみ法は，溶接による変形を予測して，図3.59のように事前に逆方向に変形を与えておいて溶接する方法で，溶接後の変形修正が困難な場合などに

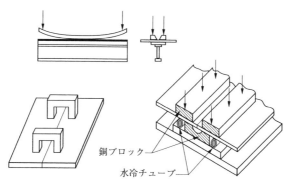

図3.58　ひずみ抑制ジグのいろいろ[6]

図 3.59　逆ひずみ法[6]

効果的である。

〔3〕特殊な変形防止対策

　変形防止対策の一つにピーニング法がある。これはチッピングハンマなどで，中間層の段階や溶接終了後に，溶接部をハンマリングすることで収縮箇所を伸ばし，変形を矯正する方法である。しかし，あまり強く打つと，部分的に加工硬化を起こし，反対側のルート部から割れる場合があるので，施工には注意を要する。具体的には，ビード表面の波形が軽く消える程度のピーニングが良い。
　また，そのほかに水冷法がある。これは溶接中又は溶接直後に，水か銅当て板で吸熱する方法であるが，急冷による材質変化を起こすことがあるので，事前に実験などで材質の硬化程度などを確認しておく。

3.6.3　溶接変形の矯正

　溶接変形が許容値を超えた場合には，許容値内に入るように矯正しなければならない。矯正方法には，「熱的矯正法」(「加熱矯正法」や「ひずみ取り」ともよばれる。)と「機械的矯正法」がある。場合によっては両方を併用して行うこともある。

〔1〕熱的矯正法

　熱的矯正法は，変形部あるいはその周辺をガス炎で加熱し矯正する方法である。変形部あるいはその周辺をガス炎で加熱した状態から，空冷あるいは水冷すると，加熱部は熱収縮しようとするが，加熱部の周囲の鋼板は剛性が高いため，加熱部には周囲からの拘束により引張力が生じ，その引張力でひずみが吸収される。熱的矯正法には，図 3.60 や表 3.21 に示すように種々の方法があり，溶接変形の状態，場所，程度により使い分けられる。

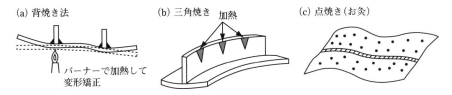

図 3.60 局部加熱による変形の矯正法の例[7]

表 3.21 加熱方法の種類と特徴[8]

呼び方	焼き方	特　徴
線焼き	→ → →	・ひずみ取りの基本で背焼きに多く用いられる。
松葉焼き	(松葉状矢印)	・各方向にひずみ取りの効果が働くために均整がとれており仕上がりが美しい。似た方法に十字焼きがある。
格子焼き	(格子状矢印)	・大きなひずみを取る時に使う。 ・比較的平均に仕上がる。 ・焼きすぎになり易いので注意する。
点焼き	(点の配列)	・収縮力が大きく主に薄板に用いられる。 ・こぶになり易い。
三角焼き	(三角形の図)	・骨材の曲りのひずみ取りや，しぼり加工に用いられる。
リング焼き	⟲ ⟲ ⟲ ⟲ ⟲	・非常に効果的な焼き方で，しかも仕上がりが美しい。

　熱的矯正法は，一度加熱した箇所を再度加熱しても矯正効果がほとんど期待できないため，溶接変形の状態を事前によく見て，加熱場所と順序をよく考えて一度の加熱で行わなければならない。一例として**図 3.61**に，薄板の四辺を溶接した際に生じる面外変形を点焼きで矯正する要領を示す。

　また，加熱温度が高すぎる，あるいは高温状態から水冷すると，鋼板の性質を損なう恐れがあるため注意する。特に調質鋼あるいはTMCP鋼を加熱矯正する場合は，作業前に加熱の上限温度，水冷の可否あるいは水冷が可能な温度を調べておく。作業条件は，構造物によって設計条件が異なるため構造物ごと

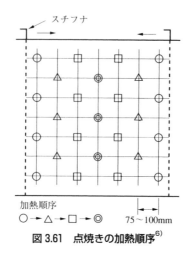

図 3.61 点焼きの加熱順序[6]

表 3.22 ガス炎加熱法による線状加熱時の鋼材の表面温度及び冷却法[9]
（道路橋示方書（Ⅱ鋼橋・鋼部材編）・同解説（2017）一部改編）

鋼種		鋼材表面温度	冷却法
調質鋼(Q)		750℃以下	空冷又は空冷後600℃以下で水冷
熱加工制御鋼 （TMCP鋼）	$C_{eq}>0.38$	900℃以下	空冷又は空冷後500℃以下で水冷
	$C_{eq}\leqq0.38$	900℃以下	加熱直後水冷又は空冷
その他の鋼材		900℃以下	赤熱状態からの水冷を避ける

に決められている。鋼橋の場合の条件例を**表 3.22** に示す。

〔2〕機械的矯正法

　機械的矯正法は，溶接変形部分をプレス，ローラなどで加圧する方法，あるいは変形部分をハンマで叩くなどにより，変形部分を塑性変形させることによって，矯正する方法である。プレスあるいはローラで行う場合は，部材を機械内にセットし加圧するため，適用できる部材あるいは箇所が限られる。また，ハンマで叩く方法は，薄板で軽微な変形に限られる。

《引 用 文 献》

1)（一社）軽金属溶接協会：イナートガスアーク溶接入門講座，2012

2）（社）日本溶接協会電気溶接機部会編：EW-7902 炭酸ガス半自動アーク溶接法と機器の取扱いに関する実習・実験，1979
3）（一社）日本溶接協会編：実技マニュアル新版炭酸ガス半自動アーク溶接，2018，産報出版
4）日本溶接協会出版委員会編：新版 JIS 半自動溶接受験の手引，2018，産報出版
5）（社）日本溶接協会電気溶接機部会編：EW-7901 炭酸ガスアーク溶接法の基礎（講義要項），1979
6）稲垣，大石，西村：現代溶接技術体系 21 薄板軟鋼溶接のかんどころ，1980，産報出版
7）接合・溶接技術 Q&A1000，1999，産業技術サービスセンター
8）宮田：連載講義 溶接変形の発生とその防止 4. 造船工作における変形防止，溶接学会誌 52-7（1983），606-614
9）（公社）日本道路協会：道路橋示方書（Ⅱ鋼橋・鋼部材編）・同解説，2017

《 参 考 文 献 》

3.1　ダイヘン：炭酸ガスアーク溶接法と機器
（社）日本溶接協会建設部会：鉄骨溶接施工マニュアル，1991，産報出版
小林：溶接技術入門，1991，理工学社
3.2　（社）日本溶接協会溶接棒部会編：マグ・ミグ溶接 Q&A，1999，産報出版
松下産業機器溶接機事業部：CO_2 アーク溶接法（技術資料 01）
3.3　神戸製鋼所：This is MG 施工編，1981-10
松下産業機器溶接機事業部：CO_2 アーク法ハンドブック
神戸製鋼所：立向下進溶接のかんどころ（被覆アーク溶接，炭酸ガスアーク溶接），溶接棒だより技術がいど 1977-8
神戸製鋼所：水平すみ肉溶接のかんどころ，溶接棒だより技術がいど，1978-1
勝山：炭酸ガスアーク溶接のかんどころ，溶接棒だより技術がいど，1978-7，神戸製鋼所
和気：CO_2 水平すみ肉溶接のかんどころ，溶接棒だより技術がいど，1982-6，神戸製鋼所
3.4　神戸製鋼所：裏当材を用いる手半自動片面溶接，秋刊神鋼溶接棒だより，1973
勝山：炭酸ガス片面溶接のかんどころ，溶接棒だより技術がいど Vol.22 1982-3（No.143），神戸製鋼所
成相：各種裏あて材と炭酸ガスアーク片面溶接，溶接棒だより技術がいど Vol.23 1983-7，神戸製鋼所

神戸製鋼所：セルフシールドアーク溶接のポイント，溶接棒だより技術がいど 1984-12

《本章の内容を補足するための参考図書》

（一社）日本溶接協会編：実技マニュアル新版炭酸ガス半自動アーク溶接，2018，産報出版
日本溶接協会溶接棒部会編：マグ・ミグ溶接 Q&A，1999，産報出版
日本溶接協会溶接棒部会編：フラックス入りワイヤの実践，1994，産報出版
酒井，渡辺共著，日本溶接協会監修：マグ・ミグ溶接入門，1992，産報出版
日本溶接協会溶接棒部会編：マグ・ミグ溶接の欠陥と防止対策，1991，産報出版
稲垣，大石，西村：現代溶接技術体系 21 薄板軟鋼溶接のかんどころ，1980，産報出版
溶接学会編：溶接・接合技術，2003，産報出版

第4章 ティグ溶接, ステンレス鋼とアルミニウム合金の溶接

4.1 ティグ溶接機器

4.1.1 ティグ (TIG) 溶接とその種類

　ティグ (TIG) 溶接は, 図4.1 に示すように, アルゴン又はヘリウムなどの不活性ガス (イナートガス:他の物質と化合しない化学的に安定なガス) 雰囲気中で, タングステン電極と母材の間にアークを発生させ, このアーク熱により母材を溶融させて行う非溶極式ガスシールドアーク溶接である。

　溶着金属が必要な場合には溶加棒 (又はワイヤ) を挿入しながらの溶接となるが, この挿入速度の調整により溶着量を制御できる。電極材料として用いる

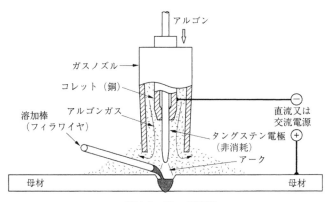

図4.1　ティグ溶接

タングステンは，金属の中で特に高融点（約3,400℃）であるため，不活性ガス中でも高温のアーク熱による溶融消耗がほとんどなく，アークの安定性にも良好な結果を示し，かつ比較的入手の容易な実用材料である。

溶接電源は，直流，交流の両方を使用できるが，溶接材料の種類によって使い分けている。シールドガスは，アルゴンを使うことが多いが，溶接材料や目的によってはヘリウムを用いることもある。ヘリウムはアルゴンに比べて電離電圧が高く，同じアーク長ではアーク電圧が高くなり，溶接入熱が高く，深い溶込みが得られる。アルミニウム合金のティグ溶接やミグ溶接ではアルゴンにヘリウムを混合して使用される。

ティグ溶接は，電極が非消耗であり，開先溶接やすみ肉溶接など溶着金属が必要な場合は，溶加材を溶融部に添加する。溶加材は，手溶接では長さ1m前後の棒が用いられるが，半自動や自動溶接では，ミグ溶接と同様，細径のワイヤを電動モータで自動的に送給する方法が用いられる。

ティグ溶接の特徴は，①不活性ガス雰囲気での溶接であり，ほとんどの金属に幅広く適用できる，②スパッタの発生がなく，ビード外観が極めて良好であ

表4.1 各種ティグ溶接法

	直流ティグ溶接	交流ティグ溶接	パルスティグ溶接	大電流ティグ溶接	ティグホットワイヤ溶接
電源特性	定電流	垂下又は定電流	パルス電流	定電流	定電流＋加熱電源
極性	棒マイナス	交流	棒マイナス，交流	棒マイナス	棒マイナス
主たるシールドガス	Ar	Ar	Ar	He, He＋Ar	Ar
使用電流(A)	2～500	5～500	1～500	500～1,000	10～500（加熱電源 max 200）
適用板厚(mm)	0.4以上	1.0以上	0.2以上	max 50（アルミの場合）	5以上
溶接姿勢	全姿勢	全姿勢	全姿勢	下向	下向，立向
特長	―	クリーニング作用あり	薄板溶接が容易溶接の高速化	厚板の溶接	溶接の高能率化
主な適用材料	アルミニウム合金以外のすべての金属	アルミニウム合金	ステンレス鋼（直流）低合金鋼（直流）アルミニウム合金（交流）	アルミニウム合金	ステンレス鋼，低合金鋼

る，③ヒュームの発生が少なく，周囲環境に与える影響が小さい，④数A（アンペア）の小電流から数百Aの大電流まで安定したアークが得られ，1 mm以下の薄板にも適用される，⑤溶接入熱と溶着量を独立してコントロールすることができ，全姿勢溶接や裏波溶接に適している，などがあげられる。

その反面，ミグ溶接に比べると，①一般に溶込みが浅く，溶接速度が遅い，②溶融池に挿入できる溶加材に限界があり，能率面で劣る，③アークスタート方法は，高周波高電圧方式が広く普及しているが，電気的ノイズが発生しやすい，などの弱点がある。

ティグ溶接は，表4.1に示すように電極の極性や電流の制御方法に加えて，溶加材を加熱供給する方法などと組み合わされ，適用されている。

〔1〕直流ティグ溶接

直流ティグ溶接の場合，図4.2のように，電極マイナス（陰極）の場合と電極プラス（陽極）の場合がある。

電極マイナスの場合は，電子が母材に高速度で突き当たるため，電子の働きによって母材が著しく加熱され，母材の溶込み形状は図4.3のように深くなる。

一方，電極プラスの場合は，電極の方が非常に高温になり溶融しやすく，母材の溶込みは浅くなる。例えば，150 Aの溶接電流を流す場合，電極マイナス

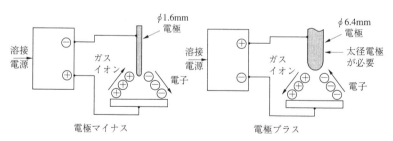

図4.2 直流ティグアークの極性[1]

図4.3 溶接部溶込み形状の比較[1]

の時は直径，φ1.6 mmのタングステン電極で十分であるが，電極プラスにすると φ6.4 mmのタングステン電極を使用しなければならない。

このように直流ティグ溶接では，電極マイナス，母材プラスの極性で用い，アルミニウム合金を除く，ほとんどの金属の溶接に適用されている。また，直流のためアークの安定性が良く，数アンペア程度の小電流まで安定したアークが維持できるので，板厚1 mm以下の極薄板の溶接も可能である。

〔2〕交流ティグ溶接

交流ティグ溶接は，交流の垂下特性又は定電流特性の溶接電源を用いて，電極マイナスの期間で集中した指向性の強いアークと，電極プラスの期間でクリーニング作用（詳細は4.6.3項を参照）が得られ，アルミニウム，アルミニウム合金及びマグネシウム合金などの溶接に適している。溶込み形状は図4.3のように棒マイナスの場合と棒プラスの場合の中間的な形状となる。

交流ティグ溶接では，極性が反転する時にアークが消える恐れがある。サイリスタ制御の溶接機では，次のサイクルでアークの消滅を防ぐために，高周波高電圧の火花放電を付加している。一方，インバータ制御の溶接機では出力波形の応答速度が速いことを活かして対応している。

アルミニウム合金の溶接については，4.6項で説明する。

〔3〕パルスティグ溶接

パルスティグ溶接は，アークの電流を周期的に変化させて，溶接ビードの形状を制御するもので，使用する周波数によって，低周波パルス（0.5Hz～数Hz），中周波パルス（10 Hz～500 Hz），高周波パルス（1 kHz～20 kHz）に大別される。

図4.4に低周波パルスティグ溶接の電流波形とビード形状を示す。これは母材への入熱をパルス電流（高い電流），ベース電流（低い電流）と交互に周期的に変化させるもので，パルス電流の時に母材を溶融して溶融池を形成し，ベース電流の時には，それを冷却凝固させることを繰り返し，数珠状の連続したビードを形成する溶接法である。

低周波パルスティグ溶接は，①溶融と凝固を繰り返すので薄板の溶接に適する，②立向，横向などの溶接姿勢でも溶融金属の垂落ちが少ない，③パルス時

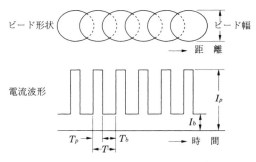

図 4.4　パルス電流とビード形状[1]

に集中的にアーク熱が母材に入るので，溶融効率が高く，溶込みも深い，④異種金属間の溶接や，板厚差のある継手部で溶接熱のバランスがとりやすい，などの特徴がある。

　中周波パルスティグ溶接になると，溶接ビードは連続して形成されるが，溶融池の中の溶融金属の動きが活発化し，内部欠陥の防止やビード形状の制御ができる。

　高周波パルスティグ溶接では，アークの硬直性が増し，小電流域のアークの安定性も改善されるので，高速溶接や薄板溶接に適用する。

　また，インバータ制御式の溶接電源は，応答性が速いので電流波形の選択が容易なため，いろいろなパルス溶接が使用されている。

4.1.2　ティグ溶接装置

　ティグ溶接装置は，一般的には**図 4.5** のように溶接電源，溶接トーチ，ガスボンベなどで構成されている。溶接電源に組み込まれているアークスタート装置は，「高周波高電圧方式」が一般的である。アークスタート時の電圧は約 2,000 V 〜 6,000 V で，周波数は約 2 MHz 〜 3 MHz 程度である。この高周波は，電気的ノイズであり，周辺の電子機器に悪影響を及ぼす。その対策として電気的ノイズの影響の小さい「電極接触方式（リフトスタート方式)」や「直流高電圧方式」を採用した溶接電源もある。

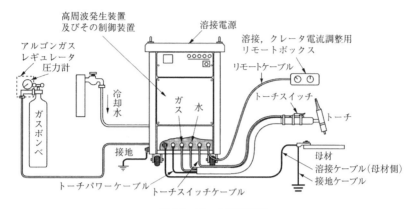

図 4.5　ティグ溶接装置

　小容量 (200 A 程度) のティグ溶接機には，重さ 10 kg 前後で超小型軽量の「可搬形ティグ溶接機」がある。一方，交流と直流の切替がスイッチひとつでできる交直両用の溶接機や，パルス電流の制御回路を内蔵した高機能ティグ溶接機もある。また，水冷トーチを使用する場合には，冷却水循環装置を溶接機に取り付けて用いることも多い。

4.1.3　ティグ溶接用電源とその特性

　ティグ溶接用電源は，前述のように交流，直流及びパルス用があるが，一台で交流，直流の切替や，パルスの有無の選択ができるマルチ仕様の電源もある。いずれの電源も，外部特性は垂下特性又は定電流特性である。
　ティグ溶接に垂下特性又は定電流特性の溶接機が用いられる理由は，①手振れなど溶接中にアーク長が変動しアーク電圧が変化しても，溶接電流の変化が少ない，②もし溶接中に電極が母材に短絡しても過大電流は流れず，電源の焼損が起こりにくい，③小電流域ではアークの負抵抗特性のためアーク電圧は高くなるが，無負荷電圧がこれより高いので小電流アークの維持が可能である，などである。
　溶接機の制御は，第 3 章の半自動溶接機と同じくサイリスタ制御やインバータ制御 (図 3.11) が使われており，ティグ溶接機には図 4.6 のようにアークスタート時に必要な高周波発生装置や定電流特性を得るための電流検出回路が追加さ

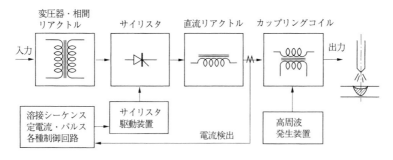

図 4.6 サイリスタ制御方式の直流ティグ溶接機[2]

れている。

4.1.4 ティグ溶接機の機能

ティグ溶接におけるアークスタートからアーク消失までの一般的な溶接シーケンスを図 4.7 に示す。この例では直流パルスティグ溶接を取り上げている。

〔1〕プリフロー

トーチに取り付けられたトーチスイッチを引くと，アークが発生する前にガス電磁弁が動作し，トーチからシールドガスが流れ出す。これにより，ガスホー

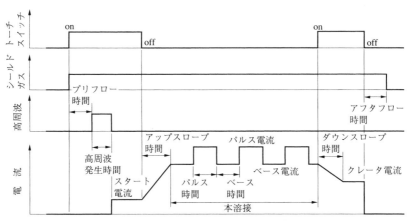

図 4.7 ティグ溶接のシーケンス[1]

ス中の不純物を放出したり，溶接部をアルゴン雰囲気にする。この機能をプリフローという。

〔2〕高周波発生

高周波高電圧方式のティグ溶接機では，タングステン電極先端を母材からわずかに離し，電極－母材間に高電圧の高周波火花放電を発生させ，そこで生じる小電流を引金にして溶接電流に移行する方法をとっている。もし，タングステン電極を母材に接触した状態で通電された場合，電極が消耗し，母材にタングステンが巻き込む不具合が発生する。高周波の発生する時間は短い方が良く，直流ティグ溶接機は，溶接電流を検知すると高周波の発生はすぐに停止する。

〔3〕本溶接

本溶接の溶接電流は，溶接電源のパネルスイッチやリモートボックスで溶接開始前に設定する。アップスロープ時間，ダウンスロープ時間，パルス溶接の有無，パルス電流，ベース電流，パルス時間，ベース時間など機種により様々な設定項目がある。

〔4〕クレータ処理

溶接をいきなり停止すると，溶接終了部には電流の大きさに応じてクレータのくぼみができる。この部分は溶接割れなど不具合が発生する恐れがあるため，くぼみを少なくするように処理をしなければならない。そのため溶接機には，溶接終了時に電流を下げる（クレータ電流）機能があり，クレータ部に低い電流で溶加棒を入れクレータ処理を行う。

〔5〕アフタフロー

溶接終了直後，溶接金属が溶融状態又は赤熱状態にある時，シールドガスがなくなり空気に触れると，溶接金属は空気を巻き込んで窒化したり，酸化して変色したりする。そのため，溶接金属が凝固冷却するまで，溶接終了後もシールドガスを一定時間流す機能があり，これをアフタフローとよぶ。アフタフローは，溶接金属の保護だけでなく，非常に高温となったタングステン電極が酸化しないよう保護し，冷却する機能も兼ねている。アフタフローの時間は使用し

ているタングステン電極の径に応じて選定するのが良い。

4.1.5 溶接機の接続

溶接機の接続は，2.1.2項の被覆アーク溶接機の接続と同様に行う。特にティグ溶接機の場合は，高周波の発生を伴うので，周辺機器への電磁ノイズの影響を極力抑えるためにも，D種接地工事を行う。

また，ティグ溶接機は，2.1.4項と同様に使用する溶接電流に応じ許容される使用率以下で作業を計画する。ティグ溶接トーチも同様に使用電流と使用率を考慮し選定する。

4.2 ティグ溶接用溶加棒

4.2.1 溶加棒の種類とJIS

〔1〕溶加棒の種類

ティグ溶接に使用する溶加材は，まっすぐな裸溶接棒で電極とはならないが，不活性ガス（アルゴン，ヘリウムなど）の雰囲気の中でアーク熱により溶解して溶接金属となる。通常は，母材と同じ金属の圧延鋼材で作られており，表面は滑らかで，炭素鋼系及び低合金鋼系の溶加棒では，発錆防止のため表面に薄く銅めっきが施してある。

〔2〕溶加棒のJIS

軟鋼，高張力鋼及び低温用鋼に用いられる溶加棒の規格は，JIS Z 3316：2017「軟鋼，高張力鋼及び低温用鋼のティグ溶接用ソリッド溶加棒及びソリッドワイヤ」に，ステンレス鋼（オーステナイト系，マルテンサイト系，フェライト系など）に用いられる溶加棒の規格は，JIS Z 3321：2021「溶接用ステンレス鋼溶加棒，ソリッドワイヤ及び鋼帯」で規定されている。その種類の抜粋の適用鋼種及び主用途を**表4.2**に示す。

表 4.2 ティグ溶接用溶加棒の種類と適用鋼種

軟鋼, 高張力鋼及び低温用鋼のティグ溶接用ソリッド溶加棒及びソリッドワイヤ (JIS Z 3316：2017 抜粋)

溶加棒の種類	適用鋼種	主用途
W49 ① ②③ ④	軟鋼及び高張力鋼	軟鋼及び 490N/mm² 級高張力鋼の溶接
W59 ① ②③ ④		590N/mm² 級高張力鋼の溶接
W69 ① ②③ ④		690N/mm² 級高張力鋼の溶接
W78 ① ②③ ④		780N/mm² 級高張力鋼の溶接

溶加棒の種類の記号の付け方
①溶接後熱処理の有無の記号
　A：溶接のまま
　P：溶接後熱処理あり
　AP：溶接のまま及び溶接後熱処理あり
②衝撃試験温度の記号
③シャルピー吸収エネルギーレベルの記号
　（記号なし 又は U）
④溶加材の化学成分の記号

溶加棒の種類の記号の例
　W59A2 3M31
　W：ティグ溶接用溶加材の記号
　59：溶着金属の引張強さ 590 ~ 790MPa
　① A：溶接のまま
　② 2：衝撃試験温度 −20℃
　③記号なし：吸収エネルギー 27J 以上
　④ 3M31：溶加材の化学成分

溶接用ステンレス鋼溶加棒, ソリッドワイヤ及び鋼帯 (JIS Z 3321：2021 抜粋)

溶加棒の種類	適用鋼種	主用途
YS410	マルテンサイト系ステンレス鋼	13% Cr ステンレス鋼 (SUS410 など) の溶接
YS430	フェライト系ステンレス鋼	17% Cr ステンレス鋼 (SUS430 など) の溶接
YS308	オーステナイト系ステンレス鋼	18% Cr-8% Ni ステンレス鋼 (SUS304 など) の溶接
YS308L		低炭素 18% Cr-8% Ni ステンレス鋼 (SUS304L など) の溶接
YS309		22% Cr-12% Ni ステンレス鋼 (SUS309S など) の溶接, 炭素鋼との異材溶接, クラッド鋼の下盛り溶接
YS309L		炭素鋼との異材溶接, 低炭素ステンレスクラッド鋼の下盛り溶接 低炭素ステンレス鋼の肉盛の下盛り溶接
YS309LMo		SUS316, SUS316L クラッド鋼の下盛り溶接 SUS316, SUS316L 肉盛の下盛り溶接
YS316		18% Cr-12% Ni-2% Mo ステンレス鋼 (SUS316 など) の溶接
YS316L		低炭素 18% Cr-12% Ni-2% Mo ステンレス鋼 (SUS316L など) の溶接
YS347		18% Cr-8% Ni-Nb ステンレス鋼 (SUS347 など) の溶接
YS310		25% Cr-20% Ni ステンレス鋼 (SUS310S など) の溶接

4.2.2　溶加棒の取扱い

　溶加棒は，長さ1mを標準寸法として，プラスチック製（又は紙製）の容器に封入されている。

　錆びたり油分で汚れた溶加棒を使用すると溶接欠陥の発生原因となる。したがって，溶加棒を取り扱う場合は，素手や汚れた手袋のまま触れることを避け，清潔な手袋を装着する。また，溶接作業場所を移動する際には，溶加棒は容器に入れ持ち運ぶ。さらに容器を置く床面の水分，油分，ほこりなど取り除き綺麗な床面の状態を保つ気配りが品質確保の基本である。

4.2.3　アルゴンの取扱い

　アルゴンは空気より重く，不活性ガスであるため，あらゆる金属のティグ溶接に利用される。アークスタートも良好で，特にアルミニウムなどの交流溶接では，良好なクリーニング作用が得られる。ティグ溶接に用いるアルゴンは，工業用アルゴンで，液化アルゴンと圧縮アルゴンとがあり，高圧ガス容器に充填されている。

　液化アルゴンは，工場などで多量に使用する場合に用い，工場内配管により高圧ガス容器から供給する。

　圧縮アルゴンは，通常，円筒形のボンベ（鋼製の継目なし容器）に，35℃で14.7MPaの充填圧力で圧縮されて入っている。ボンベは，容器本体，容器弁，容器弁ハンドル，キャップなどで構成されており，容器本体は全体又は肩部が，高圧ガス保安法に基づく容器保安規則の規定により，ねずみ色に塗装されている。

　なお，容器保安規則で定められている高圧ガスの種類と塗色の区分を，**表4.3**に示す。表中のゴムホースの色はJIS K 6333：2001「溶断用ゴムホース（追補1）」に規定されている。

　圧縮アルゴンは，容器弁から流量計付圧力調整器を通って，溶接トーチに供給するため，取り扱う場合は高圧ガス保安法を厳守しなければならない。JIS Z 3253：2011「溶接及び熱切断用シールドガス」（表3.6参照）には，アルゴン

表4.3 ガス容器及びゴムホースの識別色

ガスの種類	容器の塗色	充填圧力（MPa）	ゴムホースの色
アセチレン	かっ色	1.5（15℃）	赤色，赤色とオレンジ色*
LPGガス	―	1.8	オレンジ色，赤色とオレンジ色*
水素	赤色	14.7（35℃）	赤色
アルゴンガス	ねずみ色	14.7（35℃）	緑色
液化炭酸ガス	緑色	3～6　室温での蒸気圧力	緑色
酸素	黒色	14.7（35℃）	青色

*半円周ずつ赤色とオレンジ色に着色されたもの

　は純度99.99％以上と定められており，残りは不純物の酸素，窒素，水分などのため，爆発性，可燃性はないが密閉空間に充満すれば酸欠の危険があり注意を要する．

　取り扱う際には，落下させたり，衝撃を加えたりせず，圧力調整器を取り付ける前に，容器弁ハンドルを約1/4回転ほど1～2回開閉させて，容器弁口金付近に付着しているほこりなどを吹き飛ばすとともに，容器弁及びハンドルの異常の有無を確認する必要がある．

　また，容器弁の開閉は，安全上，圧力調整器取付け側の反対方向の位置で操作する．ボンベを設置するときは，専用ボンベ置き又は支持物にチェーンなどで固定し転倒防止を図ること．なお，固定するとき，安全標識用のトラロープや荷造用のナイロンロープを使用してはならない．また，直射日光，高温を避け，風通しの良い場所を選ぶように心掛ける．密閉された室内，塔槽内などでは，酸素欠乏の危険性があるため，その対策を施すとともに，アルゴンが酸素より重い点に留意し酸素濃度計を適切に使用して酸素量の測定を実施するような配慮も必要である．

　ボンベは完全に空になるまで使い切ると大気（空気）が混入し，再充填する際にガスの純度を保つため容器内を洗浄し直す必要が生じる．そのため容器が完全に空になるまで使い切らずに，約0.2 MPa以上の圧力を残して交換するのが良い．その際には，ガス圧力調整器を取り付けた状態のまま，容器弁ハンドルをしっかり閉めてからガス圧力調整器を取り外し，キャップをして，ボンベ本体には残圧をチョークなどで記入する．

4.3 基本姿勢の溶接

4.3.1 溶接の準備と溶接前作業

〔1〕溶接の準備

　溶接トーチは使用電流によって多くの種類があり，その選択は溶接作業の難易を決める重要なポイントとなる。

　溶接トーチはタングステン電極棒を保持するとともに，溶接電流を流し，アルゴンを噴出させて溶接部を大気から保護するもので，溶接電流の大きさによって「水冷式」と「空冷式」がある。最近では溶接トーチも軽量化が進み，複雑な溶接作業には，軽量化されたものを使用することが可能となった。**写真4.1**に，溶接トーチの一例を示す。

　タングステン電極棒（以下電極棒という）は，JIS Z 3233：2001「イナートガスアーク溶接並びにプラズマ切断及び溶接用タングステン電極」（A系列）に規格が定められており，純タングステンのほかに，酸化セリウム入り，酸化ランタン入り及びトリア入りのものがある。これらを識別するために，電極棒に配合されている元素の種類及び含有量に応じて，電極棒の端部に色を付けることになっている。識別色は，次のとおりである。

　純タングステン電極棒（記号：YWP）は緑色，1％酸化ランタンタングステ

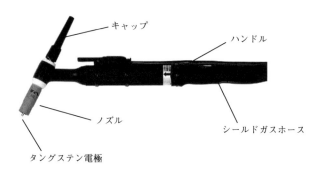

写真4.1　溶接トーチ

ン電極棒（記号：YWLa－1）は黒色，2%酸化ランタンタングステン電極棒（記号：YWLa－2）は黄緑色，1%酸化セリウムタングステン電極棒（記号：YWCe－1）は桃色，2%酸化セリウムタングステン電極棒（記号：YWCe－2）は灰色，1%トリアタングステン電極棒（記号：YWTh－1）は黄色，2%トリアタングステン電極棒（記号：YWTh－2）は赤色。

電極棒を選択する場合，一般に直流（DC）で電極マイナスとする正極性の時は，アークの起動特性や安定性，耐摩耗性に優れた酸化物入りタングステン電極を用い，交流（AC）では，整流作用による直流分が少なく，クリーニング作用が良好である純タングステン電極棒が一般的に使用される。

トリアタングステン電極棒では，電極棒に微量の放射性物質が含まれているのでその取扱いには注意をしなければならない。

電極棒の棒径は，JISには0.5 mm～10 mmに規定されているが，実際は，使用電流の種類，大きさなどによって，**表4.4**に示した径の中から選択するのが通例である。

直流・電極マイナスの場合，溶接電流が低い時は先端を尖らせ，先端角度は溶接電流の増加に従って大きくする。250 A以上の電流値では，先端を尖らせると溶損するから先端を少し偏平に仕上げるとよい。500 A以上及び交流では，先端を半球形にするのが望ましい（**図4.8**参照）。電極先端形状の加工は通常

表4.4 タングステン電極の径と使用電流範囲の目安（ISO 6848：2004から抜粋，編集）

電極径 (mm)	使用電流範囲の目安（単位：A）			
	直流・棒マイナス 酸化物入りタングステン	直流・棒プラス 酸化物入りタングステン	交流 純タングステン	交流 酸化物入りタングステン
0.5	2～20	—	2～15	2～15
1.0	10～75	—	15～55	15～70
1.6	60～150	10～20	45～90	60～125
2.4	150～250	15～30	80～140	120～210
3.2	225～330	20～35	150～190	150～250
4.0	350～480	35～50	180～260	240～350
4.8	480～650	50～70	240～350	330～450
6.4	750～1,000	70～125	325～450	450～600

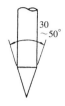 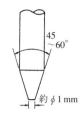 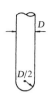
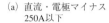

(a) 直流・電極マイナス (b) 直流・電極マイナス (c) 交流及び電極プラス
　　250A以下　　　　　　 250A～500A　　　　　　並びに直流・電極マイナス
　　　　　　　　　　　　　　　　　　　　　　　　　500A以上

図 4.8　電極棒の先端形状

グラインダや専用の研磨機などを使用して削る。削り終わった電極棒は，溶接作業を行う前に残材などでアークを発生させる。これは，単に溶接電流の調整だけではなく，電極棒表面の汚れや，小さなタングステン粉が溶接部に入るのを防ぐためにも重要である。

ノズルは，シールドガスを溶接部に導くもので，セラミック製とメタル製があり，セラミック製ノズルは使用電流300A以下の溶接に使用され，それ以上の電流値ではメタル製が使用される。ノズルは，大気から保護すべき溶融池及びその周辺の酸化されやすい高温部を十分にシールドできる大きさを選定する。表4.5に溶接電流によるノズル径とガス流量の目安を示す。ノズルの大きさやガス流量は，溶接入熱（溶接電流，溶接速度）や開先形状によって若干異なり，I形開先の突合せ溶接に比べ，T継手のすみ肉溶接や厚板の開先内溶接ではガス流量を少なくすることができる。また，アルミニウム合金などの交流溶接では，クリーニング作用を利用するため，直流に比べ内径の大きなノズルを使用し，ガス流量も多くなる。

表4.5　溶接電流値とノズル径，ガス流量との関係[1)]

| 溶接電流 | 直　流　溶　接 | | 交　流　溶　接 | |
(A)	ノズル径(mm)	ガス流量(ℓ/min)	ノズル径(mm)	ガス流量(ℓ/min)
10～100	6.5～ 9.5	4～ 5	8 ～ 9.5	6～ 8
101～150	6.5～ 9.5	4～ 7	9.5～11	7～10
151～200	6.5～13	6～ 8	11 ～13	7～10
201～300	8～13	8～ 9	13 ～16	8～15
301～500	13～16	9～12	16 ～19	8～15

メタルノズル：最大500 A，セラミックノズル：最大300 A

〔2〕溶接前作業

ティグ溶接は異物に対して敏感なため，母材の前処理を十分に行わないと溶接部にブローホール，ピットなどの溶接欠陥が発生しやすい。加工した母材の開先面及びその周辺に付着している油類，ペイント，酸化膜，黒皮，ほこり，水分などの付着物はタック溶接前に取り除かなければならない。

これらの付着物を除去する前処理には，母材の材質，大きさ，数量，付着物の種類及び程度によって，機械的方法と化学的方法があり，適宜使い分ける。なお，前処理を行った炭素鋼の母材は，長時間放置すると発錆するおそれがあるので，処理後はすみやかに溶接することが望ましい。

前処理の機械的方法は，グラインダ，やすり，サンドペーパ，ワイヤブラシなどを用いて，母材の開先部及びその周辺部に付着しているペイント，酸化膜，錆，黒皮などを除去するもので，特に大物部品にはサンドブラストを用いることもある。

水分を除去するには，ガス炎で加熱する方法もあるが，この場合は熱で母材が変形しないように注意する。

化学溶剤を使った前処理では，主として脱脂が目的のため，洗浄液，アセトンなどの有機溶剤に浸漬するか，清潔な布に溶剤を含ませて，開先部及び周辺に付着した油脂類を拭き取る方法がある。この作業では，有機溶剤中毒予防のため，換気や保護マスクの着用など，安全衛生面での配慮が必要である。

電極の突出し長さは，ノズル先端から電極棒先端までの距離をいい，溶接部の形状によって長さを変える。電極の突出し長さが長いと，溶接電流を流した時，この部分が抵抗によって発熱して，電極が溶け落ちる場合もあるので，適

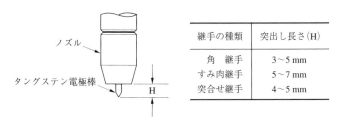

図 4.9　標準的な突出し長さ[1]

切な突出し長さを選ばなければならない。図 4.9 は，継手種類別の標準的な電極突出し長さを示している。

　薄板をタック溶接する場合は，タック溶接による変形を避けるためタック溶接の長さは 10 mm ～ 20 mm，ピッチは 50 mm 程度とするが，のど厚が小さいうえに急冷されるため，割れやすくなるので注意が必要である。さらに割れたタック溶接の上に本溶接を行うと，割れ部分に応力が集中し，本溶接にも割れが生じることが有るので，割れが出たタック溶接は本溶接前にグラインダなどで完全に除去しなければならない。また，タック溶接では，他の溶接と同じく開先内あるいは部材の角や端部など応力集中となる箇所を避けなければならない。本溶接でバックシールドガスを使用する場合には，タック溶接においてもバックシールドを行い，酸化を防がなければならない。

4.3.2　両手溶接での留意事項

　ティグ溶接で溶加棒を用いる場合は，両手を使う独特の溶接法となる。この場合は，下半身を安定させ，上半身はリラックスさせて，1 回で溶接できる長さを定め，その範囲を移動できるような姿勢をとり，腕だけで溶接するのではなく，両脇を軽く締めて腕と腰を使って溶接するとよい。

　溶接トーチは軽く握り，溶加棒をスムーズに送給できるように，指先に余分な力を入れず，また両手の間隔は，常に一定に保つのが理想である。

4.3.3　アーク発生と溶加棒送り要領

〔1〕アーク発生

　ティグ溶接によるアーク発生の要領は 2 通りある。一つは，図 4.10 (a) に示すように，溶接線上に溶接トーチを横に倒した状態で，ノズルの外周を母材に接触させたまま電極先端が母材に接触しない程度に近づけて手元スイッチを入れ，高周波の発生と同時に溶接トーチを垂直に立て，アークを発生させる。この時，電極棒先端と母材間の距離は 3 mm 程度とし，母材に触れないように注意する。

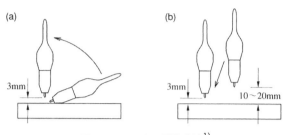

図4.10 アークの発生方法[1]

もう一つは，図4.10 (b) に示すように，溶接線上約10 mm ～ 20 mm の位置で溶接トーチを垂直に保持し，手元スイッチを入れて，高周波の発生と同時に母材と電極棒先端との距離を3 mm 程度まで近づけて，アークを発生させる。なお，この方法ではアークが発生するまでの間，高周波火花放電が続いているので素早く母材に近づける必要がある。

〔2〕溶加棒送りの要領

アークを発生させて母材が溶融し，溶融池が十分できた状態を確認してから，その溶融池の先端に溶加棒を手送りしながら挿入する。溶加棒の持ち方を図4.11に示すが，この絵は指の位置がわかりやすいように保護手袋を除いている。溶加棒は親指と人差指の間に置き，図のように中指と薬指の間に通した持ち方が一般的である。溶加棒を手送りする時は，親指だけ又は親指と人差指を用いて，中指と薬指をガイドとしてトーチの動きに合わせて間欠的に少しずつ（1 mm ～ 3 mm 程度）送る。

（実際の作業では手袋を使用する）
図4.11 溶接棒の送り要領[1]

〔3〕溶加棒の挿入角度

　溶加棒は母材面に対して，図 4.12 に示すように，5°〜30°の範囲内で溶融池の先端に挿入する。溶加棒を電極の真下に挿入すると，アーク熱が溶加棒を直接溶かし，母材を溶融させる熱量が不足して，融合不良の原因となる。また，溶加棒とタングステン電極との接触が発生したりするので，溶加棒を必ず溶融池の先端に挿入しなければならない。溶接姿勢，母材の形状などにより，溶加棒の挿入角度及び方向は，溶接の進行に従って常に変化するので，事前にその程度を予測することが大切である。

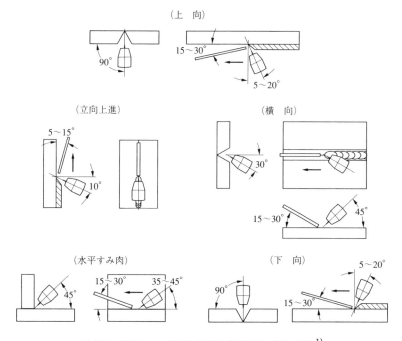

図 4.12　溶接トーチ保持角度及び溶加棒の挿入角度[1]

4.3.4　開先内の溶接要領

　タングステン電極棒は，溶接作業中，図4.8に示した研磨された先端形状を保ち，電極が母材にタッチした時は溶接を中断し，ただちにタッチ部の母材及びタングステン電極棒を研磨する。タングステン電極棒先端と母材間との距離は常に2,3 mmに保ち，溶融池の大きさも一定に保ちながら溶接する。

　開先内でアークを発生させたら溶融池ができるまで，溶接トーチをスタート位置で小さく円運動させる。この間，電極棒先端と母材間の距離は3 mm程度に保持し，母材が溶けて互いに馴染むようになったら，溶加棒を挿入する。

　溶加棒を溶融池の前方から溶融池の端へ挿入し，溶加棒の先端をガスシールドの雰囲気内に置き，先端部の酸化を防ぐ。溶接トーチの操作では，基本を確実に守り，スタート時のプリフロー，終了時のアフタフローなどを確実に行う。溶接トーチの保持角度は，母材面の垂線に対して5°～20°の前進角を保つのが良い。

　溶接は，**図4.13**に示すようなローリング法のウィービング，三日月形又は円を描くようなウィービングで，ピッチを狭くして行う。

　ティグ溶接は風の影響を受けやすいので，風速が毎秒1 m以上の場合には，作業を中断して，防風措置を施す。

　下向，立向，上向姿勢の場合も，溶接トーチを図4.13に示すように，ローリング法，三日月形法又は円形法のいずれかでウィービングし，ピッチを狭く

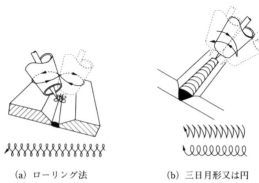

(a) ローリング法　　　　(b) 三日月形又は円

図4.13　開先内の溶接要領[1)]

して進行させる。一方，横向姿勢は溶接トーチのねらい位置を決めてストリンガ操作とするか，幅の小さいウィービングで進行するのが良い。

溶接トーチの保持角度は，図4.12に示す前進角とするのが一般的である。

4.3.5 裏波溶接の要領

裏波溶接では，母材の開先部（ルート面，ルート間隔など）の管理と，条件に合った適正な溶接電流でアーク長をできるだけ短く保ち，母材に与える熱影響を少なくすることが大切である。溶加棒の挿入は，溶融池に押し込むような感じで若干多めとし，溶接速度を少し速くする感じの操作がポイントである。

また，溶接トーチの操作は溶接姿勢によって異なるため，適切な方法を選ぶようにする。特に，裏波のビード高さ，ビード幅などはコントロールしにくいので，入念な練習をする必要がある。裏波溶接を行う時，裏波の部分が空気に触れて酸化・窒化する。ステンレス鋼の片面溶接などでは，裏面側の酸化を防止するために，裏面に不活性ガスを流したり，管の内部に不活性ガスを充填する。このガスシールドをバックシールドとよぶ。

4.4 パイプの溶接

パイプは，径，肉厚に応じて溶接要領も異なるが，ここでは基本的な事項を述べる。

4.4.1 鉛直固定管の溶接要領

鉛直固定管の溶接では，パイプを鉛直に固定して横向姿勢で溶接を行い，1層目の溶接トーチ及び溶加棒の挿入角度は，図4.12の横向に示す要領とする。溶接トーチ先端の電極位置は，開先内上側のルート面上をねらい位置とする。これは溶接金属の垂落ちと上部管の溶込不良を防ぐためである。

また，溶接はできる限りストリンガ操作で行い，2層目以降も溶接トーチ先端電極を，同じ角度に保ち，溶接部止端をねらい位置として溶接する。

鉛直固定管の溶接では，溶接金属が垂落ち傾向となるので，溶接速度を少し速くして，溶加棒も少しずつ挿入する操作が良い．

4.4.2　水平固定管の溶接要領

水平固定管の溶接は，パイプを水平に固定して上向，立向上進及び下向姿勢で溶接を行う．溶接スタートは原則として水平固定管の真下で，時計6時の位置を起点とし，左廻り，右廻りのどちらの方向から溶接してもよいが，最終クレータを12時の位置近辺にする．

なお，多層盛する場合には，2層目以降各層のスタート位置を6時の位置から左右交互に10 mm〜20 mm程度ずらして行うこと．

特に重要な1層目の溶接トーチの保持角度は，図4.12に示す各姿勢のとおりであるが，溶加棒の挿入角度は異なり，5時〜7時の位置では，0〜10°の範囲内で挿入し，その他の位置では，5°〜15°の範囲内で挿入する．この時アーク長は，できる限り短く（1,2 mm）する．長すぎると母材に余分な熱が加わり，垂落ち，アンダカットの原因となる．

4.4.3　パイプの裏波溶接の要領

パイプの裏波溶接は，1層目の溶接で良否が決まるため，溶接中に体勢が崩れないように4.3.2項で述べたような安定した姿勢で溶接を開始する．

その要領は，鉛直固定管及び水平固定管でも同じである．開先面の肩をガイドにし，ノズルを接触させながら，小さく三日月形又は円を描くようにウィービングしながら進行させる．溶接の進行に従って，その都度溶接トーチ角度及び溶加棒の挿入角度が，母材面に対して一定になるように心掛ける．

初層は，母材に余分な熱を加えないようにし，溶接進行中，タック溶接箇所にきたら溶加棒の挿入を停止し，タック溶接部が溶融池に溶け込むまで溶接トーチの進行を止め，タック溶接の金属を再溶融させて完全な裏波が出るようにする．

4.4.4 ノンフィラーティグ溶接法

ノンフィラーティグ溶接法とは，薄板，薄肉管などを対象にフィラーワイヤ（溶加棒又はワイヤ）を使用せず，母材を溶かすだけの共金溶接方法で，作業性（作業の難易度，機器の操作性），作業能率などが良好であり，溶接部の信頼性も高い。

肉厚 2 mm 程度までの小径薄肉管のノンフィラーティグ溶接法は，溶接線近傍を局部的にアルゴン雰囲気として，溶接ヘッド（溶接トーチ）内のタングステン電極をパイプ外周で円運動させながら，母材との間にアークを発生させ，そのアーク熱により母材を溶かし，1層で自動溶接を行うもので，簡単な操作で高品質の溶接が可能である。

管，チューブなどの円周溶接では，一度溶接した所へ，再び溶接ヘッド内のタングステン電極が戻るが，この箇所は，スタート時の溶接熱の影響を受けて加熱されているので，平均溶接電流と電極移動速度を段階的に変えて，入熱量をコントロールする必要がある。

継手形状は，通常 I 形突合せ開先で，ルート間隔をゼロとし，精度の高い開先加工機を用いて開先を作る必要がある。

ノンフィラーティグ溶接法を適用する母材は，オーステナイト系のステンレス鋼管が多いが，各種の金属管にも適用されている。ノンフィラーティグ溶接装置の構成部品の一例を，図 4.14 に示す。

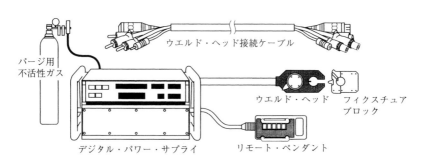

図 4.14　ノンフィラーティグ溶接装置の構成

4.5 ステンレス鋼の溶接

4.5.1 ステンレス鋼の種類

　ステンレス鋼は，10.5%以上のクロムを含む高合金鋼であり，JISの鋼種記号では200番台，300番台，400番台，600番台と規定されているが，溶接の対象となるのは，おもに300番台と400番台である。現在多く適用されている溶接法にはティグ溶接以外に，被覆アーク溶接やミグ溶接，サブマージアーク溶接などがある。

　JISの400番台のものは，クロムをベースにしたステンレス鋼で，通常13%クロムで代表されるマルテンサイト系ステンレス鋼と，18%クロムで代表されるフェライト系ステンレス鋼がある。

　マルテンサイト系ステンレス鋼の代表的なSUS410は，溶接性は良くないが，清浄な大気及び水に対し十分な耐食性を有しており，高強度，耐摩耗性を必要とする箇所に用いられる。ステンレス刃物はこの系統に入る。

　フェライト系ステンレス鋼の代表的なSUS430は，耐食性の高い汎用鋼種で，溶接による熱影響部のぜい化現象がみられるが，建築内装，オイルバーナ部品，家庭用器具などに用いる。

　JISの300番台のものはクロム・ニッケルをベースにしたステンレス鋼で，18% Cr－8% Niで代表されるオーステナイト系ステンレス鋼と，25% Cr－5% Ni－1.5% Moで代表されるオーステナイト・フェライトの二相ステンレス鋼がある。

　オーステナイト系ステンレス鋼は，溶接による残留応力のある状態で，塩素イオンと溶存酸素のある環境において，応力腐食割れを発生する以外は，耐食性，加工性，溶接性，高温強度，低温など，すべての点でマルテンサイト系やフェライト系より優れているため，広範囲に使われており，溶接対象となる機会の一番多い鋼種である。

　代表的なSUS304は，ステンレス鋼，耐熱鋼及び低温用鋼として，食品設備，化学設備，原子力関係などに広く使用されている。

二相ステンレス鋼は，マルテンサイト系，フェライト系，オーステナイト系の共通の弱点である塩分を含む水に対する耐食性，耐酸性などの向上を図ったもので，代表的なものに SUS329 J3L，SUS329 J4L がある。

4.5.2　クロム系ステンレス鋼の溶接

〔1〕マルテンサイト系ステンレス鋼

　マルテンサイト系ステンレス鋼の代表的な材種には，SUS410 のほかに SUS410S，SUS403 などがある。このマルテンサイト系ステンレス鋼は焼入硬化性があり，溶接したままでは硬く，かつ脆くなる。炭素の含有量が多くなるほど硬度が増し，また，拡散性水素に起因する遅れ割れの発生がある。

　したがって，溶接を行う場合は，普通 200℃～400℃で予熱を行い，溶接中のパス間温度も 200℃～400℃を保持する。溶接後は 700℃～790℃で溶接後熱処理（PWHT）を行い，遅れ割れを防止するとともに，溶接金属の延性の回復を図る必要がある。

〔2〕フェライト系ステンレス鋼

　フェライト系ステンレス鋼の代表的な材種には，SUS430 のほかに SUS434n などがある。このフェライト系ステンレス鋼は，マルテンサイト系ステンレス鋼とは異なり，焼入硬化性はなく，熱影響部もほとんど硬化しないが，ボンド部近傍の熱影響部は粗粒化して常温で脆い材質となったり，急冷によって割れることがあり，低温割れを起こす危険性もある。

　溶接を行う場合は 130℃～150℃で予熱を行い，溶接中のパス間温度も 130℃～150℃を保持する。400℃～600℃の徐冷でぜい化（475℃ぜい化）が起こり，600℃～800℃の長時間加熱でもぜい化（シグマ相ぜい化）が生じる。したがって，700℃～850℃で保持後，空冷の溶接後熱処理を一般的に行う。

4.5.3　オーステナイト系ステンレス鋼の溶接

　オーステナイト系ステンレス鋼の代表的なものは，SUS304 のほかに，

SUS316, SUS347, SUS321 などがあり, 非磁性である.

〔1〕ステンレス鋼の溶接材料

被覆アーク溶接棒の規格は, JIS Z 3221：2021「ステンレス鋼被覆アーク溶接棒」で, ミグ用ソリッドワイヤでは, JIS Z 3321：2021「溶接用ステンレス鋼溶加棒, ソリッドワイヤ及び鋼帯」で, フラックス入りワイヤでは, JIS Z 3323：2021「ステンレス鋼アーク溶接フラックス入りワイヤ及び溶加棒」で規定されている.

また, 同じ材質のステンレス鋼を溶接する場合の適用溶接材料の例を**表 4.6**に示す. 詳細は JIS を参照されたい.

〔2〕溶接時の留意事項

オーステナイト系ステンレス鋼は, その特徴を利用して, 原子力, 石油精製, 繊維などプラントのタンクや配管, 熱交換器, 汚水や水処理施設, 厨房機器な

表 4.6　ステンレス鋼に用いる溶接材料の例

ステンレス鋼規格		適用溶材 JIS の種類記号		
JIS 規格	鋼種組成	溶接棒	ティグ・ミグ （ソリッド）	マグ・ティグ （フラックス入り）
SUS 304	18Cr-8Ni	ES 308-16	YS 308	TS 308-FB
SUS 304L	18Cr-8Ni 低 C	ES 308L-16	YS 308L	TS 308L-FB
SUS 304N2	18Cr-8Ni-N	ES 308N2-16	YS 308N2	TS 308N2-FB
SUS 316	18Cr-12Ni-Mo	ES 316-16	YS 316	TS 316-FB
SUS 316L	18Cr-12Ni-Mo 低 C	ES 316L-16	YS 316L	TS 316L-FB
SUS 347	18Cr-8Ni-Nb	ES 347-16	YS 347	TS 347-FB
SUS 321	18Cr-8Ni-Ti	—	—	—
SUS 309S	25Cr-12Ni	ES 309-16	YS 309	TS 309-FB
SUS 310S	25Cr-20Ni	ES 310-16	YS 310S	TS 310-FB
SUS 403 SUS 410	13Cr	ES 410-16	YS 410	
SUS 405	13Cr-Al	(ES 309-16)[*1]	(YS 309)[*1]	
SUS 430	17Cr	ES 430 (ES 309-16)[*1]	YS 430 (YS 309)[*1]	TS 430NB-FC (TS 309-FB)[*1]

備考　*1 熱サイクルが激しい場合や, Ni を嫌う環境には適さない.

どに広く使用されている。他の2種類のステンレス鋼と比較して溶接性にすぐれているが，留意すべきいくつかのポイントがある。

その一つが，「粒界腐食」である。500℃～800℃に長時間加熱されるとオーステナイト粒界にクロム炭化物が析出するため，近傍のクロムが減少しその部分が腐食されやすくなる現象である。溶接熱影響部の最高到達温度は，溶融境界部（ボンド部）からの距離により溶融温度から室温まで変化する。当然500℃～800℃に加熱される領域が存在し「粒界腐食」の危険がある。この領域に発生する腐食のことを「ウェルドディケイ」という。対策としては，低炭素ステンレス鋼（SUS308L,SUS316L）やチタン，ニオブなどのクロムより炭素と結びつきやすい元素を添加した安定化ステンレス鋼（SUS321,SUS347など）を使用する。

この領域の幅は，溶接入熱が大きいほど広くなる。パス間温度管理（目安として150℃以下）や入熱管理（目安として20 kJ/cm以下）が重要である。

そのほか，オーステナイト系ステンレス鋼には，一般の炭素鋼と比較して大きく異なる物理的性質がある。**表4.7**に示すが，溶接時のひずみや変形が大きいこと，加熱矯正が難しいことなどを充分考慮し，溶接を行うことが重要である。

表4.7　ステンレス鋼の物理的性質と溶接の特徴

	熱伝導率 (W/m・℃) (熱の伝わりやすさ)	熱膨張係数 (10^{-6}/℃) (温度変化に伴う膨張・収縮の度合)	比電気抵抗 (10^{-8} Ω・m) (電気の通りにくさ)	磁性 (磁石につくかつかないか)
炭素鋼	約50	約11	15	有
オーステナイト系ステンレス鋼	約16	約18	72	無
溶接の特徴	・裏波溶接では裏ビードが出やすい。 ・立向溶接ではビードが垂れやすい。	・溶接時の変形やひずみが大きい。	・被覆アーク溶接棒では，心線が高温になり（棒焼けという），被覆剤が劣化する。「棒焼け」防止のため，適正電流の上限が低い。	・磁粉探傷試験ができない。 （溶接金属はフェライトを若干含むため，ワイヤは加工による組織変化のため，やや磁性がある。）

〔3〕溶接実施時の注意

　突合せ裏波溶接ではバックシールドガスが必要で，板の場合は裏側の溶接線を覆うジグを用い，パイプの場合はパイプ内部全体，又は溶接線近辺のみを覆うジグを用いて，アルゴンを流す。

　このような方法で溶接を行い，裏面溶接金属の酸化を防止するが，あまり多くの裏ガスを流すと裏面の溶接金属がバックシールドガスの圧力で陥没するので，その流量に注意する必要がある。

〔4〕溶接後の処理

　溶接後の処理には，溶接部の清掃，ひずみ取り，補修溶接，熱処理などがある。溶接後には，必ず溶接部をステンレス製のワイヤブラシ（鉄製のワイヤブラシではもらい錆が発生する）などでブラッシングし，溶接欠陥の有無を確認する。

　薄板で溶接ひずみが発生した時には，加熱急冷法（点加熱法），ローラかけ，ピーニング法などで矯正する。

　オーステナイト系ステンレス鋼は，冷間加工の場合にのみ硬化し，熱処理では軟化するため，溶接部は溶接熱で軟化した組織となっている。また500℃〜800℃に加熱された箇所では，結晶粒界にクロム炭化物が析出して粒界腐食の原因にもなるので，完全なオーステナイト組織にするために熱処理を施すが，これを固溶化熱処理といい，1,100℃〜1,150℃で加熱急冷させる方法を採っている。

4.5.4　二相ステンレス鋼の溶接[3)4)5)]

　二相ステンレス鋼は，フェライト相とオーステナイト相をほぼ同程度含み，微細な二相混合組織となる。フェライト系ステンレス鋼の靭性の弱点を改善し，オーステナイト系ステンレス鋼の高価な合金であるニッケルの添加量を減らしつつ高耐食性を維持し，さらに高強度を図った経済性に優れた高性能ステンレス鋼である。短所として，性質の異なる二つの相がバランスを保っているため高温では金属組織が不安定になり，300℃以上の長時間使用には不向きである。

二相ステンレス鋼は，孔食の発生に対する抵抗性（耐孔食性指数）のレベルにより省合金（リーン），標準，スーパー二相ステンレス鋼に大別される。

　二相ステンレス鋼は，高い耐食性と高強度の特徴を活かした適用例が多く，化学プラントや石油精製機器，排煙脱硫装置やごみ焼却装置，海水配管や水門などの港湾河川施設，食品用タンクなどに広く活用されている。二相ステンレス鋼には，オーステナイト系と同様に，ティグ溶接，被覆アーク溶接，ミグ・マグ溶接，サブマージアーク溶接などほとんどの溶融溶接方法が適用できる。ただし溶加材を使用しない溶接法では，後述する溶接金属のフェライト量過多の問題があり，用途が制限される。

　二相ステンレス鋼の溶接上の問題点は，溶接部においてフェライト／オーステナイト相比がフェライト相過多となり適正範囲から逸脱しやすいことである。窒素含有量の多い標準二相ステンレス鋼では，フェライト過剰組織による実用上の問題は大きくないが，窒素含有量が少ない鋼では，溶接部における靭性や耐食性の低下が顕著である。高合金であるスーパー二相ステンレス鋼では，金属間化合物の析出によるシグマ相ぜい化や475℃ぜい化による溶接部の靭性低下やクロム窒化物の析出による耐食性の低下が問題になりやすい。一方，省合金二相ステンレス鋼では，シグマ相ぜい化や475℃ぜい化は実用上問題とはならず，溶接熱影響部におけるクロム窒化物の析出による耐食性の低下が危惧される。

　二相ステンレス鋼の溶接材料は，基本的に母材と同成分系であるが，溶接金属のフェライト／オーステナイト相の比が1：1となるように，溶接材料のニッケル含有量は母材に比べて2%～4%程度高めとなっている。また，ティグ溶接では溶接金属中の窒素の歩留まりを維持するため，アルゴン＋2%～5%程度窒素混合ガスをシールドガスに用いることが推奨されている。

4.6　アルミニウム合金の溶接

4.6.1　アルミニウム合金の種類と用途

　アルミニウムは，軽くて熱や電気の伝導性が良く，耐食性・耐候性に優れて

いるなどの特徴を持つ金属で，鉄に次いで多く用いられている金属である。純アルミニウムは引張強さが 100 N/mm² 以下なので用途が制限されるが，アルミニウム合金はいろいろな元素を添加して強度を高め様々な分野で用いられている。また柔らかく加工しやすい，低温靭性に優れているなどの特徴もあり，輸送機器，家庭用品，電気機器など適用用途は広い。

表 4.8 はアルミニウム合金の分類を示す。非熱処理合金と熱処理合金に大別され添加元素の種類によって 4 桁の番号が付けられている。非熱処理合金は添加元素の固溶硬化や加工硬化で，熱処理合金は析出硬化で，それぞれ強度を高めている。

アルミニウム合金の種類と特徴は次の通りである。
① 純アルミニウム系（1000 系）：強度は低いが耐食性，加工性，溶接性がよく，導電体，電気器具，家庭用品，食品工業用などに使用されている。
② Aℓ－Cu 系（2000 系）：一般にジュラルミンの名称で知られる高強度材で，航空機，トラックなどに使用されている。耐食性，溶接性に劣る。
③ Aℓ－Mn 系（3000 系）：1000 系より強度が高く，耐食性，加工性，溶接性も劣らない。建築材料，容器，厨房器具など広い用途に使われている。
④ Aℓ－Si 系（4000 系）：溶融状態での流動性がよく，凝固割れも起こりにくいので，鋳物として利用されている。溶接ワイヤなど溶加材としても用いられている。
⑤ Aℓ－Mg 系（5000 系）：比較的強度も高く靭性も良好で，溶接性もよい。車両，船舶，低温液化ガスの貯槽など，溶接構造用材として広く使用されている。

表 4.8 添加元素別材種分類表（展伸材）

熱処理の区分	主要添加元素別	JIS 記号	代表的材料記号
非熱処理合金	Al　99.0%以上 Al-Mn（マンガン）系 Al-Si（けい素）系 Al-Mg（マグネシウム）系	1××× 3××× 4××× 5×××	1050, 1100, 1200 3003 4043 5052, 5056, 5083
熱処理合金	Al-Cu（銅）系 Al-Mg-Si 系 Al-Zn（亜鉛）系 ｛Cu を含む 　　　　　　　　　　　Al-Zn-Mg 系	2××× 6××× 7××× 7×××	2014, 2017, 2024, 2219 6061, 6063 7075 7003

⑥ Aℓ−Mg−Si系（6000系）：耐食性がよく，押出しなどの加工性に優れているため，車両や建築物で窓のサッシなどに多く使われている。溶接部は軟化して強度が下がる。
⑦ Aℓ−Zn系（7000系）：Cuを含むものと含まないものがあり，前者は高強度であるが，溶接性が悪く耐食性も劣る。航空機に使われている。後者は，溶接性，耐食性ともに中程度で，溶接部の強度が時間とともに母材に近い程度まで回復する性質がある。溶接構造用材として使われている。

4.6.2 アルミニウム合金溶接の特徴

アルミニウムは，表4.9に示すように鋼材と異なる性質を示し，その溶接には，次のような特徴がある。
① アルミニウムの融点は約660℃で鋼材より大幅に低いが，その表面を覆っている酸化皮膜の融点は2,000℃以上と高いため，溶接の前にこの酸化皮膜を除去する必要がある。
② 溶融したアルミニウムはとても活性なので，溶接中は不活性ガスでシール

表4.9　アルミニウムと軟鋼の物理的性質の比較[6] 改編

物理的性質	アルミニウム (A)	軟鋼 (B)	A/B（概略）	アルミ溶接の特徴
比重	2.7	7.9	1/3	アルミは鉄の約1/3の軽さ
融点 (K)［℃］	933［660］	1,797［1,524］	1/2.5	
比熱 (J/g·K)	1.04	0.65	1.5	溶接に要する熱量は多く，しかも急速に与える必要がある。
熱伝導度 (W/m·K)	247	81.5	3	
線膨張係数 293K (10^{-6}/K)	24	12	2	溶接変形を起こしやすい
弾性係数 (GPa)	70	210	1/3	
固有抵抗 (pΩ·m)	114.5	458	1/4	
電導度 (％)	62	15.5	4	アルミの酸化皮膜は融点（2,000℃以上）が高く，溶接にはクリーニング作用が必要
酸化皮膜	Al_2O_3	Fe_2O_3	—	

J：ジュール，K：ケルビン

ドしなければならない。
③　熱伝導度が鋼材の約3倍であり，熱の拡散が速く，局部加熱が難しい。また，一度溶け出すと融点が低いので溶落ちが起こりやすい。
④　熱膨張係数が鋼材の2倍であり，溶接によるひずみが大きい。
⑤　溶融したアルミニウムには水素が溶け込みやすく，ブローホールが発生しやすい。
⑥　アルミニウム合金の種類によって溶加材（ワイヤ）の種類を選択する必要がある。アルミニウム合金の溶接材料の規格は，JIS Z 3232：2009「アルミニウム及びアルミニウム合金の溶加棒及び溶接ワイヤ」で規定され，ティグ溶加棒はAxxxx-BY，ミグ用ワイヤはAxxxx-WYで表示されている。銅を含む2000系のように共金のアーク溶接が困難なアルミニウム合金もある。
⑦　溶接金属の強度は母材よりも低くなるため，継手効率（7.8.1項参照）は100％以下になる。

4.6.3　アルミニウム合金の溶接とクリーニング作用

　アルミニウム合金の溶接には，ミグ溶接とティグ溶接が用いられるが，いずれの方法でも酸化皮膜を除去する手段として，アークのクリーニング作用を活用する。
　アークのクリーニング作用とは，不活性ガス中で電極がプラス（陽極）・母材がマイナス（陰極）の時，アークの作用によって母材表面の酸化皮膜が取り除かれる現象で，アルミニウムの溶接には不可欠である。ミグ溶接では直流電源を使用し，電極（ワイヤ）プラスで行うので（3.1.1項参照），溶接時にはクリーニング作用が発生していて酸化皮膜は取り除かれている。しかしティグ溶接の場合には，電極がプラスではタングステン電極に加えられる熱量が極めて大きく，電極は溶融しやすくわずかの電流しか流すことができない。そこで交流電源を用いることにより，電極プラスの時はクリーニング作用を利用し，電極マイナスの時は集中した指向性の強いアークが得られることにより，アルミニウム合金のティグ溶接を可能としている。**写真4.2**にティグ溶接時のクリーニングされた様子を示す。

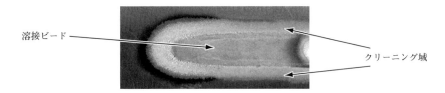

写真 4.2　アルミニウム合金のクリーニング作用

4.6.4　アルミニウム合金の溶接法

アルミニウム合金のミグ溶接とティグ溶接時には下記のことに注意する。

〔1〕ミグ溶接

① 開先面の脱脂を十分行い，アルミ専用のステンレス製ワイヤブラシで開先面を磨く。
② ワイヤを通すライナーには，アルミ用のテフロン製ライナーを使用する。
③ ワイヤ送給装置はアルミ専用の送給ローラを使用し，ワイヤへの加圧力を適切に調整する。
④ 小電流・中電流域では直流パルスアーク溶接が多く使用される。
⑤ スタート部は母材温度が低いので，バックステップスタート法で行う。
⑥ 溶接は前進法で行う。後進法はシールド性が劣りブローホールなどの原因となる。
⑦ クレータ部は必ずクレータ処理を行って，凹みを埋める。

〔2〕ティグ溶接

① 溶接機は交流ティグ溶接機を用いる。
② 開先面の脱脂を十分行い，アルミ専用のステンレス製ワイヤブラシで開先面を磨く。
③ アークスタート時には，高周波の火花放電を利用するため，電磁ノイズが発生する。この電磁ノイズはインバータ制御の溶接機ではスタート後不要なので止まるが，サイリスタ制御の交流アーク溶接機では高周波ノイズは継続しているので注意する。

④ スタート部では，まず溶融池を十分大きくする。
⑤ 溶融池が確認できたら，溶融池の先端部に溶加材を挿入していく。溶加材はアークで溶かすのではなく，溶融池に入れて溶かしていく。
⑥ スタート部近辺では，熱伝導が早く母材温度が上がりにくいので溶接速度もゆっくりだが，少し溶接が進むと母材の溶け方が速くなるため，次第に溶接速度を速くする。
⑦ クレータ部は必ず埋める。
⑧ アフタフローは溶融金属の保護や冷却の他，タングステン電極の酸化防止も兼ねるので，電極径に応じた時間行う。

4.6.5 アルミニウム合金のアーク溶接時の留意事項

〔1〕ブローホール対策

ブローホールは溶融金属に溶け込んだ水素が金属凝固時に気体化し発生する。アルミニウム合金中の水素の溶解度は液相から固相に変わると約 1/20 に激減し，また，母材の熱伝導性が高く凝固速度が速いため，水素は溶融金属から放出されずブローホールとなりやすい。ブローホールの発生防止には溶融金属に水素が入らないよう，次の対策が重要である。
① 溶接材料の取扱い：材料は乾燥した場所で，防塵，汚れ防止のためポリエチレン袋に入れ保管する。素手や汚れた手袋では扱わず，きれいな手袋を使用する。
② 母材の取扱い：溶接直前に有機溶剤（アセトンなど）で表面の油脂を取り除く。溶接部の表面の酸化被膜を機械的な方法（ステンレス製ブラシなど）で研磨する。また，硝酸や水酸化ナトリウムによる化学的方法もある。
③ 溶接作業場：ほこりや湿気が少ない場所を準備し，清潔に保つ。鋼製品の作業場とは分離する。一般的なエア工具使用によるオイルミスト飛散に注意が必要である。また，大気中の湿分は大きく影響するので，雨よけと防風対策が重要である。
④ 溶接機器：シールドガスの配管はステンレス鋼管を使用し，ホースやトーチ内のチューブはテフロン製を用いて，シールドガスの吸湿を防止する。ア

ルゴンガスの露点は，トーチ出口で－45℃以下に管理する必要がある。
⑤ 溶接施工：タック溶接ののど厚は初層ビードののど厚程度とし，タック溶接部の黒粉，酸化皮膜は取り除く。横向や上向姿勢ではブローホールが発生しやすいので，できる限り下向姿勢で溶接する。特にミグ溶接では始終端部に溶接欠陥が生じやすいので，タブ板を用いて溶接の始終点をタブ板に置くのがよい。

〔2〕 高温割れ対策

アルミニウムは熱膨張係数が大きいだけでなく凝固時の収縮も大きいので，凝固直後に高温割れ（凝固割れ）が発生しやすい。ビード縦割れは，ルート間隔が広い場合や，ヘリ継手，角継手など溶着量が少なくビード形状が偏平な時に生じやすいので，ルート間隔の管理，溶着量の増加及び拘束を少なくするなど配慮が必要である。また，多層溶接の時には，次層の溶接熱により前層の粒界が局所的に溶融し，その時に引張応力が粒界に作用し，溶融液体と接する粒界が開口するミクロ割れ（液化割れ）が懸念されるので，層間温度を70℃以下に管理することも行われる。ミクロ割れは光学顕微鏡で観察する微細な割れの呼称である。

〔3〕 その他

アルミニウムに鉄粉が付着すると耐食性を損なう。それで，アルミニウム合金の溶接場所は鉄鋼の加工場所から隔離した環境がよい。また，使用するワイヤブラシはステンレス製のブラシを用いる。

4.6.6　アルミニウム合金の摩擦攪拌接合（FSW）

アルミニウム合金の接合手段として，アークによる溶融接合の他にアルミを摩擦熱で軟化させて攪拌し接合する手段（摩擦攪拌接合）も用いられる。摩擦攪拌接合は**図4.15**のとおり，接合ツール先端のピンを接合部に押し当てて高速回転させ，その時生じる摩擦熱で軟化している部分が一体化される接合方法である。

摩擦攪拌接合の特徴を以下に記す。

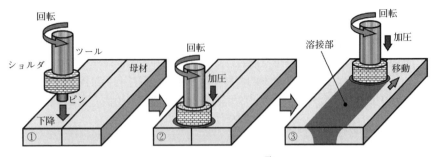

図 4.15 摩擦撹拌接合[7)]

（6000系アルミニウム合金，厚さ：2mm）

写真 4.3 摩擦撹拌接合とアーク溶接の溶接変形の比較[8)改変]

① 接合部が溶融温度まで達していないので，熱影響が少なくひずみが抑えられる。（**写真 4.3** 参照）
② アーク溶接が困難な 2000 番系や 7000 番系のアルミニウム合金の接合が可能である。
③ 溶接ワイヤ（溶加材）やシールドガスなどの消耗品が不要である。
④ 接合中にアーク光がなく，またヒュームの発生もなく作業環境が良い。
⑤ 直線や緩やかな曲線部のみへの対応に限られ，複雑な接合部には対応できない。
⑥ 接合部にギャップや目違いがあってはならない。
⑦ 接合時には，材料を強固に固定しなければならない。
⑧ 一般に接合終端部には接合ピンの孔が残る。
などがあげられる。

《引 用 文 献》

1) 日本溶接協会出版委員会編：新版 JIS 手溶接受験の手引, 2018, 産報出版

2) 溶接学会編：溶接・接合便覧，1990，丸善
3) 小川：二相ステンレス鋼の発展と最近の動向，2015，WE-COMマガジン第17号 日本溶接協会HP
4) 岡崎：二相ステンレス鋼の溶接，2015，WE-COMマガジン第17号 日本溶接協会HP
5) 化学機械溶接研究委員会：二相ステンレス鋼の溶接施工ガイドライン，2017，日本溶接協会
6) （一社）軽金属溶接協会：アルミニウム［合金］のイナートガスアーク溶接入門講座，2012
7) 溶接学会・日本溶接協会編：新版改訂 溶接・接合技術入門，2019，産報出版
8) 岡村他：アルミニウム合金の摩擦撹拌接合と構造物への適用，軽金属 50-4(2000)，166-172

《参 考 文 献》

4.1　ダイヘン：ティグ溶接法の実際
4.3　横尾ほか：ティグ溶接入門，2012，産報出版
　　岡田ほか：現代溶接技術大系（36）やさしいティグ溶接，1980，産報出版
4.5　溶接学会：溶接技術の基礎，1996，産報出版
　　大森ほか：溶接技術シリーズ（10）ステンレス鋼・耐熱鋼溶接のかんどころ，1969，産報

《本章の内容を補足するための参考図書》

三田：はじめてのティグ溶接，2012，産報出版
日本溶接協会編：新版ティグ溶接法の基礎と実際，1992，産報出版
日本溶接協会出版委員会編：新版JISステンレス鋼溶接受験の手引，2019，産報出版
ステンレス協会規格 SAS 801-1988：増補改訂ステンレス鋼溶接施工基準

第5章　自動溶接・ロボット溶接

5.1　サブマージアーク溶接

5.1.1　サブマージアーク溶接の原理と特徴

　サブマージアーク溶接とは，図 5.1 に示すように，溶接ワイヤを先行して散布される粒状のフラックス中に送り込み，溶接ワイヤの先端と母材の間でアークを発生させ，アーク長を一定に保ちながら行う自動溶接法である。アークがフラックス中に潜っていて外から見えないところから，潜弧溶接ともよばれていた。

　ワイヤはコイル状に巻かれており，ワイヤ送給装置によって自動的に溶接部に供給される。フラックスはアーク及び溶融金属を覆い，大気から保護すると

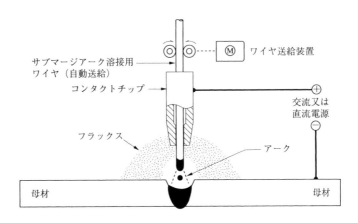

図 5.1　サブマージアーク溶接の原理

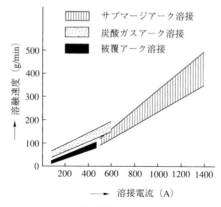

図 5.2　各種溶接法の溶融速度

ともに，アークを安定させる。また，アーク熱に直接触れる部分は溶融してスラグとなり，溶融金属と反応して健全な溶接金属をつくる。さらに，溶融金属の凝固時にはスラグがビード全体を包み込み，均一で美しいビードとなる。

サブマージアーク溶接には次の長所がある。
① 大電流を使用するため，図 5.2 に示すように，ワイヤの溶融速度が大きく，溶込みも深く，厚板を高速に溶接できる。
② 溶接材料費が比較的安く，高速溶接により工数削減が見込める。特に厚板溶接においてコスト面で有利になる。
③ 作業者の技量によらず，安定したビード形状が得られる。
④ アークがフラックスで覆われ，アーク光に対する遮光対策が不要である。
⑤ 風の影響を受けにくい。

一方，短所としては次の項目があげられる。
① 粒状のフラックスを使用するため，溶接姿勢は原則として下向，横向及び水平すみ肉に限られる。
② 機器の可搬性，融通性が低いため，小物の溶接や断続溶接あるいは複雑な形状の溶接には適していない。
③ 開先精度が悪いと，溶接中に溶落ちの原因となる。
④ 溶接入熱が過大になると，熱影響部の軟化やぜい化を生じることがある。
⑤ 溶接機のほかに走行台車や操作盤などが必要で設備費が高くなる。

5.1.2 サブマージアーク溶接装置

サブマージアーク溶接機は，図 5.3 に示すように，ワイヤ送給，フラックス供給，溶接条件制御，ノズルアッセンブル，走行台車の機器で構成され，そのほかに溶接電源やフラックス回収装置などにより構成される。

溶接ワイヤは，送給電動機で駆動するワイヤ送給ローラによって連続的に送られ，溶接電流は溶接電源から溶接ケーブル，コンタクトチップを通じて溶接ワイヤに給電される。制御装置，フラックスホッパ，ワイヤ送給装置，ワイヤリールなどを搭載した走行台車は溶接線に沿って自走し，フラックス中でアークを発生させながら溶接を進める。

制御装置では，溶接電流とアーク電圧の調整，アーク長の制御，走行速度の設定などを行う。フラックスはホッパからホースで導かれ，ワイヤに先行して溶接線に沿って散布され，溶接後に溶融しなかったフラックスは，吸引式のフラックス回収装置で回収され，再使用される。

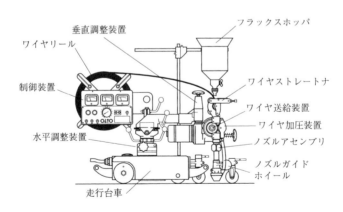

図 5.3　サブマージアーク溶接装置

〔1〕溶接電源

サブマージアーク溶接では，交流電源と直流電源の双方を用いるが，わが国では交流電源が使われることが多い。これは，電源トランスが低価格であるこ

と，及び交流の方がアークの磁気吹きが起こりにくい理由からである。一方，直流電源ではアークの再点弧がなく，低い電圧まで溶接が安定する。そのため，アークの安定度の良くないフラックスを用いる場合や，多電極の先行電極として組み合わせて溶込みを深くする場合などに直流電源を用いる。

ϕ 3.2mm を超える太径ワイヤを使用するサブマージアーク溶接では垂下特性又は定電流特性の交流電源や垂下特性の直流電源が使用される。この場合，アーク長制御として，アーク電圧の変化を検出しワイヤの送給速度を制御する「アーク電圧フィードバック方式」が利用される。

一方，細径ワイヤを使用する場合には，定電圧特性の直流電源が使用され，マグ溶接と同様にワイヤは定速送給され，電源の自己制御作用（3.1.4項参照）によりアーク長は制御される。薄板の突合せ溶接や小脚長のすみ肉溶接では，この方式が利用される。

〔2〕多電極サブマージアーク溶接法

サブマージアーク溶接は単電極でも高能率な溶接法であるが，複数の電極を配置し，各電極から同時にアークを発生させる多電極法は，さらに溶着効率が高くなる溶接法である。多電極サブマージアーク溶接法は，先行極と後行極を直列に並べた2電極タンデム方式が適用されている実例が多い。鉄骨ボックス柱では，2電極サブマージアーク溶接機2台を使い，角継手を同時に溶接している。また，造船では，大きな鋼板同士の板継ぎ溶接に3電極タンデム方式サブマージアーク溶接法が適用されている事例もある。

多電極交流サブマージアーク溶接法の場合，アーク間に作用する電磁力によってアークが相互干渉するのを抑えるため，1次側供給電源の位相をずらした結線が施される。位相差60度のV結線や位相差120度の逆V結線が使用されることが多い。設備の移動などで1次側結線を外す場合には，もとの位相に結線を戻さないと，アークの状態が変化するので注意が必要である。

先行極に直流電源，後行極に交流電源を組み合わせるタンデム方式も使用されることが多い。直流の先行極により深い溶込みが得られ，アークの干渉も抑えられる特徴がある。

5.1.3 サブマージアーク溶接材料

サブマージアーク溶接は溶込みが深く，溶接金属の性質は母材の化学成分の影響を大きく受けるが，ワイヤとフラックスの組合せによっても左右される。

したがって，要求される品質，溶接方法及び溶接後の処理などをよく検討した上で，溶接材料を選択する必要がある。

〔1〕溶接ワイヤ

サブマージアーク溶接用の溶接ワイヤは用途別に，①軟鋼・高張力鋼用，②ステンレス鋼用，③肉盛用に大別され，それぞれワイヤ成分はJISで規定されている。またワイヤ径は，軟鋼・高張力鋼用では直径，ϕ 1.6 mm から ϕ 6.4 mm，ステンレス鋼用では ϕ 2.0 mm から ϕ 4.8 mm が多く使用され，これらのワイヤサイズに対する一般的な使用電流範囲を**表 5.1** に示す。

一方，肉盛用にはステンレス鋼帯状電極があり，厚さ 0.4 mm ×幅 50 mm や 0.4 mm × 75 mm などが用いられ，原子力発電設備，化学プラントや圧延ロールなどの耐食肉盛溶接に用いられる。

表5.1 ワイヤ径と使用電流範囲

ワイヤ径（mm）	2.4 以下	3.2	4.0	4.8	6.4
使用電流範囲（A）	400 以下	300 ～ 500	350 ～ 800	500 ～ 1100	700 ～ 1600

〔2〕フラックス

サブマージアーク溶接用フラックスは，アークの安定化，脱酸，脱硫などの冶金反応，ビード形成を容易に美しくする，合金元素の調整，など重要な役割があり，使用目的に合ったフラックスを選ぶ必要がある。フラックスはその製造方法により，溶融フラックスとボンドフラックスに分類できる。溶融フラックスは，一般にガラス質のため吸湿性はほとんどなく使用しやすいが，フラックスから合金成分を添加することができないので，母材に適したワイヤと組み合わせて使用される。ボンドフラックスはフラックスに炭酸塩や合金成分を添加し，溶接金属の性質を調整することができるが，非常に吸湿しやすいため，

使用前に200℃〜300℃で1時間程度の乾燥が必要である。

〔3〕ワイヤとフラックスの組合せ

ワイヤとフラックスの組合せは，溶着金属の諸性質やビード外観，作業性に大きな影響を及ぼすため，その選択にあたっては，母材の性質及び溶接部に要求される性能，板厚，開先形状，溶接条件などを考慮する必要がある。したがって，ワイヤとフラックスの組合せは溶接材料メーカのカタログや技術資料を参考にして選定する。

5.1.4　サブマージアーク溶接の施工要領と留意点

〔1〕溶接条件の影響

Ⅰ形及びⅤ形（ルート面寸法の大きいⅤ形開先を俗にＹ形開先とよぶことがある。）開先の突合せ溶接における溶接電流が，ビード断面形状に及ぼす影響を図 5.4 に示す。電流が低いと，溶込み深さ，余盛高さ，ビード幅などが不足し，電流が高すぎると，梨形ビードになり高温割れを起こしやすい。

アーク電圧が低いと溶込みが深く，ビード幅の狭い梨形ビードになりやすく，割れを発生させることがある。電圧が高くなると，溶込みが浅くビード幅が広

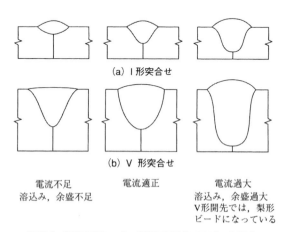

図 5.4　溶接電流のビード断面形状に及ぼす影響[1]

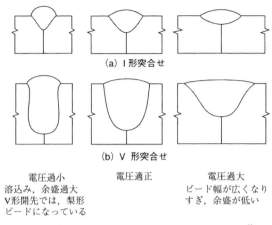

図 5.5 アーク電圧のビード断面形状に及ぼす影響[1]

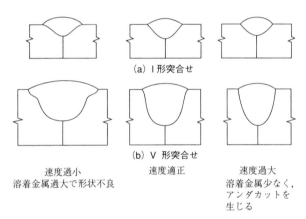

図 5.6 溶接速度のビード断面形状に及ぼす影響[1]

がるため余盛不足になりやすい。図 5.5 に，アーク電圧がビード断面形状に及ぼす影響を示す。

　一般的には溶接速度を遅くすると，大きな溶融池が形成され，ビードが偏平になり，余盛が多く，オーバラップになりやすい。逆に溶接速度を速くすると，ビード幅が減少し，凸形のビード形状となり，さらに高速になるとアンダカットを生じる。図 5.6 に，溶接速度がビード断面形状に及ぼす影響を示す。

　溶接電流，電圧，速度を一定にして溶接した場合でも，ワイヤ径が異なると

ビード形状, 溶込み深さは変化する。一般にワイヤ径が細い方が深い溶込みとなる傾向がある。

〔2〕施工条件の影響

(1) 開先形状

開先角度が広いと溶込みは深くて溶接条件範囲も広く, 狭いと逆の傾向となる。また, ルート面が小さい場合には溶落ちの危険性があるため, シーリングビードが必要となり, 逆に大きい場合には裏面溶接で深い溶込みが必要とり, 裏はつり量が多くなる。

(2) ワイヤの傾斜角度

ワイヤを溶接方向に対して前後に傾斜させると, ビード形状が変化する。後退角では溶込みは深くなり, ビード幅は狭くなる。また, 前進角では溶込みは浅く, 幅広のビード形状となる。

(3) フラックスの散布高さ・粒度

フラックスの散布高さは通常 25 mm 〜 40 mm 程度で, アークがフラックスの粒子間又は電極の周囲に見えるか見えない程度がよい。フラックスが浅すぎると, 裸アークになりやすく, ビード外観が悪くなる。フラックスが深すぎると, 溶融金属付近でガスの噴出が間欠的に発生し, ビード表面は粗く, 波を打ったようになり, やはりビード外観が悪くなる。

フラックスにはいろいろな粒度 (メッシュサイズ) のものがあり, 一般的に小電流の時は粗粒のものを用い, 電流が増すとともに細粒のものを用いる。同一溶接条件では細粒のものほどビード表面が平たく, 溶込みが浅くなる傾向になる。

フラックスは回収・再使用が可能であるが, 繰り返し使用したフラックスは粒度が変化したり錆や異物が混入するおそれがあるため, 消耗分を補ったり定期的に新しいフラックスに交換したりする必要がある。

〔3〕溶接準備

(1) 母材の準備と開先加工精度

サブマージアーク溶接では, 母材の希釈が大きく, 母材成分が溶接継手性能に及ぼす影響が大きくなる。開先形状を決めるには, テストを繰り返し, 継手性能の確認を行うことが必要である。また, 開先加工は機械加工や自動ガス切

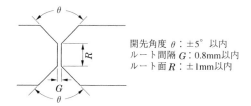

図5.7 サブマージアーク溶接で要求される開先精度[1]

表5.2 サブマージアーク溶接のタック溶接[1]

板厚 t (mm)	ピッチ (mm)	ビード長 (mm)
$t \leqq 25$	300〜500	50〜70
$t > 25$	200〜300	70〜100

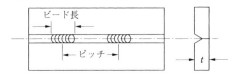

断などを用いて行い,高い開先精度を保つ必要がある.開先精度が悪いと,大電流溶接のため溶落ちなどの不具合が発生しやすくなる.図5.7に開先精度の一例を示す.

(2) タック溶接

タック溶接のビード長とピッチの施工標準の一例を表5.2に示す.タック溶接に際して突合せ継手の開先精度は,図5.7に示した範囲内とする.ルート間隔が0.8 mm以上ある場合には,手溶接や半自動アーク溶接を用いて,あらかじめシーリングビードを置き,溶落ち防止の対策がとられる.

また,継手の両端には必ずタブ板(エンドタブ)を取り付け,ビードの始終端がエンドタブ上にくるようにする.

(3) 開先の乾燥及び清掃

開先内のスケールや錆は,ワイヤブラシでよくこすり落とす.タック溶接後,時間がたち,開先部が湿った場合には,ガスバーナなどで加熱してから溶接するのがよい.ただし,ガスの燃焼により生成された水が開先の隙間に入りブローホールや割れの原因になる場合があるので,ガスバーナで開先を直接加熱する

ことは避ける。

〔4〕溶接施工

サブマージアーク溶接において，一般に数 mm 程度の薄板から 40 mm 程度の厚板まで両面 1 層溶接で施工する。継手形状は，構造物の種類や要求される継手性能によって異なるが，図 5.8 に示す I 形開先，V 形開先，X 形開先を板

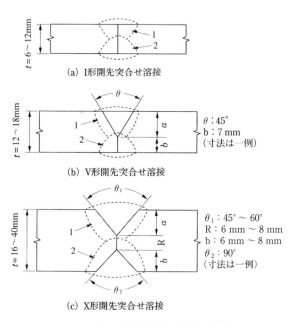

図 5.8 板厚別の代表的な開先の例[1]

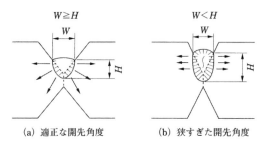

図 5.9 開先角度の影響[1]

5.1 サブマージアーク溶接　243

(1) ワイヤ先端を溶接線に合わせる。

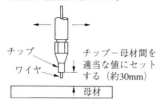

(2) ワイヤ先端と母材にスチールウールを
　　はさみ込む。

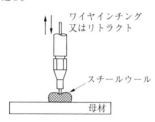

(3) ホッパの蝶バルブを開く。

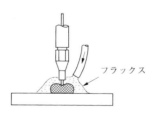

(4) 溶接を始める。

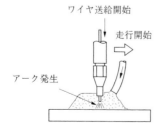

(5) 溶接中。

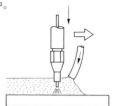

(6) 走行台車の停止。

(7) 溶接終了。ホッパの蝶バルブを閉める。

(8) フラックスの回収を行う。

図 5.10　サブマージアーク溶接の操作手順

厚に応じて採用する。

多層溶接における開先形状には，一般的に V 形開先や X 形開先を用いる。開先角度が狭く，図 5.9 のように，ビード幅 W がビード深さ H よりも小さくなると，溶接金属の中央に梨形割れが発生しやすくなる。

サブマージアーク溶接は，一般的に大入熱の溶接であり，溶接後の冷却速度が遅く低温割れは起こりにくいので，予熱温度を低く設定することができる。ただし，入熱量の制限が必要な材料には，溶接施工条件の選定に注意を要する。サブマージアーク溶接の操作手順を図 5.10 に示す。

5.2 エレクトロスラグ溶接・エレクトロガスアーク溶接

5.2.1 エレクトロスラグ溶接

エレクトロスラグ溶接は，1951 年に旧ソ連のパトン研究所で開発された立向上進溶接法で，日本には 1960 年頃導入されている。

エレクトロスラグ溶接は，図 5.11 に示すように，立向姿勢の突合せ継手において，水冷銅当金と母材開先面で囲まれた矩形状の I 形開先の自動溶接法として開発された。溶接ワイヤはノズルを介して溶融スラグの中に送給され，溶融スラグはワイヤから供給される電流による抵抗熱で高温に保持される。その

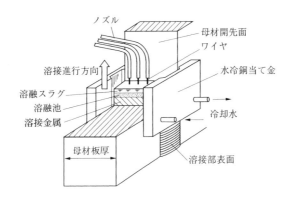

図 5.11　エレクトロスラグ溶接（非消耗ノズル）[2]

溶融スラグによって溶接ワイヤ及び母材開先面が溶融され溶融池が形成され，溶融池の底部が凝固し溶接金属となる。溶接の進行とともに，ノズルと水冷銅当金を上昇させ溶接ビードが形成される。

このように，半自動アーク溶接やサブマージアーク溶接とエレクトロスラグ溶接との大きな違いは，前者はアーク熱による溶融であるのに対して，後者は溶融スラグの抵抗熱による溶融である点である。ただ，スタート時には，エンドタブと溶接ワイヤとの間でアークが発生し，そのアーク熱により事前に散布されたフラックスが溶融し，十分な深さ（約 3 ～ 4 cm）の溶融スラグが形成された後にアークが消滅し抵抗熱により溶融池が形成される。

エレクトロスラグ溶接の長所を次に示す。
① 図 5.12 に示すようなアーク溶接が適用できない狭く深い箇所の溶接が可能である。
② I 形開先の溶接であるため開先加工費が安い。
③ 大きな溶込みとなる溶接であり，開先はガス切断のままでよい。
④ 電極数を増やすことにより超極厚鋼板にも対応できる。
⑤ 溶着効率は 100%に近い。
⑥ スパッタ及びヒュームの発生がほとんどない。
⑦ シールドガスが不要であり，フラックスもスタート時及び補充分だけでよ

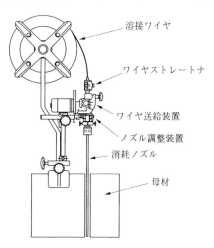

図 5.12　消耗ノズル式エレクトロスラグ溶接法

い。
一方，短所としては次の項目があげられる。
① 溶接姿勢は立向姿勢に限定される。
② 大入熱溶接であり，溶接部のぜい化に注意が必要である。
③ 溶接が途中で中断し，スラグが凝固すると，溶接再開部分の補修溶接に多大な手間を要する。

　エレクトロスラグ溶接には，消耗ノズル式エレクトロスラグ溶接法と非消耗ノズル式エレクトロスラグ溶接法があり，図5.12には消耗ノズル式エレクトロスラグ溶接法を示す。

　消耗ノズル式エレクトロスラグ溶接法では，母材と同じ成分系の鋼製パイプにフラックスが塗布されたノズルが開先内に固定され，ノズルを介してϕ 2.4 mm又はϕ 3.2 mmの溶接ワイヤが送給される。ノズルは溶接の進行に合わせて溶接ワイヤとともに溶融し，ノズル外面のフラックスは溶融スラグの補充となる。消耗ノズル式では溶接電流がノズルを介して供給されるため，ノズルを長くすると抵抗熱により変形し，不均一な形状の溶融スラグとなり溶込不良の原因となるほか，場合によっては母材と接触（短絡）することもある。長所としては，非消耗ノズル式に比べて溶接装置が簡素であることがあげられる。

　一方，非消耗ノズル式エレクトロスラグ溶接法では，溶接の進行とともにノズルは上昇し，ノズルは溶融しない。図5.13に鉄骨ボックス柱のスキンプレー

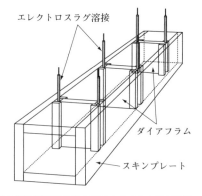
(a) 四面箱形断面柱の内ダイアフラム組立溶接

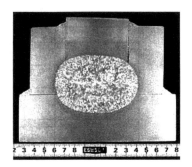
(b) 典型的な溶込み形状

図5.13　鉄骨ボックス柱へのエレクトロスラグ溶接の適用例[3]

表 5.3 エレクトロスラグ溶接の主な溶接欠陥とその原因及び対策[4]

欠陥	原因	対策
ブローホール	1. フラックス中の水分 2. 脱酸不足	1. 乾燥したフラックスの使用 2. 適切なワイヤの使用
アンダカット	1. 溶接電圧が高すぎる 2. 銅当て金の冷却不足	1. 適正電圧の使用 2. 十分に冷却水を流す
オーバラップ	1. 溶接電圧が低すぎる 2. 鋼材面と銅当て金面の間隔が大きすぎる	1. 適正電圧の使用 2. 銅当て金を鋼材に密着させる
ビード幅の不均一	1. 溶接電圧の変化 2. 溶接速度の変化 3. 電極位置の極端な変化 4. スラグもれ	1. 一定の溶接条件で溶接 2. 銅当て金を鋼材に密着させる 3. 適正な電極位置に直す
溶込不良	1. 溶接電圧が低すぎる 2. 電極位置の不適当 3. スラグ深さが過大	1. 適正電圧の使用 2. 適正な電極位置に直す 3. 適正なスラグ深さ（40～60mm）にする
スラグ浴の不安定	1. スラグ深さが過小 2. 溶接電圧が高すぎる	1. 適正なスラグ深さにする 2. 適正な溶接電圧にする

トとダイアフラムとのエレクトロスラグ溶接の一例を示す。ダイアフラムの板厚が 40 mm～60 mm になると，ノズルを左右に揺動させる機能を併用することにより，20 mm～25 mm の開先間隔（ギャップ）のままで，均一な溶込み形状が得られる。また，非消耗ノズル式では，φ1.6 mm の細径ワイヤが使用されており，ワイヤ突出し部の抵抗発熱によりワイヤ溶融速度が増大する。このため，消耗ノズル式に比べて溶接速度が速いことが長所である。

エレクトロスラグ溶接における主な溶接欠陥とその対策を表 5.3 に示す。

5.2.2 エレクトロガスアーク溶接

厚板の立向自動溶接法には，エレクトロガスアーク溶接もある。この方法は，図 5.14 に示すように，エレクトロスラグ溶接と一見同じように見えるが，大きな違いは，エレクトロスラグ溶接ではスラグの抵抗発熱により溶融させるのに対して，エレクトロガスアーク溶接ではアーク熱により溶融させる点にある。

また，エレクトロスラグ溶接と比べると，①開先を狭くできるので，溶接速度が速くなる，②溶接スタート時の溶込不良部が短い，③再スタートはスラグ

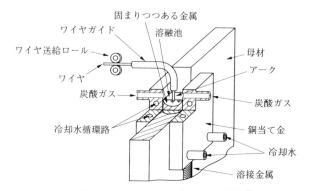

図5.14 エレクトロガスアーク溶接[1]

がほとんどないので比較的容易である，④溶接部がスラグに覆われていないので，溶接部の監視ができる，などの長所がある。

しかし，その反面，①シールドガスを用いるため現場においては，防風対策が必要，②スパッタが発生するので，その対策が必要，などの短所がある。

エレクトロガスアーク溶接では直流定電圧特性の電源や垂下特性の交流電源を用いる。また，ワイヤはフラックス入りワイヤを使用する場合が多い。これは，アークの安定性やビード外観などが，ソリッドワイヤに比べて優れているためである。

この溶接法では，母材と銅当て金で囲まれた所にワイヤが送給され，アーク

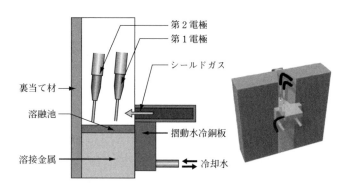

図5.15 2電極エレクトロガスアーク溶接法[5]

熱によりワイヤと母材が溶融し，溶融池が形成される。溶接の進行に合わせてワイヤガイドと銅当て金を上昇させるが，この上昇速度は開先幅の変動に応じて作業者が監視しながら手動で調整するか，光学的に監視し自動的に速度制御する方法をとっている。図 5.15 は，コンテナ船の大型化に伴う船体上部の極厚板化に対応し開発された 2 電極エレクトロガスアーク溶接法の概要を示し，図 5.16 には溶込み形状の一例を示す。エレクトロガスアーク溶接において発生する溶接欠陥とその原因について，表 5.4 に示す。

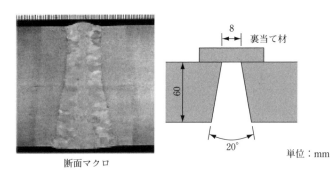

【板厚 60mm の施工例（オシレート装置による 1 電極）】

電流 (A)	電圧 (V)	溶接速度 (mm/min)	入熱量 (kJ/mm)
400	43	26	40

図 5.16　エレクトロガスアーク溶接の溶込み形状[5]

表 5.4　エレクトロガスアーク溶接の溶接欠陥及び発生原因[4]

欠　陥	発　生　原　因
気　孔	シールド不良，開先内の汚れ，ワイヤの吸湿など
溶込不良	電圧の過少，ワイヤねらい位置の片寄りなど
アンダカット	銅当て金の構幅の過少，銅当て金のセンタずれ，銅当て金の密着不良，溶込みの過大，ワイヤねらい位置の片寄りなど
オーバラップ	銅当て金の構幅と深さの過大，銅当て金のセンタずれ，銅当て金の密着不良，ワイヤねらい位置の片寄りなど
ビード表面荒れ	銅当て金に表面の傷，過大電流による溶接速度の上げ過ぎ（特に薄板の溶接に発生しやすい）

5.3 ロボット溶接

5.3.1 溶接ロボットの特徴

アーク溶接作業は，熟練溶接工の不足対策や溶接品質の安定化を目的として，手溶接や半自動アーク溶接の工程に自動溶接が導入されている。その中でも，自動化の一環として，繰返し作業に適し高能率化を目的に溶接ロボットの導入が進められている。

わが国では 1980 年が「ロボット元年」とよばれて以来，いろいろな分野で溶接ロボットが数多く使用されるようになった。ISO 8373 をもとに改正されたJIS B 0134：2024「ロボティクス―用語」では，ロボットの分類がなされていて，溶接ロボットは産業用ロボットに該当する。また，産業用ロボットはその制御方式によって表 5.5 の様に分類され，アーク溶接ロボットは，そのほとんどが教示された軌道を再生運転するロボットである。

産業用ロボットを動作面から分類すると，表 5.6 のようになる。それぞれの代表的な形を図 5.17 に示し，その特色を，表 5.7 に示す。溶接ロボットには，直角座標ロボットや多関節ロボットが用いられることが多い。

表 5.5 産業用ロボットの制御方式による分類（JIS B 0134：2024 より抜粋）

番号	用語	定義
6.5	オフラインプログラミング	タスクプログラムをロボットとは別の装置の上で作成し，その後にロボットに格納するプログラミング方法
6.8	軌道制御	速度パターンをプログラミングすることが可能な CP 制御
6.10	感覚制御	ロボットの運動又は力が外界センサの出力に従って調整される制御方式
6.17	遠隔操作，遠隔操縦	人が離れた場所からリアルタイムでロボットの運動を制御又は操作すること 例 爆弾処理，宇宙ステーションの組立，水中での検査，手術などにおけるロボット操作

表 5.6 機械構造形式による分類（JIS B 0134 : 2024 より抜粋）

番号	用語	定義
4.14.1	直角座標ロボット	三つの直進ジョイントをもち，それらの軸が直角座標系を構成するマニピュレータ 例 ガントリロボット
4.14.2	円筒座標ロボット	少なくとも一つの回転ジョイントと少なくとも一つの直進ジョイントとをもち，それらの軸が円筒座標系を構成するマニピュレータ
4.14.3	極座標ロボット	二つの回転ジョイントと一つの直進ジョイントとをもち，それらの軸が極座標系を構成するマニピュレータ
4.14.5	多関節ロボット	腕に三つ以上の回転ジョイントをもつマニピュレータ
4.14.6	スカラロボット	二つの平行な回転ジョイントをもち，選択された平面内にコンプライアンスを構成するマニピュレータ

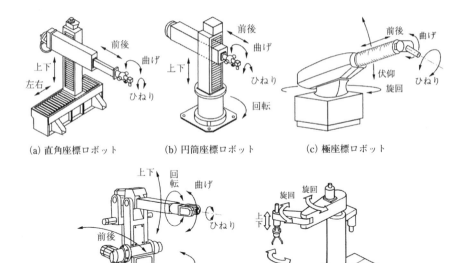

図 5.17 代表的なロボットの形

表5.7 ロボット形式別の特色

形 式	直角座標ロボット	円筒座標ロボット	極座標ロボット	多関節ロボット	スカラロボット
回り込み性	×	×	×	◎	○
動作範囲 本体寸法	△	△	○	◎	○
寿命 コスト	△	△	△	○	○
制御	○	○	○	○	○

溶接作業者に代わり溶接ロボットを使用することによる効果を次に示す。

(1) **生産性の向上**：サイクルタイムの短縮（一つの作業を行う時間が短くなる。），稼働率の向上（設備が稼働する時間が増加する。）
(2) **生産コストの削減**：省力化・機械化（人件費が減少する。），少品種多量生産による効率化（同じ製品の繰返し生産による。）
(3) **品質の安定化**：熟練者の技能を再現（作業者によるばらつきが無くなる。），うっかりミス撲滅（ヒューマンエラーが無くなる。）
(4) **作業環境の改善**：アーク光，ヒューム，輻射熱などの環境下での作業者のばく露を低減，単純繰返し作業からの解放

5.3.2 アーク溶接ロボットの構成

標準的な炭酸ガスアーク溶接ロボットの構成を，図5.18に示す。さらに図5.19に示すように，常に下向姿勢で溶接するようワークの姿勢を変えるポジショナや，ワークやロボットを移動して広い動作範囲を得るスライダを組み合わせ，溶接システムとして使用することも多い。この場合には，ポジショナやスライダもロボットで制御できる構成となっている。また，ミグ溶接，ティグ溶接用の溶接ロボットにおいても，溶接機，ワイヤ送給装置，トーチなどの溶接関係部品は異なるが，ほぼ同じ構成である。

〔1〕マニピュレータ（ロボット本体）

6軸又は7軸の多関節で構成され，溶接トーチのほかに，ワイヤ送給装置や

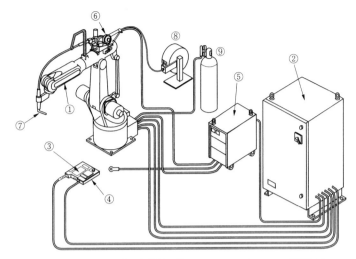

①マニピュレータ　②制御装置　③ティーチングボックス　④操作ボックス
⑤溶接機　⑥ワイヤ送給装置　⑦溶接トーチ　⑧ワイヤリール　⑨ガスボンベ

図 5.18　炭酸ガスアーク溶接ロボットの構成

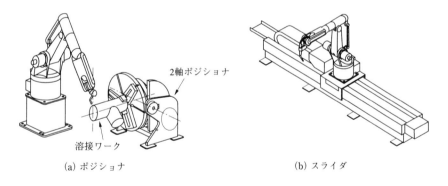

(a) ポジショナ　　　　　　　　　　　(b) スライダ

図 5.19　ポジショナとスライダ

ガス電磁弁もマニピュレータに装着されるものが多い。マニピュレータの設置姿勢は、ほとんどが床置きであるが、使用目的によっては、天吊りや壁掛けで使用する場合もある。溶接トーチが自動運転時に同じ位置に繰返し位置決めする精度は、±0.1 mm 以下がほとんどである。

〔2〕制御装置（コントローラ）

ロボット全体を制御するもので，内部にはパソコンと同等のマイクロコンピュータが内蔵されており，そのほかにサーボ制御回路，入出力制御回路，各種インターフェース回路などで構成される。筐体は完全密閉構造になっており，制御装置の電気容量はサーボモータの制御を含めて 3 kVA〜8 kVA 程度である。また，記憶容量はティーチングポイントにして数万点以上あり，各種の外部記憶装置も使用される。

〔3〕ティーチングボックス（教示ペンダント）

教示作業を行う時に使用するもので，制御装置から 5 m〜10 m の制御ケーブルで接続されている。マニピュレータの近くで操作するので，操作性や可搬性に配慮されたペンダント形が多く，安全のため非常停止ボタンが必ず組み込まれている。このティーチングボックスにはディスプレイ（表示盤）が備えられており，ロボットの様々な情報を得ることができる。

〔4〕操作ボックス

ロボットの基本状態を設定するもので，サーボ電源の「入」「切」や，自動運転のためのモード設定及び自動運転開始のボタンなどが付いている。

〔5〕溶接機

半自動アーク溶接で使用する溶接機を用いる場合と，ロボット専用の溶接機を使用する場合がある。前者の場合は，溶接機とロボット制御装置との間で信号のやり取りを仲介するためのインターフェースボックスが必要となる。後者は目的に応じたロボット専用の溶接機がある。例えば，極低スパッタの溶接や大電流溶接など半自動アーク溶接機では対応できない溶接法を，それぞれ専用のワイヤ送給装置と組み合わせて使用する。

〔6〕ワイヤ送給装置

半自動アーク溶接の送給装置とほぼ同じ機能を持つ送給装置をロボットの上腕軸に固定して使用する。溶接機の機能に合わせて，プッシュプルの送給装置

やサーボモータを使用した送給装置を使用する場合もある。

〔7〕溶接トーチ

自動機用に作られた溶接トーチ（ストレートトーチ，カーブドトーチ）がロボットの形式や目的に応じて用いられる。オペレータの操作ミスでトーチをワークなどに当てることが起こり得るので，ワークにぶつかった時に，ロボット電源を遮断するショックセンサ機能を内蔵した溶接トーチも多い。

5.3.3 ロボットの操作と駆動・制御方法

アーク溶接ロボットの主流であるティーチングプレイバック（教示再生）方式のロボットについて，その操作方法と，ロボットの駆動機構及びその制御方法を説明する。

〔1〕ロボット操作と教示作業

作業者はティーチングボックスを用いてロボットのマニピュレータ（腕）を手動操作で動かし，ロボットの先端に取り付けられた溶接トーチを必要なポイントへ移動させる。

この手動操作は，床上操作式クレーンと同じようなペンダント操作で，「右」ボタンを押している間は右へ，「下」ボタンを押している間は下へトーチが移動する。ただ，クレーン操作は「前後」「左右」「上下」の3方向（3軸）であるのに対して，ロボットは6軸又は7軸で構成されているので，その動きは「前後」「左右」「上下」のほかに，先端部の「回転」「ひねり」「曲げ」などトーチの動きを可能にしている。これらの操作で作業者は，溶接に必要なポイントへ，ロボットのトーチを移動させる。

必要なポイントへ移動させたら，その都度「記憶」のボタンを押し，その位置とトーチ姿勢と移動速度が制御装置（コンピュータ）に記憶される。また，同時に溶接条件（電流，電圧，速度）なども作業データとして記憶させる。

このようにして溶接作業者のトーチと同じ動きを，ロボットのマニピュレータをティーチングボックスで動かし，その軌道を記憶させていく。溶接条件，トーチ角，溶接の順序などの作業者テクニックをそのままロボットに教え込む

ので，溶接作業を熟知したベテランの作業者が操作した方が，良い溶接結果を得られる場合が多い。

こうした自動運転に必要なデータを作る作業のことをティーチング（教示）作業といい，その教示された内容は，プログラムやジョブとよばれる。

このように作成されたプログラムは，制御装置のコンピュータに保存され，電源を切っても消えることはない。そして，必要な時に呼び出して，自動運転開始のボタンを押すことにより，ロボットは自動運転を開始する。このプログラムデータは，突然の故障などで消失する恐れもあるので外部記憶装置などにデータを保管しておく。

〔2〕サーボ制御

ロボットのマニピュレータ各軸は電動機（モータ）で駆動され，このモータはサーボモータが用いられている。

(1) サーボ制御とは

ロボットのサーボ制御の動作原理図を図 5.20 に示す。

制御装置に記憶されていた軌道データは，まず演算器とよばれる計算回路に送られ，各軸のモータの回転速度と回転量が決められる。次に，このデータをコンピュータ特有のデジタル信号から，モータを動かすためのアナログ信号にD/A変換される。

D/A変換されたアナログ信号は，サーボ増幅器を介してモータを駆動する。モータの回転速度や回転量は，後で述べるタコジェネレータ（速度検出器）やエンコーダ（位置検出器）を用いて，制御装置（コンピュータ）からの指令通りに動いているかを，絶えず検出している。

このように，モータの動きを検出して，正確にモータの動きを制御する方法

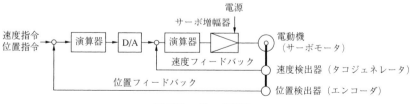

図 5.20　サーボ制御

をサーボ制御という。

最近では，アナログ信号に変換せず，デジタル信号で動かすデジタルサーボ制御も多い。

(2) サーボモータと減速機

産業用ロボットの駆動源として電動機（モータ）に必要な性能は，①小形で大きな出力が得られること，②可逆回転の高速応答性が良いこと，③低速から高速まで広範囲に安定な動作が得られること，④停止時に大きな保持力が得られること，などがあるが，これらの目的のためにDC（直流）サーボモータやAC（交流）サーボモータなどが用いられている。

DCサーボモータは駆動制御回路が比較的簡単であるが，モータへの給電にカーボンブラシを使用し，ブラシの点検やブラシ粉の清掃など定期的なメンテナンスが必要なため，ロボットへの適用は少ない。一方，ACサーボモータはDCモータに比べ制御回路は複雑となるが，カーボンブラシを使用しないためメンテナンスが楽で，また高速，高トルクが得られるモータとして広く用いられている。

しかし，これらモータ単体では，ロボットのマニピュレータを直接動かすには，トルク（回転力）が不足する。そこで，モータとマニピュレータの間に減速機を組み込み，回転数を落としトルクを大きくしてマニピュレータを動かしている。減速機には，平歯車，ウォームギア，ボールネジなどが用いられるが，遊星歯車や波動歯車を用いた特殊な減速機もマニピュレータには使用される。

(3) タコジェネレータ（速度検出器）

タコジェネレータは，**図5.21**に示すように，原理は直流発電機の機能と同じである。モータの回転軸にタコジェネレータを取り付け，モータの回転に応じてタコジェネレータが回転し微弱な電圧が発生する。この電圧をモータの回転速度としてフィードバックし，モータの回転速度が制御される。

しかし，次に述べるエンコーダの信号を利用したモータの速度検出ができるため，タコジェネレータを用いることは少なくなっている。

(4) エンコーダ（位置検出器）

エンコーダとは，モータの回転量を検出するもので，その原理を，**図5.22**に示す。エンコーダ内部にはモータと同期して回転する円盤があり，その円盤上にはスリット（隙間）が細かく設けられている。また，その円盤をはさんで

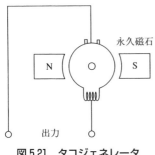

図 5.21 タコジェネレータ

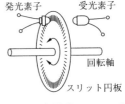

図 5.22 光電式エンコーダ

発光ダイオードと受光素子があり，円盤が回転すると，発光ダイオードからの光が円盤のスリットを通して断続的に受光素子に到達する．この受光素子で検出された光の数を，モータの回転量として検出する．

例えば，円盤上に 500 個のスリットがある場合に 1,000 個の光が検出されたら，モータが 2 回転したことになる．また，時間当たりの光検出数で回転の速度を検出することもできる．これらによりモータの回転量と回転速度を検出しサーボ制御が行われる．

5.3.4 教示方法

具体的なロボットへの教示方法は，各メーカのロボットによって異なるが，一般的にはティーチング作業，ティーチング軌跡の確認，ティーチングデータの編集で構成される．

〔1〕ティーチング作業

ティーチング作業とは，前項でも述べたように，ロボットに必要な動きと作業を教え込むことで，教え込むデータには位置データと作業データがある．

位置データは，ロボット各軸の位置（姿勢）だけでなく，ロボットの移動経路の条件も含めて教示する．例えば，図 5.23 のような移動経路をティーチングする場合には，ステップ①〜③，⑤〜⑦，⑨，⑩が位置データであって，これらの位置データを記憶させる時には移動経路の条件も併せて記憶させる．

移動経路の条件には，移動速度に加えて，溶接ロボットのトーチ先端の軌跡

が直線や円弧の移動経路をとる，直線補間，円弧補間という機能がある。これらは，図 5.24 のように，直線の場合は 2 点，円弧の場合は 3 点を教示すると，プレイバック時には自動的に直線や円弧の軌道が再現される。したがって，図 5.23 の場合，溶接区間の直線と円弧は，それぞれ 2 点（ステップ③⑤）と 3 点（ステップ⑤⑥⑦）を教示する。

作業データとは，溶接開始・終了など自動運転中に必要な条件のデータであって，図 5.23 の場合には，ステップ④で溶接開始信号を，ステップ⑧で溶接終了信号を溶接条件及びクレータ条件とともに入力する。作業データには，その他にロボットと外部機器との入出力信号やウィービング条件，タイマ設定，各種センサ機能選択信号などがある。

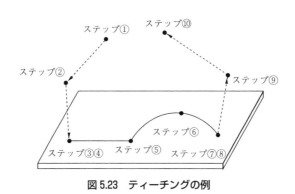

図 5.23　ティーチングの例

(a) 直線補間を行わない場合の軌跡

(b) 直線補間を行う場合の軌跡

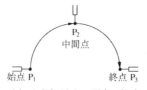

(c) 円弧補間を行う場合の軌跡

図 5.24　補間機能

〔2〕ティーチング軌跡の確認

　ティーチング（教示）には思わぬミスや，忘れがあり得るので，ティーチングした軌跡（移動経路）の確認は，自動運転を行う前に必ず実施する。

　この時にチェックすべき項目は，①溶接ワークやジグとの干渉はないか，②溶接トーチのねらい位置，角度はよいか，③溶接の順番や方向はよいか，④ポイントの入力忘れや入力の重複はないか，⑤溶接条件などのデータに間違いはないか，などである。場合によっては外部ジグ，周辺機器との信号のやり取りも確認する。

　この確認作業において教示内容に間違いがあった場合は，すぐにティーチングデータの修正作業（変更，追加や挿入，抹消や消去）を行うのがよい。これらの確認は，ロボットを安全な低速度で動かしながら行うことができ，簡単にデータ修正ができる。

〔3〕ティーチングデータの編集

　ティーチング軌跡の確認作業が終了したら，次に自動運転の準備を行う。自動運転を行う番号を登録（始動割付）したり，複数のティーチングを組み合わせて自動運転する時には，ティーチングデータをリンク（接続）させたり，溶接条件などの作業データをサーチ（検索）して確認する。これらの作業は，マニピュレータを動かさずに，ティーチングボックスや，制御装置のボタン（キー）操作で行う。

5.3.5　溶接ロボットを活用するための条件

　溶接ロボットを溶接工程で効果的に活用するには，いくつかの条件を満たす必要がある。ロボットは作業者（人間）とは異なり，あらかじめ教示作業で設定された動きを繰り返すだけの機械である。つまり，ロボットは同じ軌跡を繰り返し動作することはできるが，ロボット自ら動きを生み出すことはできない。

〔1〕教示作業者に求められること

　教示作業者がティーチング作業で入力するトーチ角度，ワイヤ突出し長さ，

ワイヤのねらい位置，溶接条件により，溶接の品質は左右される。ロボットは教示作業で設定された動きと溶接条件に基づいて大量生産の溶接を行うため，教示作業は非常に重要である。教示作業者の溶接技量は，ロボット溶接の品質に直結するので，教示作業者はロボットに教示する前に，自分自身の手で半自動溶接を行い，その品質を確認するなど，慎重な対応が求められる。また，教示作業時には，実際にトーチを持って溶接を行っている感覚で，ロボットのマニピュレータを動かして教示を行うことを心がけるべきである。

〔2〕溶接対象に求められること

産業用ロボットは，事前にティーチング作業が必要であるため，生産数が少ない溶接物やその都度溶接条件が異なる溶接物に対しては，ロボット化による投資効果を得るのは難しい。ロボットは，繰り返し同じものを溶接する場合に特に有効である。

また，ワークの溶接個所は，常に同じ位置に，同じようにセッティングできる必要がある。一般的な溶接ロボットは±0.1 mm程度の精度で同じ動きを繰り返すだけなので，溶接物の加工精度（切断精度，曲げ精度），組立精度，溶接ジグの精度などが，ロボットで溶接できる精度に収める必要がある。その溶接個所の位置精度やばらつきに応じて，ウィービングなどの適切な溶接条件を作りこみ，ロボットによる溶接が実現できる。

最近では，ロボットにさまざまなセンサを付加したり，パソコンを活用したティーチング方法を導入することで，ワークのばらつきへの対応やティーチング時間の短縮などが進み，多品種少量生産品にも溶接ロボットが活用されるようになっている。

〔3〕インターロックの整備

ロボットは教示されたとおりにしか動かない融通性に欠ける機械であり，基本的なロボットの機能には，溶接を行うために必要な溶接ワイヤ，ガス，冷却水，溶接ワークなどを確認する機能が備わっていない。例えば，ガス圧が低下してガス流量が少なくなっても，ロボットは自動運転を続けるので，溶接部に多くのブローホールを生じることになる。

このような不具合を防ぐためには，ロボットの起動信号と各種条件の間にイ

ンターロックを設け，溶接に必要な条件が満たされなくなった場合には，自動運転を停止する仕組みを施しておかなければならない。

〔4〕溶接ロボットのセンシング機能

ロボット溶接に必要な精度が十分に確保できない溶接ワークや，溶接中にひずみが生じて溶接線がティーチング線からずれるワークに対しては，ロボットが持つセンシング機能を活用するさまざまな方法が実用化されている。

一般的なセンシング機能には，溶接開始点を検出する機能（ワイヤタッチセンサ・レーザセンサ）や溶接線を追従するならい機能（アークセンサ・レーザセンサ）がある。

（1）ワイヤタッチセンサ（溶接開始点検出機能）

溶接開始点検出機能は，ティーチング時と自動運転時とのワークセットのズレを検出するもので，その原理を図 5.25 に示す。具体的には，ロボット本体の溶接トーチ先端部のワイヤと，ワーク（母材）間に検出用電源を用いて電圧をかけ，ワイヤがワーク端面に当たった際の電圧や電流の変化を検出して，ワークの存在を確認する。

実際のティーチング作業においては，図 5.26 のように，あらかじめ基準点からワーク端面までのサーチ量を教示しておく。自動運転時には，同じ基準点からワーク端面までを自動的にサーチさせ，その差をズレ量として補正する。この機能を用いると，溶接開始点だけでなく溶接終了点を検出するプログラムを追加することで，自動運転時のロボットはワークのズレを補正して，正確な

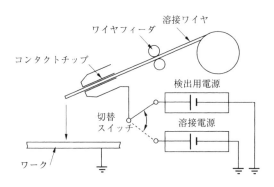

図 5.25　ワンタッチセンサの原理[6]

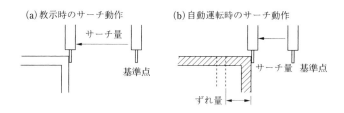

図 5.26　溶接開始点検出

溶接開始位置と終了位置にトーチを持っていくことができる。ただし溶接中にひずみが生じた場合は，溶接途中でズレが発生する。

(2) アークセンサ（溶接線ならい機能）

アークセンサは，自動運転中に，溶接電流やアーク電圧の変化を連続的に検出し，溶接線から逸脱しないように補正を行う方法である。この方法では，溶接中のトーチのウィービングを利用し，その際のアークの変化を測定して制御する。図 5.27 に溶接線ならい機能の原理を示す。(a) の状態を適正としてあらかじめロボットに登録し，(b) 又は (c) の状態では，それぞれ電流や電圧の変化を検知して，(a) で記憶した状態に戻るようにトーチ先端の軌道を補正する。この機能を用いることで，溶接中のワークの熱歪などによる溶接線の変化や，ワークの加工変形などによる溶接線のばらつきに対して，ロボットのトー

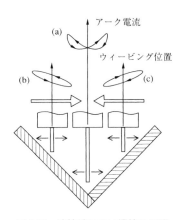

図 5.27　溶接線ならい機能の原理

チが溶接線に追従する。ただし，この溶接線ならい機能は，ウィービング動作を必要とするため，ストリンガービードには対応できず，適用には制限がある。

(3) レーザセンサ（溶接開始点検出・溶接線ならい機能）

レーザセンサは，レーザ光を用いて溶接部位を認識し，溶接開始位置の検出や溶接ひずみに対応した溶接線の追従を行うセンサである。

レーザ光を用いた溶接開始位置の検出は，ワイヤタッチ方式と違い非接触で検出できるため，動作時間の短縮（タクトタイムの向上）に有利であり，また検出精度も優れている。

アークセンサと比較して，レーザセンサによる溶接線ならい機能は，溶接条件によらず追従が可能であり，ウィービングを必要としないため，さまざまな継手形状に適用できる特徴がある。さらに，溶接中の開先ギャップの大きさをレーザ光で計測し，そのギャップに応じた最適な溶接条件を選択して溶接する機能も活用されている。

ただし，レーザ光の発光部と受光部が溶接トーチの近傍にあるため，狭あいな溶接箇所での使用は難しい。また，溶接ヒューム，スパッタ，高温などに対する対策が必要であるなど，制限もある。

5.3.6　産業用ロボット使用時の安全

〔1〕ロボット設備と安全特別教育

産業用ロボットは，5.3.1項で述べたように，生産現場において非常に有益な機械設備である一方，その取扱いや安全に対する配慮も必要である。

これは，産業用ロボットの特性が，他の産業用機械と次のような点で大きく異なるためである。

(1) 産業用ロボットの機構や制御が，かなり複雑化・高度化しているため，取扱いには相当な知識が求められる。取扱者の知識不足が誤操作など不安全行動を引き起こす可能性がある。

(2) 産業用ロボットは，機体外部の空間で自動的に働くマニピュレータを有し，動きが速く複雑である。そのため，マニピュレータの作動方向が容易に判断できない場合がある。

(3) 部品の信頼性や設置条件によっては，ノイズなどが原因で制御回路に異常が発生し，ロボットが予期しない動作をする可能性がある。
(4) ティーチング作業は，マニピュレータの可動範囲内で行うため，作業者マニピュレータに接触する危険性がある。

そのため，労働安全衛生法に基づき定められた「産業用ロボットの使用等の安全基準に関する技術上の指針」や産業用ロボットに対する安全規格を定めた JIS B 8433：2015「ロボット及びロボティックデバイス－産業用ロボットのための安全要求事項－」第1部：ロボット及び，第2部：ロボットシステム及びインテグレーションが設けられている。

また，労働安全衛生規則では，産業用ロボットの取扱いについて，事業者に対して「安全衛生特別教育」の実施などを義務づけている。

具体的な安全対策には，次のようなことがある。

(1) **安全衛生特別教育**：事業主は，産業用ロボットの教示などの業務やロボットの検査や調整などの業務につかせる場合には，安全衛生特別教育を実施しなければならない。教育の時間は安全衛生特別教育規定に定められており，「産業用ロボットの教示等の業務に係る特別教育」の学科教育及び実技教育の内容を，**表 5.8** に示す。

(2) **安全柵（固定式ガード）の設置**：災害は，作業者がロボットの可動範囲内に不用意に立ち入った場合に発生し得るものであるから，作業者とロボットを隔離する必要がある。作業者が容易にロボットの可動範囲に入らないような高さと間隔でロボットを囲ったのが安全柵である。この一例を **図 5.28** に示

表5.8　産業用ロボットの教示等に係る特別教育

学科教育

科　目	範　囲	時　間
産業用ロボットに関する知識	産業用ロボットの種類，各部の機能及び取扱いの方法	2時間
産業用ロボットの教示等の作業に関する知識	教示等の作業の方法，教示等の作業の危険性，関連する機械等との連動の方法	4時間
関係法令	法，令及び安衛則中の関係条項	1時間

　　実技教育　(1)　産業用ロボットの操作の方法　1時間
　　　　　　　(2)　産業用ロボットの教示等の作業の方法　2時間

266　第5章　自動溶接・ロボット溶接

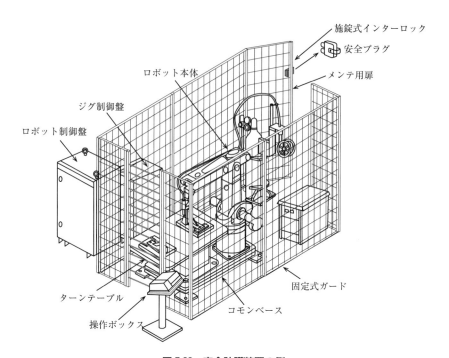

図5.28　安全防護装置の例

す。安全柵には，教示作業やメンテナンスなどの時に，柵内に立ち入る必要があるため扉を設けるが，これには安全プラグを設置して，扉を開けたらロボットが非常停止状態になるなどのインターロックを組み込む必要がある。

(3) **教示作業時の作業規程**：ロボットの教示作業は，ロボットの可動範囲内での作業になるので，安全には特に配慮が必要である。そのために「操作の方法及び手順」や「異常時における処置」など教示作業に関する規程を定めて，作業を行う必要がある。また，作業者以外の人が不用意に起動スイッチを操作しないように対策する必要がある。

〔2〕外部機器使用上の注意

ロボットの使用方法には，ロボット単体で使用する場合と，ポジショナやクランプなどの外部機器と連動させて一つのシステム運転として使用する場合とがある。後者の場合はロボットからの信号で外部機器が動いたり，逆に外部機

表5.9 自動運転中のロボットの停止

	停止の状態	起動の可能性
1	一時停止(ホールド)状態	再起動信号で動き出す
2	外部からの入力待ちの状態	入力信号が来れば動き出す
3	教示条件での停止(タイマなど)	条件が満たされたら動き出す
4	作業完了後の停止	次の起動信号で動き出す
5	その他故障などでの停止	次の動きは不明

器からの信号でロボットが動き出したりすることがあるので，ロボットと周辺外部機器との信号のやりとりに注意が必要である。

また，ロボットの自動運転中には，表5.9に示すいろいろなケースでロボット停止が起こり得るので，その状況に対する理解と注意が求められる。単にロボットが止まっているといっても，それぞれの条件が整えば，ロボットは突然高速で動き出すことがある。したがって，溶接が終わって作業完了した後でも，溶接チップを交換するためにロボットに近づく際には注意が必要である。

実際にロボットにかかわる多くの災害は，作業者が「ロボットが止まっている」と判断して近づいた際に，ロボットが急に動き出したことが原因で発生している。そのため，ロボットに近づく際は，必ず非常停止状態にして，ロボットのサーボ電源を落とした状態で行動することが重要である。

《引 用 文 献》

1) 溶接学会編：溶接・接合便覧，1990，丸善
2) 小林一清：溶接技術入門，1991，理工学社
3) (社) 日本鉄鋼連盟：新しい建築構造用鋼材 第2版，2008，鋼構造出版
4) (社) 日本溶接協会建設部会編：鉄骨溶接施工マニュアル，1991，産報出版
5) 株式会社神戸製鋼所：カタログ高能率立向上進溶接法 SEGARCTM 法，2019
6) (社) 日本溶接協会ロボット溶接研究委員会編：ロボットアーク溶接技術入門，1991，産報出版

《参　考　文　献》

5.1 溶接学会編：溶接・接合便覧, 1990, 丸善

　　ダイヘン：サブマージアーク溶接法と機器

　　惠良：溶接・接合基礎講座　被覆アーク溶接・サブマージアーク溶接, 溶接学会誌 92-6 (2023), 39-48

5.3 中央労働災害防止協会：産業用ロボットの安全必携, 2019

　　中央労働災害防止協会：産業用ロボットの安全管理, 2019

《本章の内容を補足するための参考図書》

手塚, 應和：省力化溶接ハンドブック, 1976, 山海堂

（社）日本溶接協会建設部会編：鉄骨・橋梁製作の溶接自動化・ロボット化マニュアル, 1994, 産報出版

第6章　溶接における品質管理と施工管理

6.1　製造工程における品質保証と品質管理

6.1.1　製品と製造工程の品質保証

　製品の品質を確保するためには，品質に関わる全ての工程で，確実に品質マネジメントが実施されることが重要である。品質マネジメントシステムに関する国際規格としてISO 9000シリーズがあり，翻訳され日本産業規格（JIS）として定められている。このうちISO 9000（JIS Q 9000：2015）「品質マネジメントシステムー基本及び用語」[1]は，ISO 9000シリーズの基本概念，原則及び用語などの基本事項がまとめられた規格である。また，ISO 9001（JIS Q 9001：2015）「品質マネジメントシステムー要求事項」[1]は，ISO 9000シリーズの中核となる規格であり，品質要求事項を満たすことと顧客満足の向上を目指し，受注から引き渡しに渡る全てのプロセスで，仕事のやり方を適切に管理することによって，継続的に業務の品質を改善していくための品質マネジメントシステムの規格となっており，現在，多くの製造業やサービス業で適用されている。

　これらの規格では，品質マネジメントの一環として，品質保証（QA：Quality Assurance），品質管理（QC：Quality Control），品質改善（QI：Quality Improvement））を行うものとされ，それぞれ，品質保証とは，品質要求事項が満たされるという確信を（顧客や第三者に対して）与えるための活動，品質管理とは，品質要求事項を満たすための活動，品質改善とは，品質要求事項を満たす能力を高めるための活動とされている。これらの活動が全ての工程において効果的に組み合わされ，実行されることにより，品質要求事項を満たし，顧客満足につなげていくことが可能となる。

　かつては，図6.1に示すように不良品（不適合品）が発生しても，出荷（引

渡し）前に確実に選別され，修正又は除去されれば，製品としての品質要求は満たされるので，厳重な検査を適用することによって，良品（適合品）のみを顧客に提供すれば良いという考え方があった。これを検査重点主義とよぶ。しかし，出荷前に不良品が多く発見され，廃棄あるいは修正が必要となるようでは生産コストが増大するだけでなく，製造工程において品質要求事項を満たす能力についての信頼性が確保できない。

しかし，今日では，各工程の中で不良品が発生しないような仕組みと管理方法の工夫をして「品質は工程で作り込む」との考え方が次第に定着するようになった。

図 6.2 は，各工程における加工の成果を，製品のもつ機能としてとらえたものである。この場合は，検査は製品品質の確認を行う工程として位置づけられており，工程ごとの保証を積み上げながら，次の工程へ移っていく仕組みとなっている。

この時，ある工程での保証を行うために，特に確認が必要な品質特性につい

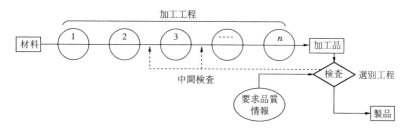

図6.1 検査重点主義の品質保証

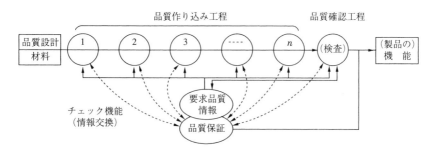

図6.2 品質管理重点主義の品質保証

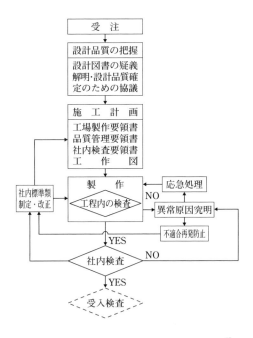

図 6.3 製作工場における品質保証の概念図[2]

ては，工程内の検査でいったん作業を停止し，検査に合格しないと次工程に進めない管理方法がとられることもある。製作工場における品質保証基本手順を図 6.3 に示す。

6.1.2　工程の実力と構成要因[3]

　製造工程の実力は，多くの製品を作り出す量的な能力（＝生産能力）と，狙いどおりの製品を作り出す質的な実力に大別できる。この質的実力は「工程能力」という言葉で表現され，その工程を操業した結果として生産される製品のバラツキが小さいほど工程能力が高いという。

　製品品質のバラツキや，その平均値の動きには多くの要因があるが，基本的には，①その工程に配置されている作業者の技能及び知識，②その工程の設備の状態，③作業環境の整備状況，④その工程の現状を把握し活用できる仕組みの状態，の 4 項目に集約できる。

製品品質のバラツキや平均値は，一日ごとにも変動しており，休日の前後で製品の出来具合が異なることもあり，また長期的に見ても，例えば設備の老朽化によって製品の出来映えが次第に低下するような変化もある。

逆に，作業者の熟練度の向上や，新設備の性能安定化などで，工程の実力が向上することもあるが，変動の激しい工程の状態で操業した場合，不良品が頻繁かつ突如発生することが予想される。

そこで，工程を安定化させるために，配置されている人の教育訓練を行い，設備の保全に留意し，作業環境に気を配るだけでなく，検査結果による品質の状態や，作業中の不具合発生状況などに注意して，工程の現状を良く把握し，実力低下の傾向が見受けられた場合，重大な不良が発生する以前に対策を打てるようにして，工程の管理状態を維持しなければならない。

溶接工程は，前後工程との関連が深く，作業者の技能に左右されるので，良好な溶接結果を継続的に生み出すためには，溶接品質の変化傾向に特に注意を払う必要があり，溶接指導者は溶接管理技術者と協力して，工程の実力の維持，充実を図る努力を怠ってはならない。

6.1.3 製造工程での品質管理

製造工程における品質保証は，後工程に「不良品を流さない」ことを，確実に実践することであると云える。そのためには，自工程で品質管理（QC）活動を適切に行う必要がある。

〔1〕 管理のよりどころとなる文書

製造工程で作り出される製品に要求される品質を確保するため，個別の受注物件についての図面や検査基準だけでなく，自社の技術的特性を考慮した，通常，「技術基準」とよばれる文書を取り決めている場合もある。これらは，その製品が備えていなければならない目標品質を定めたもので，一般に，「設計の品質」又は「狙いの品質」とよばれる。

この目標品質を実現するために，工場設備や人的要素を考慮して，方法，手順などを製造工程ごとに定めたものが「作業標準」や「施工要領書」などと言われるもので，業種によっては，受注物件の「仕様書」に基づいて「施工要領

書（又は施工計画書）」を作成し，発注者の認可を受けた後に製造着手する慣例もある。このようにして作られた製品の品質は，「製造の品質」又は「出来映えの品質」とよばれる。

これらの基準文書やそれを実現するための要領書に従って仕事をすることは，目の前の製品品質を確保するだけでなく，安定した製品供給にも欠かせないことであるから，文書の記述を守り，守ったことを記録で示すことは極めて重要である。

〔2〕品質管理の実施

工程を管理するに当たっては，上記の文書に基づいて，各工程で管理すべきポイントを選び出し，誰が，いつ，どのような基準に準拠して，どのような方法で管理し，どのような管理記録を残すか，異常があった時はどうするかなどを，工程の流れに従って順序よくまとめあげた「品質管理工程表（又はQC工程表）」を作成し，活用する。

また，所定の品質が得られなかった場合は，工程内のどこに原因があるのかを分析して適切な処置をとる工程解析と，その結果を計画へフィードバックすることが重要で，これらを忠実に実施することが品質管理（QC）そのものといえる。

このように，工程の現在の力を改善し問題点を解決して，目標品質を得るようにするには，図 6.4 に示す管理のサイクル（PDCA サイクル）を常に回し，

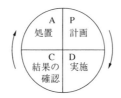

P 計　　画（プラン）　　：目標品質を明確にして効率よく品質を作り込むための施工計画，品質管理計画などをたてる。
D 実　　施（ドウ）　　　：計画どおり実施して品質の作り込みを行う。
C 結果確認（チェック）　：実施した結果を確認して評価する。
A 処　　置（アクト）　　：結果に問題があれば原因を究明して処置する。
　　　　　　　　　　　　　（是正処置(＝再発防止)，予防処置，標準類の改訂など）

図 6.4　管理のサイクル（PDCAサイクル）

今まで積み重ねてきた経験や勘の上に QC 手法を取り入れ，仕事の質を向上させる必要がある。そのためには，検査結果や製造工程の現状を示すデータを活用して，工程の実力の維持・改善を図る「品質管理」や「品質改善」の活動を含む製造工程の品質保証を達成しなければ，真の意味での信頼を獲得することにはならないことをよく認識しなければならない。なお，製品の品質は，生産工程の操業条件によって，バラツキが存在するのが普通である。このバラツキの姿や，製品の品質と操業条件の関係を数量的に把握・解析し，品質の改善に役立たせるうえで，統計的手法は極めて有効な道具といえる。統計的手法の体系の中には職場の管理・改善のための"QC 七つ道具"とよばれる手法がある。QC 七つ道具の活用例を図 6.5 に示す。また，QC 七つ道具の個別の手法の概要を以下に示す。

(1) パレート図[5]-一部改変

パレート図とは，問題となっている不適合品や手直し・補修，欠点，クレーム，事故，故障などを，その現象や原因などの項目別に分類し，不適合品数や損失金額などの多い順に並べ，その大きさを棒グラフで表し，さらに累積和を表す曲線を加えたグラフをいう。そしてパレート図からは，

① どの項目が最も問題か
② 問題の大きさの順位はどうか
③ 対策の優先順位はどうか

などを読み取ることができる。また，改善を進めた後に，その効果がどの程度あったかを見るには，改善前のデータをとった期間と同じ期間のデータを改善後にとって，パレート図を書き，2 枚のパレート図を横に並べて比較する。このようにすれば，不具合件数の合計の差によって，改善効果が得られる。

(2) 特性要因図[6]-一部改変

特性要因図とは，仕事の結果に対して影響していると考えられる原因を分類して矢印で関連づけ，図に表したもので，原因を洗い出すのに大変役立つ。特性とは，仕事の結果を示すものであり，多くの場合，問題点が取り上げられる。たとえば，寸法，重量，不良率，生産量，コスト，事故件数などがあげられる。要因とは，仕事の結果に影響を与える原因となるものであり，例えば，作業方法では加工基準の合わせ方，作業者では技能未熟による操作ミスなどのようなものである。特性が起きる大きな要因として，まず 5 M（機械，方法，材料，人，

6.1 製造工程における品質保証と品質管理　275

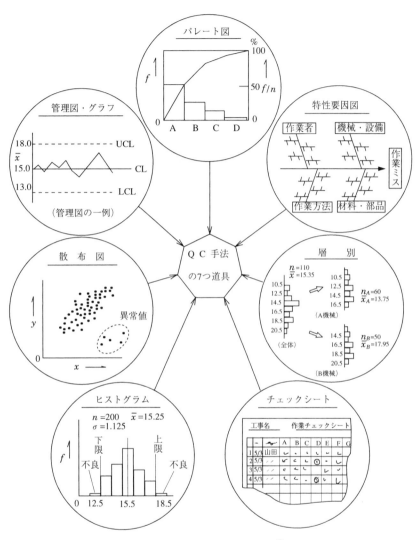

図 6.5　QC 七つ道具の活用例[4]

測定）を取り上げ，要因のグループごとにさらに小さな要因をもれのないように抽出する．もれのない特性要因図を作成するには，職場の関係者全員が集まって自由に意見を出し合い，衆知を集めて作ることが必要である．

(3) 層別[6)一部改変]

層別とは，同じものをまとめ異なるものを分けることであり，機械別，原材料別，作業方法別あるいは作業者別などのように，データの共通点やくせ，特徴に着目して同じ共通点や特徴をもつグループ（これを層という）に分けることをいう。データを層別して比較することによって，問題の原因は何か，特性値は何によって影響を受けているのかが明確になるので，データを調べるうえで非常に大切な考え方である。品質のバラツキや不適合品の発生原因は非常にたくさんあり複雑であるが，どの要因がどの程度影響しているかを知るには原材料別，機械別，作業者別など，重要と思われる要因別にデータを層別して比較するのが有効である。

(4) チェックシート[5)一部改変]

チェックシートとは，あらかじめデータを記入する枠を書き込んだ用紙のことで，大別すると記録・調査用チェックシート，点検・確認用チェックシートに分類される。記録・調査用チェックシートは，記録又は調査の対象となる項目について，不適合の発生状況や寸法・重量・温度などのバラツキをチェックするためのものである。点検・確認用チェックシートは，点検・確認事項をもれなくチェックするためのもので，あらかじめ用紙に点検すべき項目を全部記入しておき，それぞれの項目を点検するたびにチェックマークを記入するようにしたものである。

(5) ヒストグラム[5)一部改変]

データの存在する範囲をいくつかの区間に分け，各区間に属するデータの度数を数えて，表や図にすると全体の分布がつかみやすくなる。度数分布を表現した表は度数分布表とよばれ，度数分布をグラフ化（柱状図）したものがヒストグラムとよばれる。規格や目標値が決まっている場合には，ヒストグラムに規格値や目標値の位置に線を記入して，分布の姿を規格値や目標と照合し，データがどんな値を中心に，どんなバラツキを持っているかを知ることができる。これにより，その製品の品質の状態の良否を判断するのに役立つ。

(6) 散布図[6)一部改変]

散布図とは，対になった計量値のデータ (x, y) の関係を表すためのグラフである。横軸に原因と考えられる原料成分や処理温度などの製造条件 x をとり，縦軸に結果である品質特性 y をとって，対応する交点に対のデータ (x, y) を

打点したものが散布図といわれる。ヒストグラムが原料成分の量や製品の不純物のそれぞれの分布の姿をとらえる道具であるのに対して，散布図は対になったデータ相互の関係を見ることができる。ただし，散布図は相関があるかないかを教えてくれるが「なぜxとyとの間に相関があるか」については教えてくれない。したがって，散布図の姿をそのまま信用するだけでなく，対のデータの関係を技術的に検討し，その関係が成り立つかどうかを確認する態度が大切である。

(7) 管理図・グラフ[7)一部改変]

　管理図・グラフとは，工程の過去の状況を物差しとして，現在の状況が正常か異常かを客観的に判断するための道具である。そのために管理したい特性値を平均値，不適合品率（不良率）あるいは不適合数（欠点数）などの値（統計量という）で打点し，一種のグラフを書き，さらにこの打点した値の両側に管理限界という二つの限界線を引くのが特徴である。この限界線は統計量の中心値から±3σ（シグマ）*のところに引き，打点が限界線の内側にあれば，工程は統計的管理状態にあるとみなす。限界線は，それぞれ上方管理限界（UCL），下方管理限界（LCL）とよばれる。管理図には管理データの性質と活用のねらいにより多くの種類がある。**図6.5**に示した管理図は，X管理図である。なお，X－R管理図（計量値）は，平均の変化を見るためのX管理図とバラツキの変化を見るためのR管理図の二つで構成されていて最も情報量の多い管理図である。

6.2　溶接の施工管理

6.2.1　特別な管理が要求される溶接工程

　製品の加工工程（プロセス）の中には，その工程により作り込まれた品質が，事後の試験及び検査では十分検証できないため，その工程が不適切に実施されると，製品の使用段階で初めて不良として現れるものがある。これは「特殊工

注＊　±3σのσは，厳密には，打点した統計量の理論分布の標準偏差の意味である。

程」とよばれることがあり，溶接はこれにあたる。

このような工程について，JIS Q 9001：2015「品質マネジメントシステム—要求事項」では，「製造のプロセスで結果として生じるアウトプットを，それ以降の監視又は測定で検証することが不可能な場合には，製造に関するプロセスの，計画した結果を達成する能力について，妥当性確認を行い，定期的に妥当性を再確認する。」と特別な管理を要求している。

溶接部に要求される品質特性には，「溶接寸法」，「外観形状」，「欠陥の有無」，「耐漏れ性」，「引張強さ」，「伸び」，「シャルピー吸収エネルギー」，「疲労強度」，「金属組織」，「化学成分」など多くの項目がある。これらの項目のうち，「溶接寸法」，「外観形状」，「欠陥の有無」，「耐漏れ性」などは，溶接後の計測あるいは非破壊試験で調べることができるが，「引張強さ」，「伸び」，「シャルピー吸収エネルギー」，「金属組織」，「化学成分」などは，溶接部から試験片を採取し調べなければならないため，破壊試験以外では確認の方法がない。このため，溶接工程はプロセスの妥当性確認が必要で特別な管理が要求される。そこで，施工前に溶接施工法試験などでその性能をあらかじめ確認し，試験した時の条件と同じ条件で製品を溶接する[8]。

すなわち，溶接工程は「あらかじめ試験や実験，又は実績や経験に基づいて良好な結果が確認された施工方法，施工条件でつくられたものは，確かめられたとおりの結果が得られる」という再現性を前提として管理するわけである。このように，溶接施工法試験などによって，その工程での製品品質確保に対する信頼を確立することが，JIS Q 9001のプロセスの妥当性確認に相当する。

なお，溶接施工要領を決定する手順は，JIS Z 3420：2022「金属材料の溶接施工要領及びその適格性確認—一般原則」として規格化されている。

溶接作業標準や溶接施工要領書（WPS：Welding Procedure Specification）は，これらの確認事項に基づいて作成されているので，これを確実に実施し，実施したことを客観的に証明できるような管理記録を残すことが最も重要である。

したがって，溶接指導者は，溶接工程が製品となってからでは直接的に性能確認が困難な工程であることを良く認識し，溶接管理シート（チェックシート）などにより作業条件や施工過程を明確に把握するとともに，いつでもその結果を第三者に証明できるような体制を整備しておく必要がある。

6.2.2 溶接の管理項目

〔1〕作業標準と品質管理工程表（QC 工程表）

　溶接作業標準には使用材料，使用設備及び治工具類，作業者の技能資格，作業条件，作業方法と管理方法，安全に関する留意事項など，管理の対象となる項目が記載されている。

　品質管理工程表（QC 工程表）には，これらの管理項目を明確に示し，項目ごとの管理値，管理方法などをわかりやすく示している。この品質管理工程表のうち，溶接関連工程の部分サンプルを，**表 6.1** に示す。

　個々の製品又は工事の溶接施工要領書には，自社で作成する場合と，外部団体などで別に基準化されている場合がある。その内容は，後者であっても自工場の基準類と合致する場合が多いが，発注者の要求によっては合致しない部分が出ることがある。

　このような時には，発注者と事前に良く協議するとともに，工事着手前に関係者を集めて十分その内容を徹底した上で，品質管理工程表を該当工事用に新しく準備するか，一致しない部分を明確にし，溶接管理技術者と溶接指導者の緊密な連携で作業を進める必要がある。

　溶接は，自工程の管理項目だけでなく，前工程の組立精度，さらにさかのぼって切断工程での開先加工精度などによっても出来映えが変わり，また，例えばT継手のすきまの寸法次第では，すみ肉溶接の脚長を大きくするなど，管理値を変えて対応しなければならない場合もある。

　したがって，溶接工程では関連する前工程の品質にも注目し，溶接指導者は溶接着手前に開先及び組立の状態を良くチェックして適切な処置を講じ，それを記録しておく必要がある。

　もちろん，開先部分に錆，塗料，その他の異物の付着など，溶接品質を損なう恐れのある要因があった場合には，適切な指示を出し，それらの因子を完全に除去しなければならない。

〔2〕溶接の管理項目

品質管理工程表には，主として作業者が自分の行った作業結果の確認すべき管理項目，管理値と管理方法を示している。しかし，溶接指導者としては，表6.1に示すように，溶接に関わる項目を広く管理する必要がある。例えば，ガス加工でのベベル角度の精度が，そのまま開先角度の良否に影響するため切断作業状況確認を行う，また図6.6に示すように，太線箇所の防錆塗料その他の異物は，組立作業前に除去しておかなければ，ピットあるいはブローホールの

表6.1(1) 溶接関連工程の品質管理工程表の例（鉄骨工事技術指針・工場製作編：2018から抜粋）[2]

区分	工程		管理項目			管理方法		
	No.	工程	管理項目	管理値	時期	方式	頻度	測定機器
加工	16	ガス切断	・寸法(長さ・幅)	±2.0mm以内	施工時	測定	抜取	巻尺，コンベックス
			・差越線切口間寸法	±1.0mm以内	〃	〃	〃	〃
			・ガスノッチ	開先内0.5mm以下 自由端0.5mm以下	〃	目視・測定	〃	標準ゲージ
			・あらさ	開先内100μmRz以下 自由端100μmRz以下	〃	〃	〃	〃
			・スラグ	WES 2801 1級	〃	〃	〃	〃
			・上縁の溶け	WES 2級	〃	〃	〃	〃
			・平面度	WES 2級	〃	〃	〃	〃
			・切口直角度	$t≦40mm：e≦1mm$ $t>40mm：e≦t/40$ かつ$e≦1.5mm$	〃	〃	〃	コンベックス
	17	開先加工	・ベベル角度 ・ルート面	2.5°以上 SAW：2mm以下 手・半自動 裏当てあり1mm以下 裏当てなし2mm以下	施工時 〃	測定 〃	抜取 〃	ゲージ 〃
組立	23	溶接部材組立て	・T継手の隙間(隅肉) ・重ね継手の隙間 ・突合せ継手の食違い ・ルート間隔 (裏はつり) ・開先角度	2.0mm以下 2.0mm以下 $t≦15mm$ 1mm以下 $t>15mm$ $t/15$かつ2mm以下 手 0～2.5mm 半自動 0～2mm SAW 0～1mm 突合せ継手－5°以上 T継手－2.5°以上	施工時 〃 〃 〃 〃	目視・測定 〃 〃 〃 〃	抜取 〃 〃 〃 〃	ゲージ 〃 〃 〃 〃

6.2 溶接の施工管理

表6.1(2) 溶接関連工程の品質管理工程表の例（鉄骨工事技術指針・工場製作編：2018から抜粋）[2]

区分	工程		管理項目		管理方法			
	No.	工程	管理項目	管理値	時期	方式	頻度	測定機器
溶接	27	溶接	・溶接材料	指定銘柄	施工時	確　認	全数	―
			・予熱温度	設定値	〃	測　定	全数	温度チョーク
			・電流・電圧・速度・入熱量	設定値	〃	〃	抜取	電流・電圧計
			・ガウジング(深さ・幅)	初層除去	〃	目　視	〃	―
			・隅肉溶接のサイズ(S) (過大サイズの許容値)	0.5Sかつ5.0mm以下	〃	目視・測定	〃	ゲージ
			・隅肉溶接の余盛高さ	0.4Sかつ4.0mm以下	〃	〃	〃	〃
			・完全溶込み溶接突合 せ継手の余盛高さ (B:ビード幅)	$B<15mm\ 0\sim3mm$ $15\leq B<25\ 0\sim4mm$ $B\geq25mm\ 0\sim(4/25)B mm$	〃	〃	〃	〃
			・完全溶込み溶接 T継手の余盛高さ	$\leq 0\sim7mm$	〃	〃	〃	〃
			・突合せ継手の 　　食違い	$t\leq15mm\ 1mm$以下 $t>15mm\ t/15$かつ 2mm以下	〃	〃	〃	〃
			・ビード表面の不整 (l:ビード長さ)	高低差$l\leq25\ 2.5mm$以下 ビード幅$l\leq150\ 5mm$ 以下	〃	〃	〃	〃
			・アンダカット	突合せ0.3mm以下 前面隅肉0.3mm以下 側面隅肉0.5mm以下	〃	〃	〃	〃
			・割れ	あってはならない				
			・ピット	1個以下/溶接長300mm	〃	〃	〃	〃
			・オーバラップ	製作基準	〃	〃	〃	―
			・スパッタ	〃	〃	目　視	〃	―
			・スラグ	〃	〃	〃	〃	―

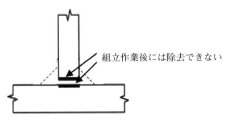

図6.6　継手部の清掃注意箇所[9]

原因となるため、組立作業の確認を行うことも重要である。一方、スラグあるいはスパッタなどを、完全に除去しておかなければ、後工程の塗装の品質に大きく影響する。

さらには、計画された工程通りに作業を進めることが、工場管理において重要なことであり、そのためには溶接指導者は、溶接の前後の作業状況の確認も重要な仕事である。

6.2.3 溶接工程の管理記録

先に述べたように、溶接は特別な管理が要求される工程の一つであるため、実施した作業とその結果の管理記録は特に重要な意味をもっている。また、管理項目は実施時期で区分すると、開先の状態のように溶接前に実施するもの、溶接条件や裏はつり状態のように溶接作業中に実施するもの、溶接ビードの外観のように溶接後に実施するものに分けられる。

これらは工程内検査として検査担当者により実施される場合があるが、溶接前及び溶接作業中に実施するものについては、溶接工程内の自主管理として行われることも多い。

溶接工程の管理記録は溶接管理シート（溶接チェックシート）ともよばれる。使用溶接材料の種類、予熱温度などは、数値などを記録する形式が、また、部材の清掃、溶接条件、脚長、溶接部の外観などについては良否のみを記入する形式が用いられることが多い。管理記録の様式を作成する際は、管理項目の特性に合わせて、できるだけ簡素な記録様式とし、記録の手間を低減することも考慮した方が良い。溶接管理シートの例を、**表6.2**に示す。

溶接後の管理項目を**表6.3**に示す。これらの管理項目は、いわば検査工程の業務範囲に属するが、スパッタ除去などの後処理の状態、ビード表面の凹凸やアンダカットなどのビード外観、すみ肉溶接の脚長などの溶接寸法、目視で発見できる表面欠陥などは溶接工程でも確認することができる。この確認作業は溶接管理シートなどを利用して自主的にチェックし、自信がもてる結果であることを確認・記録した後に、検査工程に引き渡すべきであり、検査担当者に全面的に依存する態度は厳に慎まなければならない。なお、アンダカット、余盛高さなどの品質基準の管理値は適用される基準により異なるので、作業現場に

表6.2 溶接管理シートの例

工号				管理責任者	作業責任者
工事名					
形式	Ⅰ桁・BOX・DB・DI・脚・トラス・		完了日	作業者	記入者
部材マーク					

No	管理項目		管理基準	記入欄		
1	部材の清掃		さび、塗料、油、水分があってはならない	実施 □		
2	溶接方法		半自動 CO_2 ・ 自動 CO_2 ・ SAW ・ 手溶接			
3	溶接材料		施工計画書に基づく	塗装桁		
				内面	外面	
				耐候性		
4	予熱	気温	5℃	以下 ・ 超える		
		予熱温度	予熱無しでも建屋内が5℃以下の場合は20℃程度に加熱する。	無 ・ 有（　　℃）		
5	溶接条件		施工計画書に基づく	良 ・ 否		
6	脚長		設計図書以上	良 ・ 否		
7	溶接外観	ビット オーバーラップ スパッタ	あってはならない	良 ・ 否		
		アンダーカット	主要部材：0.3mm 以下 その他　：0.5mm 以下	良 ・ 否		
		ビード表面の凹凸	長さ25mmの範囲における高低差：3mm 以下	良 ・ 否		
		割れ	あってはならない	良 ・ 否		
8	ビード仕上げ 止端仕上げ		設計図書に基づく	無 ・ 良 ・ 否		
9	糸面取り		糸面取りゲージによる確認（ 1C ・ 2R ・ 3R ）	無 ・ 良 ・ 否		
10	ボルト孔		孔の周辺のまくれ除去	良 ・ 否		

表 6.3 溶接の管理項目

時期	管理項目
溶接前	使用鋼材，使用溶材，気温，湿度，水分付着，開先形状開先部の異物の有無，溶接条件，予熱条件，脚長等
溶接作業中	溶接条件，予熱・パス間温度，裏はつりの形状等
溶接後	ビード外観，脚長，のど厚，割れ・アンダカット・ピット・スパッタの有無等

掲示し，作業者が容易に合否判断できるようにするのがよい。

また，溶接結果の管理記録は，溶接工程の現在の実力を正直に表しているので，改善を必要とするポイントを見出すための資料でもあることを忘れてはならない。

6.2.4 溶接部の試験と検査

〔1〕溶接部の試験

溶接に関係する試験には，6.2.1 に記載する「溶接施工法試験」以外に，溶接作業者の技量を確認する「溶接技量試験」，使用材料の性能を確認する「材料確認試験」，使用する溶接材料の性能を確認する「溶接材料確認試験」がある。溶接技量試験は，日本溶接協会が行っている JIS 検定以外に，建築鉄骨を対象に AW 検定協会が行っている AW 検定，軽金属溶接協会が行っているアルミニウムの溶接技量試験，あるいは日本海事協会，日本ボイラ協会など各種団体が行っている技量試験があり，製作するものによって必要とされる溶接技量資格が異なる。また，これらの技量試験には，JIS の資格を保有していることが受験条件となっているものと，条件になっていないものがあるので資格を取得するには注意が必要である。

使用する材料と溶接材料の性能試験は製造業者が行い，「ミルシート」とよばれる品質保証書が発行される。材料のミルシートに記載されている化学成分量から低温割れ発生の危険性及び予熱の要否を確認しておく必要がある。また，溶接材料のミルシートは，顧客への使用材料の品質保証の観点からも取り寄せておく必要がある。

〔2〕 溶接部の検査

　1990年代，製造業に導入が始まった品質システム規格 ISO 9000 シリーズにより，製品の検査は製造工程に直接携わらない独立した者が実施すべきであるとする考え方が広まり，定着している。

　溶接部の検査は，溶接作業者あるいはその管理者が「自主チェック」を行ったのち，検査部門により「検査」が行われ，さらに顧客による立会検査が行われることが多い。

　溶接部の検査は，表面割れ，ピットの有無，アンダカットの深さなどビード表面を対象に行う外観検査と，内部割れ，ブローホールあるいはスラグ巻込みなど内部のきずの状態を対象に行う内部検査がある。外観検査は，目視試験，浸透探傷試験あるいは磁粉探傷試験で行われる。内部検査は，放射線透過試験あるいは超音波探傷試験などの非破壊試験で行われる。溶接後検査に適用する各種の非破壊試験方法と，溶接欠陥検出上での特徴を**表 6.4** に示す。（これらの非破壊試験についての詳細な説明は，第 8 章を参照のこと。）

　なお構造物によっては，溶接において品質確保上重要な項目，例えば溶接前の開先の状態，あるいは裏はつりの状態を，溶接とは関係のない検査部門の担当者，場合によっては顧客が「検査」として確認することもある。

　検査においてしばしば問題となるのが，ビード形状あるいはアンダカットなどのビード外観の合否基準に対する対応の仕方である。各業界によってビード外観の規定値が決められている。当然作業者には自主チェックの合否基準として伝えられており，規定値を超えるものは手直しを行い，検査部門の担当者はその立場で検査し不合格と判断した箇所は手直しを指示する。さらには顧客検査官による受け入れ検査では，製品購入者の立場で手直しなどの指示がある。例えばアンダカットの規定値は 1 mm 未満の数値で規定されているが，実製品においてこのような数値を計測し判断するのが困難なため，主観で判断されることが多い。

　この問題に対する対応策としては，合格あるいは不合格となるきずの標準見本を作製し，作業者の教育あるいは検査時の判断基準として用いることが有効である。

表6.4　各種非破壊試験方法と溶接欠陥検出上の特徴

溶接欠陥[*1]		超音波探傷試験(UT)	放射線透過試験(RT)	浸透探傷試験(PT)	磁粉探傷試験(MT)[*3]
内部欠陥	割れ		○		
	溶込不良	◎	◎		
	融合不良	◎	—	—	—
	スラグ巻込み	○	◎		
	ブローホール		◎		
表層部[*2]の割れ		—	○	—	◎
表面欠陥	表面割れ	○	○	◎	◎
	ピット	—	◎	◎	

[*1]：JISの溶接用語では，理想的な溶接部からの逸脱を「溶接不完全部」，許容されない不完全部を「溶接欠陥」，すなわち不合格な場合を「欠陥」としているが，本書では過去の慣例に従って，許容される不完全部に対しても「表面欠陥」など，「欠陥」の用語を用いている。
[*2]：表面近傍で開口していない欠陥
[*3]：試験対象の材料は磁性体に限られる。
◎：溶接欠陥の検出が容易である。
○：特定の条件のもと，溶接欠陥の検出が可能である。
—：溶接欠陥の検出は困難である。または適用されない。
この表は一般的な鋼構造物に適用される非破壊試験方法の基本的な特徴を示している。

6.2.5　不適合品の処置

　溶接検査などで不適合品[*]が発見された場合，溶接指導者が念頭に置かなければならないことが2つある。
　1つは，「不適合品が誤って使用されたり，引き渡されることを防ぐため，これらを識別し，適切に管理すること」と「不適合品を処置すること」である。もう1つは，「再発防止のため，不適合の原因を除去する処置を講じること」（＝是正処置）である。
　このようなとき，溶接指導者はその製品の以後の加工を停止し，迅速かつ正確に，不適合の内容を把握して上司や溶接管理技術者に報告し，指示に従って

---

[*]　JIS Q 9000：2015では，要求事項を満たしていないことを「不適合」と定義している。本書では規定値や管理値等を満たさず不合格となった製品を「不適合品」とよぶ。

不適合品の処置と再発防止に取り組まなければならない。

なお，不適合品の処置には一般に，廃棄（再製作），修正（手直し），特別採用の申請などがあり，再発防止としては，溶接条件や作業手順・管理手順の変更，作業者に対する適切な教育・訓練，設備の整備・点検手順の変更などが考えられる。いずれにしても，勝手に判断して無断で行動を取ることは避けるべきである。

〔1〕不適合品の修正処置

溶接における不適合品の処置として最も多いのが，修正（手直し）である。そこで，処置の適正化，迅速化を図るため，溶接欠陥に対応した適切な補修基準をあらかじめ作成し，関係者に周知徹底するなどの対策を講じておくこともある。

溶接不適合の修正方法をもとにした不適合の処置区分として，
　A：切削，研削など熱を加えることなく修正できるもの
　B：不適合部分の除去作業を伴わずに肉盛り溶接などで修正できるもの
　C：不適合部を除去した後，補修溶接によって修正しなければならないもの
の3段階に分けて補修基準を作成している例がある。

〔2〕補修溶接時の注意事項

溶接欠陥の修正には，処置区分Aでは，グラインダによる仕上げなどで加熱を伴わないため，通常の作業工程において現場だけの判断処理に任されることが多い。

しかし，処置区分Cのように補修溶接が必要な場合，局部的な再溶接となるので拘束が増加し，冷却速度も大きくなることから，慎重に施工しないと，補修溶接が逆に不適合の拡大を引き起こす可能性がある。

補修溶接はほとんどが予定外の作業であり，溶接姿勢にも制限が多いため，通常の溶接作業よりも高度な施工管理が求められる。そのため，補修要領のみならず，補修個所や実施状況の記録，補修後の検査要領及びその記録，さらには再発防止に向けた活動など広範な計画と確実な管理が必要である。したがって，補修溶接が発生した場合には，補修の必要が発生したことを必ず責任者に報告し，決して作業者任せにしないことが重要である。

表 6.5 補修溶接における一般的実施事項[10]

補修工程	補修溶接における一般的実施事項
欠陥の除去	a．非破壊試験により除去する欠陥の大きさと位置を確認する。必要な場合は，隣接する溶接部の健全性についても検査する。（割れ欠陥などで除去作業中に進展のおそれがある場合は，欠陥の両側にストップホールをあけるような対策を施す。） b．欠陥の大きさ，位置などに応じてグラインダ，エアアークガウジング等で欠陥を除去し，補修溶接が行いやすいように溝部を整形する。 c．欠陥が除去されたことを適切な方法で確認する。
補修溶接の施工	a．補修溶接施工要領書に従って補修を行う。 ・被覆アーク溶接で補修するときは低水素系溶接棒の使用が望ましい。 ・予熱が不要の材料でも，予熱をすることが望ましい。また，本来予熱を行うべき材料の補修では，予熱温度は，本溶接時よりも30℃程度高くする。 ・高張力鋼の補修溶接では，最小ビード長さを50 mm以上とし，2パス以上の施工を行う。また，必要に応じて後熱を行う。 b．補修チェックシートに施工条件を記録する。
補修溶接部の検査	a．補修溶接施工要領書に従って補修部の再検査を行う。 ・所定の外観検査，非破壊検査を行う。 ・高張力鋼の場合，非破壊検査の実施時期は，溶接後少なくとも24時間以上経過後とする。 b．検査結果及び施工記録を関係先に連絡する。 c．合格品は通常工程に復帰させる。

補修溶接時における一般的実施事項の例を，表 6.5 に示す。

6.2.6 検査記録の活用と是正処置・予防処置[11]

　溶接ビード外観や溶接寸法は，溶接工程の自主管理記録でも実態を把握できるが，内部欠陥や微細な表面欠陥は，放射線透過試験，超音波探傷試験，磁粉探傷試験などの非破壊試験の結果，初めて明らかになるものである。これらの非破壊試験は，一般に検査工程で実施し，そのほかに製品全体の寸法及び外観，溶接部の寸法及び外観など客先の要求品質に適合しているかどうかの最終確認も検査工程で行う。
　ときには，溶接工程では自信のある溶接結果であっても，検査工程で不合格と判断されることもあり，検査データは貴重な品質情報であると考えられる。したがって，検査データをフィードバックして，溶接工程能力の現状把握，改

善ポイントの絞込みに有効活用を図ることが大切である。

　自主管理項目の検査担当者との判断基準のすり合わせもその一つであるが，特に不良発生時の検査データを良く分析して，不良の原因が6.1.2項に述べた工程の実力の構成要因のうち，どの項目に最も関係が深いかを見極めて，適切な対策を講じる習慣をつけるべきである。このとき，6.1.3で述べた「特性要因図」を活用するとよい。

　また，溶接不良を含む不適合（不具合ともいう）は，一般的には発見工程，発生工程，起因工程がそれぞれ異なっていることが多い。

　例えば，すみ肉溶接で脚長8 mmであるべき箇所を，6 mmで溶接されていたことが検査工程で発見された場合，溶接工程が不具合発生工程であるが，原因をよく調べた結果，図面の数字の読み取りづらさによることがわかった時，起因工程は読取りづらい図面の描き方を作業標準としていた設計工程である。時には，作業場所の照明が暗いことが，図面の読み取りミスを誘発させる原因であることも考えられ，この場合には工場設備管理を担当している部署か，その部署へ設備改善を依頼していなかった溶接工程自身のどちらかが起因工程となる。

　不適合の再発を防止するには，原因を全員で良く話し合って，起因工程の真の原因への対策を講じないと，繰り返して同種不適合が発生することを認識しなければならない。JIS Q 9000では，このような一連の活動を「是正処置」とよぶ。また，他の職場の事例や過去の経験等を参考にして発生しそうな不適合を事前に予測し，発生を防止するために行う対策を「予防処置」とよぶ。

6.2.7　溶接作業者の教育管理 [12]

　溶接作業者に対する教育訓練には，新規採用者を専門技能者に育成するための初心者教育，すでに溶接工程に配属されている作業者に，高度な技能又は新しい技術を習得させる上級教育，日ごろの業務を満足に進めるための注意を喚起したり，溶接する製品や材質の知識などを徹底するための日常教育などに分けられる。

　ここでは，主に上級教育時に考えなければならない事項の一例と，日常教育について簡単に述べる。

〔1〕教育訓練の対象者選定

溶接技術は日進月歩であり，溶接材料の改良や，作業性，操作性の良い溶接機，自動機器，ロボット等の開発やデジタル化が行われ，また，新しい製造機種に対して様々な溶接施工法が用いられるようになってきている。そのため，数少ない溶接作業者に多種類の施工技術や技能を身につけさせる必要があり，初心者教育とは別の観点からの教育が必要になる。

例えば，被覆アーク溶接に長年従事していたグループに，炭酸ガスアーク溶接又はティグ溶接の技能教育をする場合，グループ内の誰を最初に教育するのが適切かという問題がある。

新しい技術をあるグループ内に普及させるためには，まず溶接指導者自身がその技術に対して熱心でなければならないのは当然であるが，実際の教育にあたっては，従来技術で最も熟練した年長者を核にするか，従来技術の熟練度は低いが，知識吸収力豊かな若手を核にするか判断が難しい。

その時々の事情によって異なるが，一般的には，①習得させるべき溶接工法又は技術の種類，②グループ内での必要な人数，③技能的到達レベル及び目標達成までの期間，④新しい技術に対するメンバの興味の度合い，⑤メンバの年齢構成と年長者の性格，などを考慮して選定することになる。

この時，最終決定に先立ってメンバ全員と対話してグループの意志を尊重するとともに，一旦教育訓練に着手したら，明らかに適性に欠けることが判明しない限り人選を変更せず，粘り強く指導していくことが大切である。

〔2〕日常教育の要点

日常教育には，仕事を通じて技能の向上を図る側面もあるが，溶接指導者の業務として最も重要なことは，日々の溶接作業を安全に，かつ優れた結果が得られるように，状況を良く考えて指導することによって，工程の実力を安定的に最大限発揮できるようにすることである（1.1.1項参照）。

溶接着手前には，溶接する製品の溶接施工要領書をよく確認し，必要に応じて図面や仕様書を参照して，材料に適した溶接材料，予熱の必要性と温度，溶接材料の乾燥条件，溶接の仕上がり形状と寸法，自主管理項目と管理記録の項目，後で行う検査の概要などを，溶接指導者自身がよく把握し，作業者に対し

てこれらの注意事項を，メモや図などを使って具体的に教える必要がある。

当日の作業の前には，組立精度や開先精度，開先部の清掃，タック溶接の長さ及びピッチ，溶接機などの日常点検，ひずみ防止の要領，チェックシートへの記載項目，作業足場などの安全設備や安全具の着装など，その日の溶接作業に必要な事項について説明し，注意を喚起しなければならない。

そして作業中には，作業標準どおりの作業が実施されているか，喚起した注意事項が守られているかを確認し，必要な場合には即時指導をして「ウッカリミス」や「ウッカリ事故」が起こらないように作業者を援助する。また，溶接部の清掃状況や溶接外観の管理は，良否の程度の判断には，個人差があり，同じ人でも日が経つにつれ，ずれてくることがあるので，溶接指導者は時々作業者と一緒に確認するなど，製品の出来映えが一定の水準を保つように指導する必要がある。

溶接作業後には，作業場の清掃や溶接機の終業時点検，仕掛り品の状態などについて確認し，明日の作業に備えるほか，溶接部の非破壊試験のデータを検査工程から入手し，単なる補修部の手直し作業のためだけではなく，作業者の技量レベル把握の資料としても活用すべきである。

このような日常教育を確実に行うためには，溶接指導者自身が，指導すべき項目のチェックリストをあらかじめ作っておくことが望ましい。

6.2.8　溶接機器の管理[10],[13]

溶接機器の故障や整備不良は，溶接品質に影響を及ぼすだけでなく，突発的な故障による工程の遅れや，不安全作業の原因にもなる。これを防ぐためには，関連機器も含めて日常的に適切な整備・保全を実施しておくことが重要である。また，電流計，電圧計，速度計などの測定機器については，測定のトレーサビリティ＊が要求される場合，ある間隔で機器を校正し，その記録を残すことが必要である。

＊　トレーサビリティとは，「対象の履歴，適用又は所在を追跡できること」をいい，品質トラブルが起こった場合には，その原因を記録に基づいて追究できることをいう。

〔1〕被覆アーク溶接の機器類

(1) 交流アーク溶接機

　交流アーク溶接機の故障は比較的少ないが，被覆アーク溶接の特徴から，使用する環境が多様で，時には溶接機を屋外に設置するなど苛酷な使用条件になることがある。そのため，取扱いも乱暴になることもあり，定期的に次の点検を実施することが大切である。

(1) ハンドルの軸などに，時々注油し摩耗を防ぐ。
(2) 時々蓋を開けて，溜まったほこりを清掃する。もし水の侵入が確認された場合，設備担当者に連絡し，絶縁抵抗を測定する。
(3) 振動音が発生した場合，ねじを締め直す。異常な振動と感じた場合は，設備担当者に連絡して処置を依頼する。
(4) 外箱の接地状況，1次線，2次線との接続部の締付状況及び絶縁テープの状況を確認する。
(5) 使用前に，必ず電撃防止装置の作動確認を行う。異常があった場合，設備担当者に連絡して修理する。

(2) キャブタイヤケーブル及びホルダ

　キャブタイヤケーブルの絶縁被覆が傷んでいたり，圧着端子との接合部の絶縁被覆がめくれていたり，ホルダの保護カバーが外れていたりすると，導電部が露出して感電のおそれがあるだけでなく，母材にアークストライクが発生し，製品の品質にも悪影響を及ぼす。そのため，母材接続ケーブルも含めて小まめに点検し，絶縁テープなどで修理しておくことが重要である。

(3) 溶接棒乾燥器

　簡易型のポータブル溶接棒乾燥器のニクロム線が切れていると，所定の乾燥温度が保てない。また，温度計や温度設定装置が付いている乾燥器でも，計器類の故障が発生する可能性がある。したがって，簡易形のポータブル乾燥器はもちろん，計器が付いている固定式の乾燥器でも，定期的に庫内温度を測定する必要がある。

〔2〕半自動アーク溶接の機器類

(1) 溶接電源及び制御装置

溶接電源及び制御装置は，交流アーク溶接機とは異なり，多数の半導体部品を使用し，冷却ファンなどの回転機器を備え，構造が複雑である。また，内部に制御装置を組み込んでいるため，カバーを開けて行う内部の保守点検は，原則として専門担当者に任せるのが良い。

したがって，現場では，溶接電源への接地ケーブルの固定状況，制御ケーブルやリモコンケーブルのプラグの緩みや断線の有無，ガスホースの締付不良の有無，冷却ファンの回転異常の有無，電流計や電圧計などの確認を行う。

(2) ワイヤ送給装置

ワイヤ送給装置は，送給ローラの溝の傷み，送給ローラ及び加圧ローラの汚れ，曲がり矯正ローラの汚れ及び調整具合などを，点検・整備する必要がある。

(3) トーチ及びコンジットケーブル

トーチのノズル清掃，チップの穴の摩耗に伴う交換や，穴付近のスパッタ除去などは，作業中の整備事項であるが，そのほか，時々ノズルを外して，トーチボディーのガス穴詰まりなども，小まめに点検して整備しなければならない。

コンジットケーブルは，ワイヤをワイヤ送給装置からトーチへ導く管で，内部にあるスプリングチューブ（コイルライナ）に鉄粉，ほこり，油分などが溜まると，ワイヤの送給性を損なう。1週間に1回位，スプリングチューブを引き出して，軽くたたいてほこりを取り，エアで吹き飛ばして清掃する。汚れのひどい時には，洗い油でブラシ洗いをし，エアで乾燥させる。

この時，スプリングチューブが局部的に曲がっていたり，キンクを起こしていたりしていないかを点検し，不良であれば新品と取り替える。

(4) ガス流量調整器とガスホース

ガス流量調整器は，ボンベ内の圧力を減圧する調整器と，ガスの流量を読み取るための流量計からなっており，シールドガスの種類に応じたものを使用しなければならない。炭酸ガス用の流量調整器の多くは，減圧時の断熱膨張でガスの温度が低下することを防ぐヒータが付いているので，圧力調整器及び流量計のガラスの傷み，ヒータの断線，接続ホースの傷み及び締付状態の点検をする。

炭酸ガスアーク溶接では，シールドガスホースとしてゴムホースが使用されることが多い。ゴムホース使用上の注意点は次のとおりである。

① 屋外で雨に濡れるなど吸湿したガスホースは使用しない。

② ひび割れ，破れを発見した場合，直ちに新しいホースに交換する。
③ 通常2年程度の使用により，新しいホースに交換するのが良い。
　また，ティグ溶接などでシールドガスの供給にゴムホースを使用するとシールドガス中に水分が入り込み，ブローホールなどの溶接欠陥発生の原因となる。アルミニウム合金など，わずかな水分量でも影響を受けやすい材料の溶接では，ポリエチレン製やテフロン製のホースを使用する。

(5) 冷却水循環装置

　大電流用のトーチには水冷式のものがあり，後部に冷却水循環装置の付いた溶接電源もある。
　このような機械では，循環ポンプが動くこと，水面計の所定の位置まで水があること，水ホース及び接続部に漏れがないことを確認する必要がある。
　溶接作業の前に行う一連の始業前点検のためのチェックシートの一例を，**表6.6**に示す。

〔3〕その他の溶接機器類

(1) ティグ溶接装置

　ティグ溶接の高周波発生装置には火花放電用空隙があるが，この電極の対極面は平滑かつ平行に，間隙寸法も正確に調整しておかなければならない。

(2) 自動溶接の走行装置

　サブマージアーク溶接など自動溶接に用いる走行台車は，走行速度計が正確かどうかを，定期的にストップウォッチなどで点検し，校正する必要がある。
　溶接機を固定し，製品が動く方式で自動溶接を行う場合のターニングローラやターンテーブルなどのジグの回転速度計や移動速度計も同様である。

(3) ガス切断などの機器

　ガス切断やガスによる予熱用機器の点検は，炭酸ガス溶接の場合と同じであるが，使用するガスが，可燃性ガス及び支燃性ガスであるから一段と厳重に行い，ガス漏れを完全に防ぐ必要がある。
　また，ガス切断器の吸込試験を必ず実施して，インゼクタの機能を確認しておくことが重要で，不良の場合はトーチを取り替える。

表6.6 始業前点検のためのチェックシート（例）[13]

設備番号　　　溶接機名　　　　所属　　　課　　　係　担当者
　　　　　　　　　　　　　　　　　　　　レ　確認済
　　　　　　　　　　　　　　　　　　　　×　異常あり

区分	点　検　項　目	6/4 (月)	6/5 (火)	6/6 (水)	6/7 (木)	6/8 (金)	6/9 (土)	処置事項
溶接トーチ	(1) ノズルにスパッタが付着していないか	×	レ	レ	レ	レ		新しいものと交換
	(2) ノズルは変形していないか	×	レ	レ	レ	レ		
	(3) オリフィスがあるか，破損していないか	レ	レ					
	(4) トーチボディのガス穴は詰まっていないか							
	(5) チップの締付けは十分か							
	(6) チップの穴径が楕円状に摩耗していないか							
	(7) ライナーの詰まりはないか							
	(8) ライナーの変形はないか							
ワイヤ送給装置	(1) ガスホース接続部はゆるんでいないか							
	(2) コンジットケーブルの接続部はゆるんでいないか							
	(3) 送給ローラと使用ワイヤ径は適合しているか							
	(4) 送給ローラの溝が摩耗したり汚れていないか							
	(5) ワイヤ加圧の調整は適正になっているか							
	(6) ワイヤストレーナーの調整は正しく行っているか							
	(7) ワイヤリールは正しくセットされているか							
溶接電源とケーブル類	(1) 一次ケーブルの締付けのゆるみはないか							
	(2) 絶縁テープの破損はないか							
	(3) 溶接ケーブル取付部のゆるみはないか，絶縁テープの破損はないか							
	(4) 母材，溶接ケーブル取付部のねじがゆるんでないか							
	(5) 制御ケーブルのプラグはゆるんでいないか							
	(6) 溶接ケーブルは破損していないか							
	(7) 電源本体の接地線のねじはゆるんでいないか，プラグはゆるんでいないか							
ガス流量調整器	(1) 調整器とボンベとの取付部のゆるみはないか							
	(2) 調整器とボンベとの取付は垂直になっているか							
	(3) 加温ヒータ用ケーブルは正しく接続されているか							
	(4) ホース接続部がゆるんでいないか							
	(5) ホースは破損していないか							
冷却水回路	(1) 冷却水ポンプの水量は十分あるか							
	(2) 冷却水は汚れていないか							
	(3) ホース接続部のゆるみはないか							
	責任者検印							

6.2.9 作業環境の整備[10]

　溶接作業環境が溶接結果に及ぼす影響には，①悪条件が直接製品の品質に影響する場合，②悪条件のため作業者が不安や疲労を感じて十分に技能を発揮できずに品質が悪化する場合がある。
　前者への対応例には，次のようなものがある。
(1) 溶接箇所が雨や露で濡れている時は，加熱して溶接箇所の水分を乾燥させる。天候不良が予想される時には，雨よけテントを張るなど，事前に対策を講ずる。
(2) 溶接箇所が強風に曝されている時は，防風シートを張ったり，ついたてを立てて風を防ぐ。この場合も事前に対策を講ずることが望ましい。
(3) 母材の温度が低い時は，技術基準で予熱が不要な材料でも予熱を行い，予熱の必要な材料では，予熱温度を高くするか，予熱範囲を広くする。
(4) 湿度が高い時は，温度の低い時と同様予熱を強化するとともに，乾燥後の溶接棒の使用制限時間を短くするなど材料管理を強化する。
　これらについては，技術基準や作業標準であらかじめ管理基準を定めておくことが望ましい。
　一方，後者への対応例には，次のようなものがある。
(1) 高所作業の場合には，堅牢な作業足場を設置し，安全ネットを張るなど墜落防止対策を講じ，かつ保安帽，墜落制止用器具（安全帯）など保護具の着用を励行させる。なお2m以上の高所で交流アーク溶接などの作業を行う場合は，自動電撃防止装置を使用することが法規で義務付けられている。
(2) 狭い箇所の作業の場合には，交流アーク溶接などの作業に自動電撃防止装置の使用が法規で義務付けられているように，電撃の防止に特に注意する。また，ヒューム，シールドガス，可燃性ガス，酸素などが溜まらないように換気を行う。監視員配置などの方法をとり，常時連絡を絶やさないような配慮も大切である。
(3) 高温作業の場合には，換気，冷房服の着用によって体温調節を行い，場合によっては交替要員を準備して，作業時間に制限を設けるなど疲労回復に努める。

(4) 寒冷地域での作業の場合には，溶接箇所を囲って暖房し，特に足元を暖めるように配慮する。
(5) 作業者自身に「自分の安全は自分自身で守る」という強い意志を持たせて，始業時点検を励行させる。

そのほか，溶接グループ内及び関連部署のメンバとの間を友好的に，いつも安心して，落ち着いて作業に専念できるように，良い人間関係を作り出すことも第一線の管理者である溶接指導者の大切な役割の一つである。

6.3 安全衛生とその管理

溶接工程でも，他の作業と同様に施工管理の目的は，品質（Q），コスト（C），工期（D）及び安全衛生（S）の4つの要素のバランスを，施工に反映させることにある。したがって，安全衛生に対する配慮が少ない工程の製品の品質は，再現性や安定性に乏しく，その工程は良好な品質を保てないことになる。

6.3.1 溶接作業の傷害と疾病

溶接やガス切断などの作業中には，感電，眼傷害，火傷，火災，爆発，有毒ガスによる中毒など，さまざまな災害が発生する可能性がある。これらの原因は，電気，高圧ガス，高温の3つに集約でき，図6.7に災害要因とその種類を示す。

直接的な災害が軽いものであっても，ショックによる墜落，落下，転倒など，重大な災害に至ることもあり，二次災害の防止にも十分な注意が必要である。

また，傷害はすぐ目に見える形で現れるが，疾病や健康障害は通常，長期間にわたって徐々に進行する。そのため，専門家でなければ適確な判断が難しく，定期健康診断を受診し，医師の助言を受けることが，健康維持には欠かせない。

特に，慢性的な疲労が蓄積している作業者は，無気力に見えることがあり，つい叱責しがちであるが，状況を正確に把握し，適切な対応が取れるよう指導することが大切である。

これらの災害から作業者を守り，安全と健康を確保するためには，管理者や

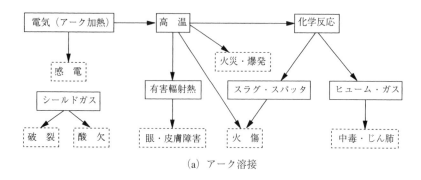

(a) アーク溶接

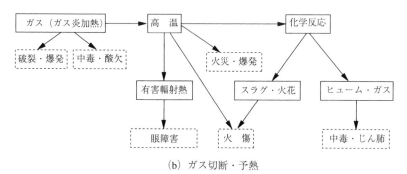

(b) ガス切断・予熱

図 6.7 溶接作業に伴う災害要因とその種類[14]

指導者が作業者の教育，工場設備や溶接機器，工具，保護具，作業手順に注意を払い，さらに作業者自身にも安全衛生に関する十分な知識を身につけさせることが必要である。また，作業者は自分自身を守るとともに，周辺で作業をしている他の作業者の安全にも配慮し，職場全体で事故防止に取り組まなければならない。

6.3.2 溶接作業の災害防止

〔1〕感電災害の防止

人体が導電部に触れ，感電した時の電撃の危険度は，通電電流の大きさ，通電時間，電流の経路，電流の種類（直流，交流，周波数）によって異なるが，主となるのは通電電流の大きさである。

人体が電撃を受けた場合に，筋肉のけいれんや神経の麻痺で運動の自由を失わない限界の電流値（離脱電流）は，商用交流電源の時，成人男子で平均16 mAといわれているが，個人差を考慮すると大多数の人が離脱できる安全限界は，成人男子で9 mA，女子で6 mAと言われている[15]。

人体の電気抵抗は，人体内部の抵抗と皮膚（接触面）の抵抗に分けられる。前者はほぼ500 Ωであるが，後者は接触面の状況によって変化する。

皮膚が乾燥して硬質化している状態では10,000 Ω程度で，発汗時はその1/12，水に濡れていると1/25にまで低下すると言われている。

このように，主に皮膚の状態に応じて人体抵抗は異なるが，その時に人体に流れる電流の値は印加電圧に比例する。そこで，電源が電圧値で表示されることを考慮して，電撃の危険度を電圧値で表示すると，一般に理解しやすい。

(一社) 日本電気協会の指針によれば，「人体が著しく濡れている状態」及び「金属製の電気機械装置や構造物に人体の一部が常時触れている状態」に対する許容接触電圧を25 V以下としている。自動電撃防止装置の安全電圧も，これを考慮して設定されている。

感電災害の防止のためには，次のような注意が必要である[16]。
(1) 交流アーク溶接などの作業では，JISに適合した絶縁形ホルダを用いるとともに，電撃防止装置の使用を励行する。
(2) 溶接機の外箱及び母材を接地する。
(3) 絶縁性の高い安全靴や手袋などを着用し，湿った手で作業しない。
(4) 端子接続部の露出，ケーブル損傷箇所の日常点検を励行する。
(5) 溶接作業休止時間，作業場を離れる時は，必ず電源スイッチを切る。

〔2〕 眼障害の防止

溶接のアークやガス炎は非常に高温で，強い可視光線のほかに，赤外線や紫外線を放射するが，特にアークの紫外線は強烈である。

紫外線は生体の組織を損傷させる作用があるので，目に入ると結膜や角膜などが冒されて，数時間の後に激痛が起きる。通常は1～2日程度で自然治癒する。この症状を電気性眼炎（アーク・アイ）とよぶ。

これを防ぐには，ヘルメット形かハンドシールド形の溶接用保護面にフィルタプレートを装着し，その上にカバープレートを重ねて作業時に使用する。フィ

表6.7 遮光度番号と使用区分の標準 (JIS T 8141 より)

遮光度番号	アーク溶接・切断作業 アンペア				ガス溶接・切断作業			
	被覆アーク溶接	ガスシールドアーク溶接	アークエアガウジング		溶接及びろう付[a]		酸素切断[b]	プラズマジェット切断アンペア
					重金属の溶接及びろう付	放射フラックス[c]による溶接(軽金属)		
1.2								
1.4								
1.7	散乱光又は側射光を受ける作業				散乱光又は側射光を受ける作業			
2								
2.5								
3								
4	—				70 以下	70 以下(4 d)		
5	30 以下				70 を超え 200 まで	70 を超え 200 まで (5 d)	900 を超え 2,000 まで	
6		—	—		200 を超え 800 まで	200 を超え 800 まで (6 d)	2,000 を超え 4,000 まで	
7	35 を超え 75 まで				800 を超え た場合	800 を超え た場合 (7 d)	4,000 を超え 6,000 まで	—
8								
9	75 を超え 200 まで	100 以下						
10			125 を超え 225 まで					
11		100 を超え 300 まで					150 以下	
12	200 を超え 400 まで		225 を超え 350 まで				150 を超え 250 まで	
13		300 を超え 500 まで					250 を超え 400 まで	
14	400 を超えた場合		350 を超え た場合					
15	—	500 を超え た場合					—	
16								

〈注記〉遮光度番号の大きいフィルタ(おおむね10以上)を使用する作業においては，必要な遮光度番号より小さい番号のものを2枚組み合せて，それに相当させて使用するのが好ましい。
1枚のフィルタを2枚にする場合の換算は，次の式による。
$$N = (n_1 + n_2) - 1$$
ここに N ：1枚の場合の遮光度番号
n_1, n_2 ：2枚の各々の遮光度番号
例：10の遮光度番号のものを2枚にする場合，
$10 = (8+3) - 1, 10 = (7+4) - 1$ など。

注 (a) 1時間当たりのアセチレン使用量 (L)
 (b) 1時間当たりの酸素の使用量 (L)
 (c) ガス溶接及びろう付けの際にフラックスを使用する場合，ナトリウム589 nmの強い光が放射される。この波長を選択的に吸収するフィルタ(dと名付ける)を組み合せて使用する。
　　例：4dとは，遮光度番号4にdフィルタを重ねたもの。

ルタプレートは，JIS T 8141：2016「遮光保護具」・2021「遮光保護具（追補1）」に，遮光度番号が決められているので，適切なものを使用する。その使用区分の標準を，**表 6.7** に示す。なお，近年，アーク光を感知して遮光度が変わる自動遮光面が多く用いられるようになってきたが，適切な遮光度で使用することが必要である。

また，溶接作業場所からアークの光が漏れてきたり，作業場の周囲に白壁やガラスなど光を反射する物体がある時には，溶接作業者自身だけでなく，周辺の作業者など第三者も電気性眼炎にかかることがある。JIS T 8141：2016「遮光保護具」には，遮光めがねとして，スペクタクル形（サイドシールドなし，あり），フロント形及びゴグル（ゴーグル）形が定められており，作業環境及び作業内容に応じて使い分けると良い。

したがって溶接作業では，指定番号のフィルタを使い，自らを守るとともに作業場所の周囲に遮光幕やついたてを配置し，第三者も守る必要がある。

溶接作業では，電気性眼炎のほかに，スラグやスパッタの除去作業の時に異物が目に入り負傷することもある。常に，保護めがねや顔面の保護具を確実に着用することが防止に有効である。

〔3〕火傷及び皮膚傷害の防止

溶接のアークは目に悪影響を与えるだけでなく，皮膚に当たると炎症を引き起こし，海水浴の日焼けよりもひどい状態となる。

また，アーク溶接ではスパッタが，ガス切断ではスラグが飛散する。いずれも高温の粒子であり，これに接触すると火傷を負う。スラグ除去作業の時に飛び散る高温のスラグ片も危険である。

これらの災害を防止するには，決められた保護具を確実に着用して首筋，手首，足首の皮膚を露出しないようにする。中でも安全靴は，直接足の火傷を防ぐだけでなく，高温に触れたショックで取り落とした工具や，材料の落下による2次災害の防止にも有効であり必ず着用し，その上から足カバーを被せて，足と靴の隙間をなくす。

また，ガス炎によって衣服が焼けて火傷を負うこともある。特に，狭あい箇所で作業する時には，油汚れのない清潔な作業服を着用し，ライタやマッチをポケットに入れたまま持ち込まず，酸素漏れのないよう器具類の点検を厳重に

する。酸素は空気より比重が大きく自然拡散しにくく，人間の感覚では酸素漏れを感じないことに留意する。

さらに，溶接や切断直後の鉄片に誤って触れて火傷を負うこともある。鉄は加熱された時，600℃付近でやっと暗赤色になり始める。したがって，300℃程度では外見上常温のものと区別がつかないので，溶接箇所や切断箇所に触れる時は，必ず革手袋などの保護具を使うか，あらかじめ温度を確かめるなど，慎重に作業すべきである。火傷に対する応急処置としては患部をすぐに冷水などで冷やす。

〔4〕 火災及び爆発の防止

溶接や切断作業場の付近に可燃物や爆発性の物があると，引火して爆発や火災を起こす可能性がある。

点火源には，溶接アーク，スパッタ，ガス炎，切断時の飛散スラグの火花のほか，高温の金属片，過剰電流が流れる電線や接続部などが考えられる。特にガス切断作業では，図6.8に示すように，切断火花はかなり遠くまで飛散するので注意を要する。

可燃物としては，油類，塗料，木屑，ぼろ布，ゴム製品，プラスチック製品などがあり，建物や配管に使われる断熱材としての多孔質プラスチックに油がしみ込むと，発火温度はさらに低下する。これらの可燃物は燃焼熱が高く，初期消火に失敗すると消火が困難になる。また，密閉された場所や室内では煙が避難の障害となることが多い。

爆発性物質としては，吹管やホース及びその接続部から漏れた燃料ガスや，ガソリンの空き缶やドラム缶など，引火点が低い液体容器の補修溶接時の残留物，穀物粉やプラスチック粉のような粉体，プラントや配管に付着している薄

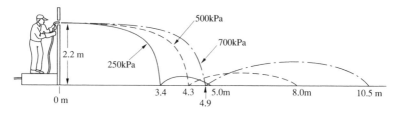

図6.8 ガス切断火花の飛散状況

表 6.8 燃料ガスの爆発限界濃度（常温，大気圧）[9]

可燃性ガスの種類	空気との混合物の爆発限界 容量%		酸素との混合物の爆発限界 容量%	
	下限界	上限界	下限界	上限界
水素	4.0	75	4	95
アセチレン	2.5	100	2.3	100
プロパン	2.2	9.5	2.2	57
メタン	5.3	14	5.1	61

い油膜などがある。可燃性のガスはすべて，特定の条件下で必ず爆発するため，ガスの種類やその爆発限界を十分に理解しておく必要がある（参照：**表 6.8**，参考：**表 4.3**）。

　溶接やガス切断作業では，点火源を完全に排除することは難しいが，火災や爆発の防止の基本対策は，可燃物や爆発物の排除である。作業前の調査点検及び不測の事態に備えた準備，作業中の監視，作業後の火気点検も重要である。

　また，ガス溶接や切断作業中には，吹管への逆火や吹管内での酸素の可燃性ガス側への逆流，可燃性ガスの異常圧力上昇など，危険な状態が発生することがある。これらの状態を局所的に制限するために使用されるのが安全器で，これには水封式安全器と乾式安全器がある。

　アセチレン溶接装置，ガス集合溶接装置を使用する場合，安全器の設置が義務づけられており，1つの溶接装置に2つ以上の安全器を設置しなければならない。使用するガスの種類及びその使用圧力に適した安全器を選定し，使用することが求められる。

　また，高圧ガス保安法により，溶接や切断作業でアセチレンを使用する場合には，逆火防止装置を設けることが義務付けられている。これはアセチレンに限定されるが，ボンベ1本でも逆火防止装置を設けて作業しなければならない。

　作業時には，①作業場所周辺の可燃物を除去し，それが難しい場合は不燃物や防炎シートで養生する，②火花受けを用意して点火源の飛散を防ぐ，③ガス容器の取扱い基準を守り，可燃性ガスなどの漏れを防ぐ，④作業場所によっては，着手前にガス検知器で確認する，ことが必要である。

　特に，内容物が残っている可能性のある容器や缶，配管を溶接する時は，内部に水を張るか窒素に置換して爆発を防止する対策が重要である。

そのほか，①消火用の水や砂，消火器などを準備して不測の事態に備える，②石油精製所，化学プラントなど可燃性・爆発性の物質を取り扱っている場所や，湿度が特に低い場所で作業する時は，安全管理者から火気使用許可証の交付を受ける，③狭あい箇所や危険な箇所では監視員を配置する，などの対策も必要である。

作業後の点検では，残り火，ガス器具の元栓の閉塞，スイッチの解放などを確認することが重要である。

〔5〕 熱中症の防止[18),19)]

「熱中症」とは，蒸し暑さによって，体内の水分や塩分のバランスを崩したり，体温を維持できなくなってしまったりすることによって生じる健康障害をまとめていう。溶接作業は，身体が常に高温にされており，特に夏季は高温多湿な作業環境になりやすく，熱中症に注意が必要である。

熱中症の症状は，①体温が高くなる，②全く汗をかかないで触るととても熱く，かつ，皮膚が赤く，乾いた状態となる，③頭痛がする，④めまい，吐き気，⑤応答が奇妙，呼びかけに反応がないなどの意識の障害などである。

このような場合は熱中症を疑い，意識に少しでも異常がある場合には，救急隊への連絡とともに次の応急処置を行わなければならない。①涼しい環境への移動，②脱衣と冷却，③水分及び塩分の補給。また，自力で水分の摂取ができないときや意識障害が認められる場合は医療機関への搬送が必要である。

熱中症にかからないためには次の対策が必要である。①スポットクーラー，扇風機の設置など作業環境の整備を行う。②休憩をこまめにとり，水分と塩分を十分に補給する。③睡眠，休養を十分にとるなど日常の健康管理を徹底する。作業の初日に症状がでることも多く，暑さに慣れるまでは特に注意が必要である。

〔6〕 粉じん障害及び中毒・酸素欠乏などの防止

アーク溶接で発生する煙の大部分は，金属又はスラグ組成物が高温蒸気（酸化物もある）になり，冷却されて固体の微粒子となったヒュームである。

母材が亜鉛めっきされたもの，鉛を含んだ塗料で塗装されているものなどの場合は，表面物質を十分除去しないで溶接作業を行うと，重金属の蒸気や

ヒュームが発生する。また，低水素系溶接棒からはふっ化物のヒュームが発生する。

溶接の際，これらのヒュームを大量に吸い込むと，悪寒や発熱などの金属熱症状を起こすことがあり，長期間この種の溶接作業に従事していると，急性症状がなくても，じん肺にかかるおそれがある。

これらの健康障害を防止するために「粉じん障害防止規則」では，事業者は，①全体換気装置による換気の実施又はこれと同等以上の措置を講じる，②有効な呼吸用保護具を使用しなければならない，③休憩設備の設置や作業場の清掃を行う，④屋内作業場について定期的に空気中の粉じんの濃度を測定するなどを定めている。また，「じん肺法」には定期健康診断について規定があり，常時粉じん作業に従事する作業者で，じん肺の所見がない場合は3年以内ごとに1回，また所見がある場合は1年以内ごとに1回のじん肺健康診断を受けなければならない。また，2020年の法改正により，マンガン（Mn）を含む溶接ヒュームが「特定化学物質」に追加され，個人ばく露測定，年1回のフィットテスト，特定化学物質作業主任者の選定，特定化学物質健康診断等が義務付けられた。

防じんマスクについては，JIS T 8151：2018「防じんマスク」で，その性能を定めており，実際の溶接作業での個人ばく露測定の結果を元に選定したものを使用しなければならない。

長期間密閉されていた場所で作業する場合や，狭あい箇所でガスシールドアーク溶接を実施する場合，酸素欠乏症になることが考えられる。これを防止するには，作業開始前及び作業中に酸素濃度の測定を行い，「酸素欠乏症等防止規則」に基づき，①空気中の酸素の濃度を18％以上に保つように換気する，②空気呼吸器などを使用する，のいずれかを実施する。

シールドガスが炭酸ガス（CO_2）の場合には，アーク中で分解して有害な一酸化炭素（CO）が発生し，中毒にかかるおそれがある。一般に，200 ppmの濃度のCOを数時間吸うと中毒症状になるといわれている。

測定例によれば，COの濃度は目に見えるようなヒュームの流れの中では著しく高く，流れの外では極度に低いといわれているので，呼吸する時にヒュームの流れを避けることが具体的な対策になるが，狭あい箇所では濃度測定を行って，換気などの対策をとる必要がある。

日本産業衛生学会の勧告（2018年度）では，COの許容濃度は50 ppm，CO_2

表 6.9 アーク溶接作業における保護具と適用規格[20]

災害を防止する部位	保護具名称	適 用 規 格
眼	保護めがね 保護面 遮光幕，ついたて	JIS T 8141「遮光保護具」 JIS T 8142「溶接用保護面」廃止 WES 9009-3「溶接，熱切断及び関連作業における安全衛生 第3部：有害光」
皮膚	手袋 前掛け，足カバー 安全靴 安全帽	JIS T 8113「溶接用かわ製保護手袋」 JIS T 8101「安全靴」 JIS T 8131「産業用ヘルメット」
呼吸器	防じんマスク 防毒マスク ホースマスク	JIS T 8151「防じんマスク」 JIS T 8152「防毒マスク」 JIS T 8153「送気マスク」
人体	安全帯	JIS T 8165「墜落制止用器具」

の許容濃度は5,000 ppm となっている。

また，溶接箇所の近傍にあるシール材，ライニング材などのプラスチックも，種類によっては熱分解して有毒ガスを発生することがあるので注意を要する。

表6.9にアーク溶接作業の保護具と適用規格を示す。

6.3.3 災害事例

災害の事例は，特殊なものと思われ，自分の職場と異なっていると感じられがちであるが，よく考えると必ず参考になる点がある。

先輩や他の職場にいる作業者が，身をもって示した教訓であると素直に受け止めて，自分の職場の災害防止に活用できるように，ツールボックスミーティング（TBM）や危険予知活動（KYK）などを通じて水平展開することが望まれる。

ここでは，中央労働災害防止協会の許諾を得て講習用テキストより一部改編し転載する。[16),17),19),21),22)]

〔1〕溶接機1次側ケーブルの損傷により感電

事業場：機械器具製造業，被害：死亡1名

（1）発生状況

当日は朝から小雨であったが，被災者は雨があがるのを待って，交流アーク溶接機を手押車の荷台に乗せて工場内の空地に持ち出し，鉄製タンクにフランジを溶接する作業に取り掛かった。

被災者は，溶接作業に伴って容易に移動できるようにと考えたのか，溶接機を手押車の荷台に敷いた鉄板の上に乗せたままで作業した。初めに鉄製タンク半円周を溶接し，次に反対側の部分を溶接しようとして手押車を移動させるため，右手を手押車の取手に掛けた際，電撃を受け感電した。

(2) 原因と対策

調査の結果，直接の原因は溶接機1次側端子部付近のケーブルのテーピングの一部が損傷し，キャブタイヤケーブルの心線が露出しており，手押車に200Vの電圧がかかって感電したものと判明した。

また，本人は地下足袋，軍手を着用していたが，それらが湿っていて，回路が構成されやすい条件になっていたのも一因であった。

対策には，次の事項が挙げられる。
(1) 屋外作業では，雨天などの悪条件を避けること。
(2) 一次側電路の電源側に感電防止用の漏電遮断器を設置すること。
(3) 絶縁被覆の損傷の有無を点検し，損傷したものは直ちに取り替えること。
(4) ケーブル，コネクタなどの接続箇所は，充電部が露出しないよう確実に被覆すること。

〔2〕アーク溶接用配線の撤去中に感電

事業場：仮設物の溶接修理請負業，被害：死亡1名

(1) 発生状況

工業用水道のマンホール蓋の周囲に設けてあった鉄製踊場の溶接修理工事に，班長と被災者ら2名の臨時工が就労していた。

修理が完了し，溶接装置の配線の撤去作業にかかった。この配線は，使用電圧200Vで，作業場所からかなり離れた位置にあるメインスイッチから分岐し，さらに作業箇所の分岐を経て溶接機に接続されていたもので，被災者が分岐スイッチ以降の撤去にかかった。

被災者は，メインスイッチを切らずに分岐スイッチの電源側配線をペンチで切断したため，200Vの心線に触れて感電し，約30分後に死亡した。

(2) 原因と対策

班長は「メインスイッチを切ってから」と指示したが，本人はそれを「メインスイッチを切ったから」と聞き違いしたためか，臨時採用後1箇月の作業経験で電気の危険性の知識が乏しかったためか，200Vの活線を金属製工具で切断してしまった。

一般に，電気配線は，外観だけでは死活の状態が判別できず，ついうっかりして，活線のまま接続工事や模様替えを行って感電することがあるので，その死活の状態を検電器などにより確認することが必要である。

なお，活線のまま取り扱う場合は，絶縁用保護具の着用，活線作業用器具の使用など，感電の危害を防止する措置を講じなければならない。

また，充電回路の取り扱い業務に就かせる時には，所定の安全教育（特別教育）を行わなければならない。

〔3〕溶接棒に接触して感電墜落

事業場：金属製品製造業，被害：死亡1名

(1) 発生状況

新設工場に天井クレーンを設置する工事に，班長であった被災者は，部下とともにクレーンガーダの手すり取付作業に従事していた。

被災者は，部下が仮付していた棒枠を，東側部分の作業には1号溶接機を使用し，西側では2号溶接機を使用し，溶接していた。たまたま西側手すりの溶接作業に取り掛かった被災者は，1箇所の溶接を終わり，約3m離れた次の棒枠に行くため，ホルダに溶接棒を装着させたまま，手に持ちながら移動していた。約2m移動した時，足元の小ハンマにつまずき，前のめりになって，思わずホルダに装着されていた溶接棒を抱きかかえるような状態になったため，腹部が溶接棒に触れて感電し，約8m下の床上に墜落して死亡した。

(2) 原因と対策

調査によって，1号溶接機には自動電撃防止装置が接続されていたが，2号には同装置が接続されていなかったことが判明した。

この事例のように，高さが2m以上の不完全な足場上などでは，必ず自動電撃防止装置を使用しなければならない。また，作業者自身も作業開始前に確認するとともに，同装置の作動状態とホルダの絶縁部分の損傷の有無を点検し，

異常を認めた時は，ただちに補修した後に，あるいは取り替えた後に作業に掛からなければならない。

高所での感電は，墜落という2次災害を伴うので，足元の整理整頓はもとより，行動に十分に慎重を期すべきである。

〔4〕アーク溶接中に油タンクが爆発

事業場：食料品製造業，被害：死亡2名
(1) 発生状況
ノルマルヘキサンを用いて，米ぬかから食料油を抽出している工場で，脱ガム油（中間製品で米ぬかから抽出された粗製品から樹脂分を除去したもの）のタンク胴板と蓋板に，アーク溶接で鉄製梯子を取り付ける作業を行っていた。

作業者2名が蓋板上に登ってアーク溶接を始めたところ，突然，脱ガム油タンクが爆発し，蓋板はタンクから約35 m離れた場所まで吹き飛ばされ，蓋板上の2名が死亡した。

(2) 原因と対策
この油タンクは，直径3 m，高さ5.8 mで，発生時は1万リットルの脱ガム油が貯蔵されていた。この油は，沸点が150℃以上で，比較的揮発性が少ない液体であるが，災害後に脱ガム油を分析したところ，ノルマルヘキサンが約0.25％含有されていることがわかった。

つまり，タンク内にはノルマルヘキサンと空気の爆発性混合気体が形成されており，この混合気体がアーク溶接の火花によって爆発したのであるが，このような災害を防止するためには，次のような事項を確実に実行しなければならない。

(1) 引火性の油類，危険物などが存在するタンク，ドラム缶などの容器を溶接，溶断する場合は，あらかじめこれらを完全に除去するとともに，作業中，適宜内部のガス検知などを行うこと。
(2) 明確な作業標準を定めるとともに，その内容を作業者に十分徹底させること。
(3) 危険物を取り扱う事業場では，火気使用禁止区域を明確に表示するとともに，同区域内で火気を使用する場合には，事前に火気使用許可を受けさせること。

〔5〕酸素ボンベの破裂

事業場：機械器具工業，被害：死亡1名，負傷2名
(1) 発生状況
　火力発電用ボイラの据付工事で，ボイラの熱風道組立作業中に，溶断の必要が生じたので，製缶工の2人が酸素ボンベ置場にボンベを取りに行った。
　2人で建物の入口まで持ってきたが，そこからは1人が左肩にかついで運ぶことになった。作業現場近くまできた時，接地（アース）線の敷設ダクトにつまづいて転倒したためボンベが床上に落ち，その衝撃で大音響とともにボンベは破裂，運搬中の製缶工は約4m吹き飛ばされて死亡した。なお，そこから7mほど離れた所にいた作業者及び11mほど離れた所を歩行中の作業者も，ボンベの破片を受けて重傷を負った。

(2) 原因と対策
　足元の注意を怠り転倒したことが直接の原因ではあるが，63kgもの重量があり，しかも高圧酸素が充填された酸素ボンベを，200mも離れたところから，安全な運搬設備を使わずに運搬したことが問題である。

〔6〕漏れたプロパンガスが停滞しアーク溶接火花で爆発

事業場：船舶造修業，被害：負傷4名
(1) 発生状況
　造船所で艤装中の船のエンジンルームで，エンジンルーム内の配管工事を請け負った会社の作業員4名が作業中，別の船の作業者がバルブを間違えて開いたために，このエンジンルーム内部に引き込んであったプロパンガスのホースから，ガスが出っ放しになった。この臭気に気が付いた作業員が，ホース先端を折り曲げて，とりあえずガスを止め，バルブを閉じに行ったが，その他の対策は何も施さずにアーク溶接作業を開始したところ，床上に火花が落ちて爆発が起こり，エンジンルーム内の作業員4名が火傷を負った。

(2) 原因と対策
　この災害は，エンジンルーム内に漏れた空気より重いプロパンガスが，上方開口部に放散しないで下方の床上に滞留し，爆発性混合ガスとなったために起こったものである。

このように，プロパンガスが漏れていた事実は知っていながら，このガスの性質や危険性を良く把握せず，適切な換気措置やガス検知を行わずに，溶接や溶断，火花を発する作業をしたために起こった災害も少なくない。

したがって，プロパンガスなど可燃性のガスの取扱いにあたっては，バルブ，配管，ホースなどの管理を厳重にして，漏洩させないようにするとともに，その危険性を良く認識して，不安全な行為をしないことが大切である。

〔7〕 漏れた可燃性ガスがガス溶断の火気により爆発

事業場：機械器具製造業，被害：死亡1名，休業3名

(1) 発生状況

クレーンの部品の製作加工作業を開始して30分位経過した時，床上25 cmの定盤（鉄板）上でアーク溶接作業をしていた作業者が，ガスの臭気に気付き，取出口を確認した。異常が認められなかったため，作業を続けたが，20分位経過してもまだ臭うので，ほかのガス取出口に行ったところ，ガス漏れを認めた。ガスの圧力調整弁を閉めた時，「バーン」という爆発音とともに爆発が起こり，定盤が爆風で裏返しになるとともに，製作加工中のクレーンの部品も倒れ，周辺も破壊された。

これにより，定盤上でガス溶断作業をしていた作業者ひとりが，頭部損傷で死亡したほか，3名が打撲などにより休業災害を被った。

(2) 原因と対策

原因は，ガス取出口にぶら下げてあった吹管と，ホースの接続箇所から可燃性ガスが漏れて，定盤の下に流れ込み，ガス溶断作業の火気に引火し，ガスが爆発したことである。（図6.9）ガス漏れを起こした吹管は，数日前の点検時にガス漏れを確認していたが，補修されていなかった。また，当日の作業開始時の点検が確実に行われていなかった。

このような災害を防止するための対策には，次のようなものがある。

(1) 作業開始時に点検を行い，異常があった場合には確実に補修を行うこと。点検を実施する目的は，異常があった時に該当箇所を正常に修復することであり，点検のしっ放しでは意味がない。

(2) ガス漏れを察知した場合は，すぐに火気作業を禁止するとともに，元バルブを閉めること。

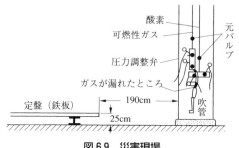

図6.9 災害現場

(3) 使用しない吹管は，ガス供給口のバルブを閉め，ホースを取り外しておくこと．
(4) 吹管を保管する時には，吹管とホースの接続箇所に無用の力がかからないようにすること．
(5) 作業場所には，ガスが滞留しないような措置を施すこと．

〔8〕溶接器具のあと片付けの不良による爆発

事業場：船舶造修業，被害：死亡3名，重傷9名

(1) 発生状況

小形の漁船用半鋼船を製造中，作業終了時に請負会社の溶接工の1人が，溶解アセチレンの溶接吹管をそのまま現場に置き，陸上の容器の元栓を閉じて帰宅した．

翌朝出勤して，溶解アセチレン容器の元栓を開き，前日の隣の船倉に入って溶接を始めたところ，しばらくして前日の船倉付近で爆発が起こり，そこで溶接作業中だった作業者約20名のうち，3名が死亡し，9名が重傷を負った．

(2) 原因と対策

この災害は，請負会社の溶接工が，前日置き放しのままにした吹管に，別の作業者が触れたためか，吹管の手元コックがゆるんでアセチレンが漏れ，爆発性混合ガスが充満していた船倉の入口付近で，溶接作業中の火炎が引火，爆発したものと推定される．

したがって，作業を終了して職場を離れる際は，配管の元バルブを閉じるだけでなく，ホースを供給口から取り外すか，安全な箇所に引き上げておくこと

が必要である。

〔9〕二重底内における酸素過剰による火傷

事業場：船舶造修業，被害：死亡1名

(1) 発生状況

被災者は，タンカの二重底内の区画（1.6 m × 1.4 m × 0.8 m）の中に入り，アセチレン用切断吹管を用いて，側壁にマンホールを開けていたが，煙で息苦しくなってきたので，作業を中断し，約15分間エアホースで換気した。煙がなくなったので，吹管に火をつけて溶断作業を再開したところ，突然作業着に火が燃え移り，火だるまとなった。

隣の区画にいた班長が，火を消し止めようとしたが，火の勢いが強く消すことができなかったので，急いで甲板上の作業者に救助を求め，数分後に救出したが，被災者は死亡した。

(2) 原因

この災害は，狭あいな二重底での溶接作業の中断時に，吹管の酸素用バルブを確実に閉めていなかったため，酸素が二重底の内部に漏れ，空気中の酸素濃度が高まって衣服が非常に燃えやすくなったところに，溶断火花が着火したことが原因である。

〔10〕アーク溶接作業中に酸素欠乏

事業場：金属製造業，被害：死亡1名

(1) 発生状況

被災者は潤滑油貯蔵タンクに通じるパイプの溶接作業を指示されて，ひとりで溶接作業に従事していた。通常パイプとパイプを溶接する場合にはパイプ内に酸化を防止するためにアルゴンガスを流して，パイプの外からティグ溶接をすることになっていた。

災害発生当日の午前，被災者は，潤滑油貯蔵タンクに取り付けるパイプの接合部の溶接作業を始めた。まず被災者はパイプを数カ所溶接し，次に2カ所（図6.10の破線部）を溶接しようとし，その前に何らかの理由でタンク内に入ったところ，すでにタンクの中に充満していたアルゴンガスにより酸素欠乏症になり死亡した。昼食時になってタンク内で倒れている被災者を上司が発見した。

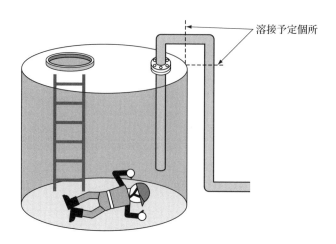

図6.10 災害発生状況図

(2) 原因と対策

この災害の原因としては，次のようなことが考えられる。

(1) 本来の溶接手順では，タンクの頂部のフランジ部分を外し，内面酸化防止のためにアルゴンガスを流した後，端を粘着テープで閉止し，パイプ内をアルゴンガスで置換するものであった。被災者は，フランジを外す手間を省くため，アルゴンガスを流しながらタンク内のパイプの端を粘着テープで閉止しようとし，すでに酸素欠乏状態となっていたタンク内に入ったこと。

(2) 被災者が従事していた溶接作業は単独作業であり，作業手順が適切に守られているかを誰も確認していなかったこと。

(3) 再発防止対策

同種災害の防止のためには，次のような対策の徹底が必要である。

(1) タンクなどに通じるパイプの内部を不活性ガスで置換する場合は，タンク内部への不活性ガスの漏えいを防止するため，閉止板を施すなどの措置をすること。

(2) 酸素欠乏災害などを防止するために作業手順を作成し，作業関係者に対して十分な教育を行うこと。

(3) 複数の職種の作業者が混在して作業を行う場合は，責任者を定め，作業手順に従って作業が行われているか確認を行うこと。

〔11〕炭酸ガスアーク溶接作業中に一酸化炭素中毒

事業場：金属製造業，被害：休業 1 名

(1) 発生状況

被災者は，図 6.11 に示すように組立てられたステンレス管の内外面の継手の炭酸ガスアーク溶接の作業に従事していた。作業者は防じんマスクを着けていたが，内面を溶接する時には管内に上半身を入れて，ヒュームは掃除機のホース吸気口を手元に置いて除去していた。そのため手元に一酸化炭素，ヒュームが滞留する状態での作業となった。4 時間程度の溶接作業を続けた所，体調不良を訴え帰宅し，病院で診察を受けた所一酸化炭素中毒と診断された。

(2) 原因と対策

この災害は炭酸ガスアーク溶接作業時に，炭酸ガスの熱分解により発生した一酸化炭素を，長時間にわたり被災者が吸引したことが原因である。

同種の災害防止には次のような対策が挙げられる。

(1) 作業場所の空気中の酸素濃度を 18％以上に保つように喚気するとともに，空気中の一酸化炭素濃度を許容限度である 50 ppm 以下に保つこと。

(2) 一酸化炭素用防じん機能付き防毒マスク，酸素呼吸器，空気呼吸器又は送気マスクなどの保護具を備え付け，換気を行うことが困難な場合に作業者に使用させること。

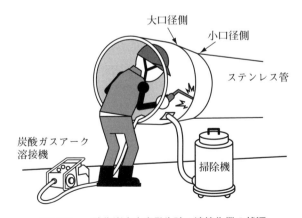

図 6.11　一酸化炭素中毒発生時の溶接作業の状況

(3) 換気の方法，使用する保護具の種類などを記載した作業手順書を作成し，作業者に周知徹底することや災害事例を含めた再教育を行うこと。

〔12〕亜鉛めっきされた等辺山形鋼の溶接作業中に亜鉛中毒

事業場：金属製造業，被害：休業1名

(1) 発生状況

被災者は，等辺山形鋼（長さ5.5 m，一辺の長さ10 cm，厚さ7 mm，めっき厚さ0.2 mm）を用いた枠の製作で，溶接は手溶接で行っていた。溶接作業は，しゃがみ込むような姿勢で，手溶接で交点を3か所固定するものであった。2日間作業を行って帰宅後に，体に異常を感じ，病院で診察を受けたところ，亜鉛中毒と診断された。

(2) 原因と対策

この災害は，溶融亜鉛めっきされた等辺山形鋼の溶接作業により亜鉛が蒸発し，亜鉛中毒が発生したものである。工場内の換気が十分に行われていなかったうえ，作業者は適切な呼吸用保護具を着用していなかった。同種の災害防止には次の対策が考えられる。

(1) アーク溶接の作業を行う屋内作業場では，全体換気装置による換気を行うこと。可能であれば，局所排気装置の設置を行う。

(2) 粉じんの発生を伴う作業を行う屋内作業場，設備及び休憩場所の床は，清掃を行うこと。

(3) 作業者に呼吸用保護具を使用させるとともに換気の方法，呼吸用保護具の着用など作業の安全衛生を確保するための作業手順を作成し，周知徹底すること。

(4) 作業管理者は，換気設備の点検，稼働状況，保護具の着用状況などについて監視すること。

《引 用・参 考 文 献》

1) JIS Q 9000「品質マネジメントシステム―基本及び用語」及び JIS Q 9001「品質マネジメントシステム―要求事項」
2) （一社）日本建築学会：鉄骨工事技術指針・工場製作編，2018，丸善出版
3) 朝香，石川：品質保証ガイドブック，1974，日本科学技術連盟
4) 細谷：QC 七つ道具，1984，日本科学技術連盟
5) 鐵 編，大滝，千葉他：新版 QC 入門講座 5 データのまとめ方と活用Ⅰ，2000，日本規格協会
6) 鐵 編，大滝，千葉他：新版 QC 入門講座 6 データのまとめ方と活用Ⅱ，2000，日本規格協会
7) 鐵 編，中村：新版 QC 入門講座 7 管理図の作り方と活用，1999，日本規格協会
8) 中村：溶接施工の品質管理，溶接技術 1999-9，産報出版
9) 溶接学会・日本溶接協会編：新版改訂 溶接・接合技術入門，2019，産報出版
10) 溶接学会編：溶接技術の基礎，1986，産報出版
11) JIS Z 3410（ISO 14731）／WES 8103 溶接技術者認証更新審査（資料）
    「溶接施工管理技術の進歩」（社）日本溶接協会
12) 中村ほか：炭酸ガス半自動アーク溶接技能者の養成，溶接技術 1973-12，産報出版
13) （一社）日本溶接協会編：実技マニュアル新版 炭酸ガス半自動アーク溶接，2018，産報出版
14) （社）日本鉄塔協会：鋼管鉄塔溶接施工基準，1986
15) 尾上，小林：溶接全書（18）溶接施工管理・安全衛生，1978，産報出版
16) 中央労働災害防止協会：新版 アーク溶接等作業の安全，1986，三訂第 3 版，100-108
17) 中央労働災害防止協会：新／ガス溶接作業の安全，1989，二訂第 1 版，72-88
18) 堀江：熱中症を防ごう，2016，第 3 版，中央労働災害防止協会
19) 中央労働災害防止協会：アーク溶接等作業の安全，2017，第 5 版，155-157
20) 神戸製鋼所：This is MG 施工編，1981
21) 中央労働災害防止協会：酸素欠乏症等の防止，2019，第 4 版，184-185
22) 中央労働災害防止協会：アーク溶接等作業の安全，2020，第 6 版，186-187

《本章の内容を補足するための参考図書》

溶接学会・日本溶接協会編：新版改訂 溶接・接合技術入門，2019，産報出版
溶接学会・日本溶接協会編：溶接・接合技術総論，2016，産報出版
日本溶接協会規格 WES 9009-1 ～ -6：溶接，熱切断及び関連作業における安全衛生

第7章　溶接構造物の強度と設計

7.1　応力とひずみ

　溶接構造物の部材には，車両荷重，水圧荷重，地震荷重などの外力が作用する以外に，構造物によっては自重も大きな荷重として作用する。部材は，このような荷重に対して壊れないように選択しなければならない。すなわち，部材強度は，外力により部材に生じる力より強くする。

　図7.1の(a)(b)に示すように，丸棒の両端を軸方向に荷重Pで引っ張る，又は圧縮すると，(c)(d)に示すように，丸棒の内部にはその力に釣合う引張力あるいは圧縮力が生じる。

　このように丸棒の内部に働く力を「内力」といい，内力の大きさは荷重Pに等しい。「内力」を断面積Aで割った値を「応力」とよぶ。応力は，断面のどの位置でも同じ値で，次頁の式で計算される。すなわち，丸棒の内部に生じる

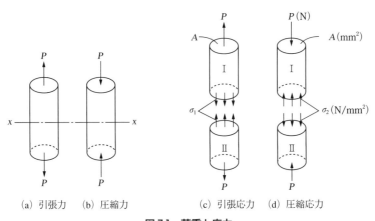

図7.1　荷重と応力

応力は，断面積が同じであれば外力が大きいほど大きく，外力が同じであれば，断面積が小さいほど大きい。応力の記号は一般にギリシャ文字の「σ」（シグマ）が用いられ，力はSI単位の「N」（ニュートン）で表示する。また，断面積も「mm^2」の代わりに「cm^2」などを用いる場合もある。なお，業界によっては「応力」を「応力度」とよぶ場合もある。

$\sigma = P / A$　　　σ：応力（N/mm^2）
　　　　　　　　　　P：荷重（N）
　　　　　　　　　　A：断面積（mm^2）

一方，図7.2の（a）及び（b）に示すように，どのような材料でも引っ張れば伸び，圧縮すれば縮む。その量は材料によって異なるが，ある一つの材料では長さが同じであれば大きい力ほど，力が同じであれば長いほど大きくなる。また，伸び又は縮みの割合は，一様な形状で材質が均一であれば，ある限度範囲内では長さ方向のどの位置でも同じである。

元の長さに対する長さの変形量の割合を「ひずみ（歪）」とよび，次式で計算される。記号は，一般にギリシャ文字の「ε」（イプシロン）が用いられる。ひずみは無次元量であるが，通常は100倍してパーセント（％）で示されることが多い。

$\varepsilon = \Delta L / L$　　　ε：ひずみ
　　　　　　　　　　ΔL：伸び量・縮み量（mm）
　　　　　　　　　　L：材料の元の長さ（mm）

材料は伸びれば細くなり，縮めば太くなる。伸び量に対し細くなる割合，又は縮み量に対し太くなる割合を「ポアソン比」とよび，その値は金属材料では0.3程度である。

7.2　外力と変形

図7.2は，構造物への外力のかかり方と部材の変形の仕方の主なものを示す。
　（a）と（b）は，いままで説明してきたように物体を引っ張ったり圧縮した状態であるが，（c）は長い物体を折り曲げるような力が加わった状態で，曲がりの外側には引張りの応力とひずみが，曲がりの内側には圧縮の応力とひずみ

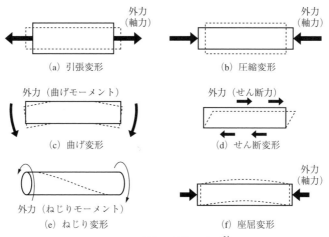

図 7.2 外力の種類と変形[1)]

が発生する。(d) は、物体の表と裏に反対方向の力を擦り切るように加えた状態で、「せん（剪）断変形」とよび、その時の外力を「せん断力」とよぶ。(e) は、物体をねじった状態であるが、よく考えると物体の断面には、中心軸の周りにせん断変形とせん断力が生じていることがわかる。なお、(f) は細長い物体を軸方向に圧縮したとき、突然軸の一部が不均一に折れ曲がる現象で、このような不安定な曲がり変形を「座屈」と呼んでいる。(7.4.5 参照)

(a) あるいは (b) のように、軸方向にかかる引張力又は圧縮力によって、部材に生じる応力を「垂直応力」とよぶ（直応力ともいう）。また、「せん断力」によって生じる応力が「せん断応力」であり、**図 7.3** に「せん断応力」の事例を示す。「せん断応力 τ（タウ）」は面に沿って平行に作用しており、面に垂直に作用する「垂直応力 σ」とは異なっている。

棒の軸方向に外力を加えたときには、軸に垂直な面では垂直応力だけであるが、**図 7.4** に示すように、斜めの面を考えると垂直応力 σ_n とせん断応力 τ_s の両方が存在し、せん断面の角度 θ によってその大きさは変化する。垂直応力 σ_n は、せん断応力が働かない θ が 0 度の場合に最大となるが、せん断応力 τ_s は、切断面の角度 θ が 45°傾いた面が最大となり、単純引張りの場合は最大垂直応力の 1／2 となる。

一般に、引張力を受け持つ部材に使用される延性材料は、破断する前に最大

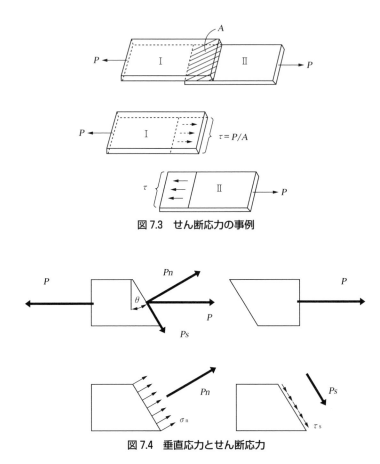

図 7.3　せん断応力の事例

図 7.4　垂直応力とせん断応力

せん断応力によって 45°面に沿ってすべって，塑性変形（7.4.1 参照）する性質を持っているので，加工性にすぐれている。一方，コンクリートなどのぜい性（脆性）材料は，塑性変形をせずに破断するので，引張りを受ける材料としてはそのままでは使われることが少ない。

7.3　応力集中

流れの速い川の橋脚の両側では，盛り上った水流が観察される。応力の伝達

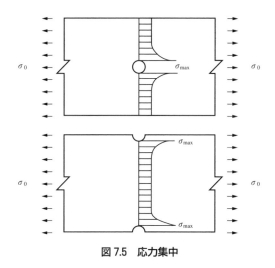

図 7.5　応力集中

の流れでも同じようなことが起こり，図 7.5 に示すように部材に切欠きがあると，その先端では一般部より高い応力状態になる。このことを「応力集中」とよぶ。また，先端部の最も高い応力（σ_{max}）と一般部の応力（σ_0）の比を「応力集中係数」とよび，十分幅の広い板の中央に円形の穴がある場合の応力集中係数は 3 になる。応力集中係数は，切欠きの先端が鋭いほど大きくなるので，割れや溶込み不良の先端の応力集中係数はさらに大きな値となる。破壊は，このような応力集中のある箇所から始まることから，溶接にあたっては溶接欠陥形成の防止に注意を払わなければならない。

また，応力集中は図 7.6 に示すような形状変化部でも生じる。そのため余盛

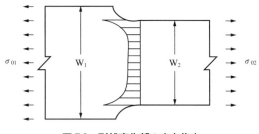

図 7.6　形状変化部の応力集中

があるとその止端部に応力集中が生じ，破壊の発生点となるおそれがあることから，使用条件によっては余盛を削除することもある．

7.4 破壊の種類

溶接製品は，小さな部品から巨大タンカーまで多種にわたるが，荷重の大きさや種類，使用条件や環境などの想定が不十分であった場合には，所期の機能が果たせない状態になることがある．このような状態に至る主な破壊の種類には，次のようなものがある．

7.4.1 延性破壊（静的破壊）

針金は引っ張ると力に応じて伸び，ある大きさの力までは力を抜くと元の長さに戻る．このような変形を「弾性変形」とよぶ．

しかし，ある大きさの力に達すると針金は急激に伸び始める．このような伸びが生じた状態になると，力を抜いても長さは元に戻らない．このような変形を「塑性変形」とよぶ．塑性変形がさらに進むと最も弱い箇所にくびれが生じる．一旦くびれが生じると，くびれ部は他に比べて断面積が減りその箇所の応力はさらに高くなるので，そこに変形が集中して最後には破断に至る．このような十分な伸びを伴って破断することを「延性破壊」あるいは「静的破壊」とよぶ．(7.5.1 引張試験参照)

現在では，荷重の大きさと材料の引張強度が高い精度で分かっていることから，設計及び施工が確実に行われておれば，巨大地震など想定外の外力が働かない限り，静的破壊が起こる可能性は低い．

7.4.2 ぜい性破壊

金属材料もその種類によっては，ある条件が重なった時，ガラスが割れるように大きな変形もなく瞬時（亀裂の進行速度は，秒速 2,000 m にもなるといわれている）に破壊する．このような破壊を「ぜい性破壊」とよぶ．**写真 7.1** は，

写真 7.1　ぜい性破壊した全溶接船[2]

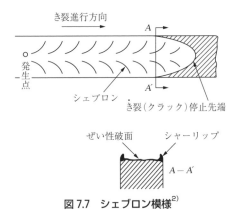

図 7.7　シェブロン模様[2]

　第二次世界大戦中，米国で全溶接によって建造された船が，ぜい性破壊により係留中に突然破断した状況を示す。ぜい性破壊の破面を詳細に観察すると，**図7.7**に示すようなシェブロン模様と呼ばれる痕跡が残っている。シェブロン模様をたどると亀裂の発生点がわかり，そこには溶接割れやアンダカットなどの溶接欠陥があることが多い。
　ぜい性破壊は，①鋼材の靱性が低いこと，②切欠きがあること，③引張力があることの3条件が重なると起こりやすく，これらの条件に溶接が大きく関わっている。すなわち，靱性が低くなる要因には，使用温度の低下に伴う鋼材そのものの性質以外に，熱影響部での大入熱の影響などがある。切欠きの要因

写真 7.2　ぜい性破壊した鉄骨[3]

には，溶接割れなどの溶接欠陥もある。引張力としては，水圧荷重，地震荷重などの外力以外に，引張りの残留応力も大きく作用する。

現在では原因が解明され必要な対策も採られるため，ぜい性破壊の事例は少なくなっているが，阪神・淡路大震災では想定以上の外力が働き，鉄骨や橋梁などでぜい性破壊が生じた。**写真 7.2** は鉄骨の梁のスカラップ止端からぜい性破壊した事例を示している。なお，オーステナイト系ステンレス鋼やアルミニウムなどは，結晶構造の特性からぜい性破壊は起らない。

7.4.3　疲労破壊

材料は，引張強度に満たない小さい力でも，繰り返し加えるとついには破断する。このような現象を「疲労破壊」とよぶ。

疲労破壊の過程をもう少し詳細にみると，ぜい性破壊と同様に応力集中部が亀裂の発生点となり，負荷の繰返しと共に亀裂が進展し，残りの断面が少なくなった状態で延性破壊あるいはぜい性破壊により破断することが多い。このように疲労破壊は小さな力で起こり，発生時の亀裂は目視では見つけることが困難なぐらい小さく，その後亀裂が徐々に進展し，ついには破壊に至ることがある。

図 7.8 (a) は，繰返し応力のかかり方を示しているが，代表的な応力のかかり方には，引張と圧縮が交互にかかる「両振り」（$R = -1$）と，引張側のみが周期的にかかる「片振り」（$R \geqq 0$）とがある。同じ応力振幅の場合には片振り

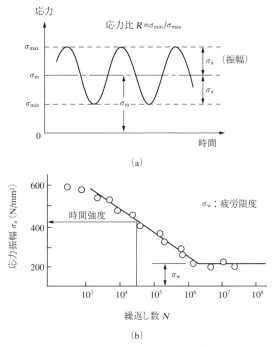

図 7.8 応力振幅と S-N 線図[1]

の方が疲労寿命は短い。

図 7.8 (b) は，繰返し応力の大きさ（応力振幅）と，破断までの回数との関係（S-N 線図）の例を示しており，大きな応力がかかるほど破断までの繰返し回数は少なくなる。

応力振幅 200 N/mm^2 で，S-N 線図が横軸に平行になっているのは，試験片が破断しないことを示しており，このときの応力振幅を「疲労限度」とよぶ。一般には，2×10^6 回の繰返し数で破断しない応力振幅を疲労限度としていることが多い。しかし，溶接継手では，ビードの形状，溶接欠陥の有無・種類によって破断までの繰返し数が大きく異なり，事実上，疲労限度が決められないことがある。

また，切欠きのような応力集中が存在すると疲労限度は鋼材の強度に比例して高くならない。このことから高張力鋼を使用して高い応力に耐えられるようにする場合には，疲労破壊の面からは十分に検討する。

7.4.4 クリープ

棚に長い時間重い物を乗せた後でこれを取り去っても，棚がたわんだ状態のままになることがある．金属材料でも同じようなことが起こり，荷重をかけた状態で長時間放置すると変形が生じる．このような現象を「クリープ」とよぶ．クリープは，大きい力がかかるほど生じ易くなり，また高温では金属材料が軟化するためさらに加速される．そのためボイラーなど高温で供用される溶接構造物では，クリープに強い金属材料と溶接材料を選ぶ．

7.4.5 座屈

細長い部材に長さ方向の圧縮力を加え徐々に大きくしていくと，ある力に達すると急激に圧縮断面の面外方向に大きな変形が生じる．一旦曲がりが生じると，それまで持ちこたえていた圧縮力よりもはるかに小さい圧縮力で曲がりが進む．このような現象を「座屈」とよぶ．座屈は，細長い部材や薄板部材で生じやすく，構造物の形状を大きく損なうことになり，これが原因で構造物の機能を損なうことがある．薄板を溶接した場合に生じる通称「やせ馬」と呼ばれる面外変形などが生じたままであると，座屈強度を著しく低下させるため矯正する必要がある．

7.4.6 腐食

錆が進行すると，鋼板に穴があき液体あるいは気体の漏れが生じる，又は板厚が減少し荷重に耐えられなくなる．そのような現象を「腐食」とよぶ．腐食の仕方は使用環境によって異なることから，それに対応できる材料を選択しなければならない．ステンレス鋼は代表的な耐食鋼であるが，種々の環境に対応できるようにその種類も多く，溶接を行う場合には，ステンレスの種類に応じた溶接材料や溶接条件で施工する必要がある．これらが不適切な場合，耐食性が著しく低下する場合があり，施工管理が重要となる．

また，「応力腐食割れ」は，腐食環境下において溶接構造物に引張力が働くと

割れが生じ進行する現象であり，「腐食疲労」は，腐食環境下において大気中より小さな繰返し応力で破壊が生じ，疲労限度も認められなくなる現象である。

7.5 材料の機械的性質と試験方法

材料の特性を表すものとして「引張強さ」「降伏点」「伸び」「絞り」「吸収エネルギー」などがある。これらを総称して「機械的性質」とよび，機械的性質を調べる試験には，「引張試験」「衝撃試験」などがある。

7.5.1 引張試験

引張試験は，鋼材から図 7.9 に示すような試験片を切り出し，写真 7.3 に示す引張試験機で破断するまで引っ張る。図 7.10 は，軟鋼と高張力鋼又は合金鋼を，引張試験した場合の荷重の大きさ（応力）と伸び（ひずみ）の関係を模式化したものである。軟鋼の場合には，荷重が A に達するまで，試験片は荷重

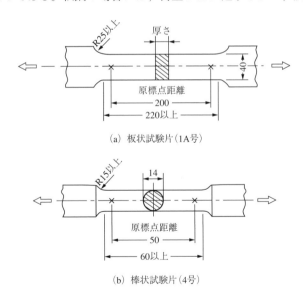

図 7.9　引張試験片の例（JIS Z 2241：2023）

写真7.3 引張試験機

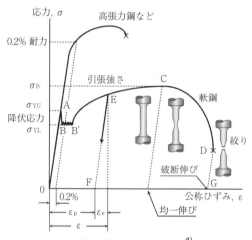

図7.10 応力—ひずみ曲線[4)]

の大きさに比例して伸び，除荷すると元の長さに戻る。この範囲の変形を「弾性変形」とよぶ。また，ひずみに対する応力の割合を示す値を「ヤング率」あるいは「縦弾性係数」とよび，金属の種類によって異なるが，鋼材では強度が異なってもほとんど変わらない。

軟鋼の場合，応力がA点に達すると，応力は増えなくても試験片は伸び続ける。そのような現象を「降伏」とよぶ。降伏後の変形は「塑性変形」であり，塑性変形が生じた状態（E点）から除荷すると，試験片は弾性変形分の伸びは

元に戻るが，塑性変形で伸びた分だけは戻らずに長くなっている。A点の状態をもう少し詳細に観察すると，降伏点に達すると応力はB点までほんの少し下り，その後B'まで試験片は伸び続ける。A点を「上降伏点」，B点を「下降伏点」とよぶ。JIS Z 2241：2023「金属材料引張試験方法」で規定している降伏点は，下降伏点を指している。

塑性変形が試験片全体に広がるとB'点に至り，その後に伸びを得るには荷重の増加が必要になる（加工硬化）。B'点から試験片全体が均一に伸びを増し最大荷重に至るC点に達する。JISで規定している「引張強さ」は，この最大荷重での応力値を示している。最大荷重に達した後は，試験片に局部的なくびれ（ネッキング）が生じる。くびれが生じると，その個所により大きな応力がかかるため，くびれ部で破断する。**写真7.4**は破断部の状況を示す。

このような応力とひずみの関係を示した線を「応力－ひずみ曲線」とよぶ。また，破断した試験片において，一定の標点距離間での測定した伸びから計算したひずみを「伸び」又は「破断伸び」，破断面のくびれの割合を「絞り」又は「断面収縮率」とよぶ。また，降伏応力と引張強さの比を「降伏比」とよぶ。「降伏比が大きい」とは，降伏後から最大強さまでの力の増加量に対する余裕が少ないことを意味している。

一方，高張力鋼やステンレス鋼あるいはアルミニウムなどでは，明確な降伏点を示さず，弾性域から塑性域に連続的に変化する。そこでこのような材料では，0.2％の塑性変形が生じる応力を降伏点に代わるものとし，その応力を「0.2％耐力」とよぶ。

このようにして得られた引張強さ，降伏点，耐力を「静的強度」とよぶこともある。

写真7.4　破断した引張試験片

7.5.2 衝撃試験

構造用材料に必要な性質の1つに「粘り強さ」がある。直感的にわかりにくい性質であるが,「その材料が破断までに外から加えられるエネルギーをどれだけ多く貯えられるか」という性質であり「靭性(じんせい)」とよぶ。靭性が低い材料はぜい性破壊を起こしやすい。

写真 7.5 と図 7.11 は,靭性を調べる代表的な試験方法であるシャルピー衝撃試験機と試験片形状を示す。シャルピー衝撃試験は,図 7.12 に示すようにハンマーを角度 α まで持ち上げ,その状態からハンマーを振り下ろして試験片

写真 7.5　シャルピー衝撃試験機

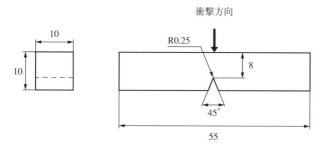

図 7.11　V ノッチシャルピー衝撃試験片（JIS Z 2242：2023）

を破断させ，破断後のハンマーの振り上った角度 β との差から靱性を評価する．靱性に優れた材料は，破断するのに大きなエネルギーを吸収するため，振り上がり角度が小さく，試験後の試験片は，**写真 7.6**（c）に示すように大きく変形し，破面は引張試験の破面と同様な状態で灰色をしている．このような破面を延性破面という．一方，靱性が低い鋼材では，断面形状の変化もなく，破面は写真 7.6（a）に示すようにキラキラと光った状態になっており，そのような破面を「ぜい性破面」という．

図 7.13 に，シャルピー衝撃試験より得られたぜい性破面率及び吸収エネルギーと試験温度との関係を示す．図 7.13（b）は，鋼材の試験温度と吸収エネルギーとの一般的な関係を示している．図に示すように，鋼材はある温度以下

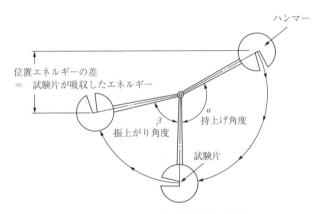

図 7.12　シャルピー衝撃試験の要領

(a) ぜい性破面率 100%

(b) ぜい性破面率 40%

(c) ぜい性破面率 0%

写真 7.6　破断したシャルピー衝撃試験片[4]

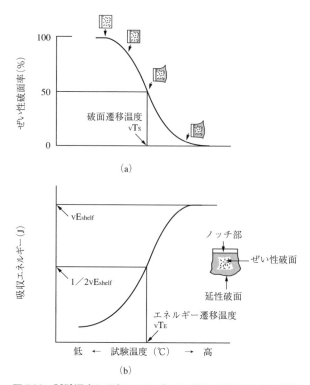

図7.13 試験温度と吸収エネルギー及びぜい性破面率との関係

で靭性が急激に低下する。靭性が急激に低下する中間位置の試験温度を「遷移温度」とよび，遷移温度が高い鋼材は，ぜい性破壊を起こす危険性が高いことを意味する。また，図7.13（a）は靭性の低下と共に増えるぜい性破面率を示している。

7.5.3 その他の材料試験

材料の性質を調べる目的には，材料がJISなどの規格に定められた要求事項を満たしているかどうかを確認する適合性判定，その材料の持っている性質を把握して使用条件や加工方法を決定するための性能調査，所期の使用条件に支障がないかどうかを調べる健全性調査などがある。上記の引張試験や衝撃試験

は，母材の試験では適合性判定の意味合いが強いが，溶接継手や溶接部の試験では健全性確認の意味合いが強い。

ここでは，金属材料の機械的性質を調べるいくつかの試験方法について簡単に述べる。

〔1〕 曲げ試験

試験片を，規定の内側半径で規定の角度になるまで曲げ，湾曲部外側に裂けきず，その他のきずなどの欠陥があるか，又は現れるかどうかを調べる健全性確認試験が基本である。

溶接継手の試験にも多く用いられ，表曲げ，裏曲げ，側曲げなどJIS検定に利用されていることはよく知られている。

材料の種類によっては，素材の保有している延性を確認する性能調査試験としても用いられることがある。

〔2〕 硬さ試験

硬度を測るには，試験片にそれより硬い先端を持つ物を一定の力で押し付け，試験片の表面についた圧痕の大きさで硬さを判断する試験方法がよく用いられている。試験機の種類によって，ブリネル硬さ，ビッカース硬さ，ロックウェル硬さの区分がある。

ブリネル試験機の先端は硬鋼の球体で，圧痕の寸法はやや大きくてその付近の平均的硬さの測定に適し，主に素材の硬さ測定に用いられる。

ビッカース試験機の先端はダイヤモンドの四角錐で，圧痕はごく小さく顕微鏡を用いて寸法を測定する。圧痕が小さいので局部硬さの測定に適し，熱影響で連続的に変化する溶接部の硬さ測定にはほとんどこの測定法が用いられている。

〔3〕 化学成分分析

ステンレス鋼や非鉄金属合金などは特殊な環境で使用されることが多く，その環境での使用性能は成分元素の含有量に依存することが多いので，適合性判定や健全性確認のため成分分析が行われる。また，高張力鋼などでは母材の成分から計算する炭素当量（Ceq）や溶接割れ感受性組成（P_{CM}）によって溶接

施工条件を決めることがあり，性能調査試験としても行われる．

成分の種類と量を求める試験方法としては，アークを発生させてそのスペクトルから求める分光分析，材料を酸などに溶かして各種の試薬を使う化学分析がある．

〔4〕 金属組織試験

材料や溶接部の金属組織から，使用材料への適合性，施工状況の妥当性などを確認するために，健全性確認試験として金属組織の観察を行うことがある．

観察の方法には，切り出した試験片を顕微鏡で観察するミクロ組織試験，肉眼又は拡大鏡で溶接の溶込み状況などを観察するマクロ組織試験がある．

〔5〕 その他

ほかに，疲労試験，ぜい性破壊試験，クリープ試験，腐食環境暴露試験，耐磨耗性試験などの各種の材料試験が行われているが，これらは研究開発のための試験としての性格が強いもので，溶接構造物の品質を確保又は保証するために日常的に行われている試験とはやや目的が異なる．

7.6 残留応力の発生原因

残留応力は，1.2.2〔5〕に記載されているように，溶接部の局部的な加熱と急冷により生じる．図7.14に示すように，1枚の鋼板全面を均一な温度分布

図7.14 鋼板の膨張と収縮

7.6 残留応力の発生原因　337

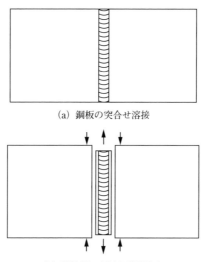

(a) 鋼板の突合せ溶接

(b) 溶接部の収縮と残留応力

図 7.15　溶接残留応力の発生原因

になるように加熱すれば，加熱温度の上昇と共に鋼板全体が伸び，冷却すれば元の大きさに戻り，鋼板内部に新たな応力は生じない。

ここでは，**図 7.15**（a）に示す鋼板の突合せ溶接を例に，残留応力の発生原因を説明する。溶接直後の溶接部の温度は約 1,500℃の高温になっているが，その後両側の鋼板への熱伝導により温度は急速に下がる。もし図 7.15（b）に示すように，溶接完了直後の高温状態である溶接部分を切り出し室温まで冷却すれば，その部分は収縮により短くなる。

一方，溶接部の外側の鋼板部は，溶接部近傍では温度が一時上昇するが，溶接部に比べて面積が十分広いため，温度が上昇する範囲は限られており，鋼板全体が膨張あるいは収縮することはない。そのため上で述べた溶接部は，その外側の鋼板に拘束され，室温まで下がった状態では，収縮で短くなる長さ分だけ引っ張られた状態になっている。この溶接部を引っ張る力が残留応力と呼ばれる。また，両外側の鋼板に，引張力を相殺する圧縮力が働く。**図 7.16** は，x軸上における溶接線方向（y軸方向）の残留応力の分布状態を示す。引張残留応力の最大値は，概ね母材の降伏応力程度である。残留応力は，場合によっては 7.4 節に記載されている破壊の要因の一つとなることがある。

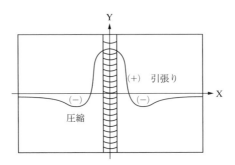

図 7.16　突合せ継手における X 軸上の溶接線方向 (Y) の残留応力分布

7.7　溶接欠陥と強度

　図 **7.17** は，軟鋼突合せ溶接部における各種試験において，破断面内の溶接欠陥が占める面積率（欠陥度）と強度の低下率との関係を示す．右図は，左図の欠陥度 10% までを拡大（横軸は対数表示）したものである．静的引張試験では，欠陥度 3% 程度まで強度低下はなく，それより欠陥度が大きくなっても強度の低下はゆるやかである．このことから，例えば，板厚 20 mm 板幅 100 mm の鋼板の突合せ溶接部に，小さなブローホールあるいはスラグ巻込みなどの溶接欠陥があっても，静的引張強度の低下はほとんどない．しかし，衝撃引

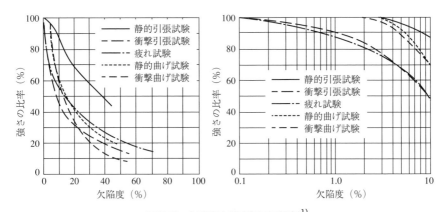

図 7.17　欠陥度と強度低下の関係[1]

張試験や疲労試験では，上記のような欠陥度の小さな状態でも，応力集中により急激に強度が低下する。

このことから疲労破壊あるいはぜい性破壊の危険性がある構造物の溶接部は，溶接欠陥に対する許容限界を厳しくする必要があり，溶接の施工管理が非常に重要であることが分かる。

7.8　継手の設計

7.8.1　継手効率

母材と比較した継手の強度は，次式で示す継手効率（α）（アルファ）として，母材強度に対する比で表される。

$$\alpha = \sigma_{JT} / \sigma_{BT}$$

σ_{JT}：継手の静的引張強度
σ_{BT}：母材の静的引張強度

一般的に溶接金属部の強度は，母材強度より高くなる溶接材料を使用していることから，溶接部に大きな溶接欠陥がない限り（図 7.17 参照）溶接部で破断することはなく，継手効率は100％となる。7.7節で述べたように，欠陥度が数パーセント程度までの大きな応力集中が起きない溶接欠陥の場合には，それが無い場合に比較して強度が低下することはあるが，母材の規格強度を下回ることはあまりない。しかし，それ以上の溶接欠陥があると，その大きさに応じて継手効率は下がる。

上記のことから，一般に溶接部の継手強度は母材と同等として設計するが，構造物によっては，現場溶接継手では工場溶接に比較して品質管理が劣る可能性があること，また非破壊検査を行わない場合又は抜取りで行う場合には溶接欠陥の残存の可能性が高くなること，などの理由から継手効率を下げて設計する場合もある。

鋼構造物の接合方法には，最近ではあまり使用されなくなったがリベット接合がある。リベット接合は，**図 7.18** に示すようにリベットの支圧力で力を伝達するため，継手効率は鋼材にあけた孔の直径分だけ下がり，継手効率は100％に達することはない。一方，**図 7.19** に示す高力ボルト接合は，リベット

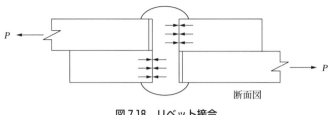

図 7.18　リベット接合

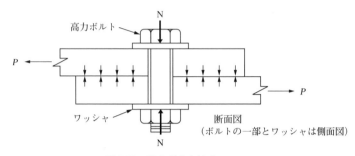

図 7.19　高力ボルト接合

と同じように鋼材に孔をあけるが，力の伝達はボルトを大きな力で締め付けることによって生じる接合面の摩擦力によって力を伝えるため，継手効率は100%として設計することが可能である．

7.8.2　許容応力と安全率

　設計では，構造物が外力によって機能を損なうことのないように，使用する材料強度に応じて部材の断面寸法を決める．すなわち，荷重から求めた部材に生じると予想される「設計応力」（σ_d）は，部材が損傷しないと考える「許容応力」（σ_a）以下でなければならない．この許容応力は，その材料が破壊・変形の基準となる「基準強さ」（σ_S）に対して十分余裕を持つように定める．それらは次式の関係となる．

$$\sigma_d \leq \sigma_a < \sigma_S$$

　σ_S と σ_a の比（σ_S / σ_a）を「安全率」又は「安全係数」とよぶ．ここで，基準強さや安全率の値は各種設計基準により定められている．**表 7.1** に建築構

表 7.1 鋼構造許容応力度設計規準における許容応力度[5]

鋼　種	板　厚 (mm)	F 値 (N/mm²)	許容引張応力度	許容せん断応力度
SS400 SN400 SM400 等	t ≦ 40	235	$\dfrac{F}{1.5}$	$\dfrac{F}{1.5\sqrt{3}}$
	40 < t ≦ 100	215		
SN490 SM490 等	t ≦ 40	325		
	40 < t ≦ 100	295		

造物の許容応力度の例を示す。鋼構造許容応力度設計規準では，基準強さ（F値）は降伏応力もしくは引張強さの 0.7 倍の低い方を採用し，許容引張応力度は F 値を安全率 1.5 で除した値である。また，許容せん断応力度の $\sqrt{3}$ は，せん断降伏応力が引張降伏応力の $1/\sqrt{3}$ であることによる。

7.8.3　強度計算

溶接継手の強度計算は，図 7.20 に示すように突合せ継手は引張応力として，側面及び前面すみ肉継手はせん断応力として行うことが基本である。

なお，一般には計算にあたっては次の仮定をしている。

① 力は溶接有効長の範囲で溶接部に均一に作用する。
② ルート部や止端部の応力集中は考慮しない。
③ 残留応力は考慮しない。
④ 強度が異なる突合せ溶接部は，低強度側の鋼材の許容応力を適用する。

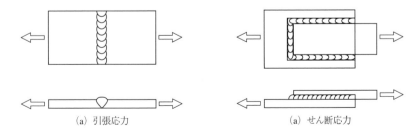

(a) 引張応力　　　　　　　　　(a) せん断応力

図 7.20　溶接継手に作用する応力

〔1〕突合せ継手

突合せ継手の強度計算は，作用する荷重 P によって部材に生じる応力 σ_d が，その材料の許容応力 σ_a を超えないようにのど厚と溶接部の長さを決めることになる。たいてい溶接長は構造物の大きさで決まることが多いから，実際にはのど厚（a）を確保するための板厚を決めることになる。

完全溶込み継手の形状とのど厚の考え方を図 7.21 に示す。部分溶込み継手ののど厚は開先深さとするが，「鋼構造許容応力度設計規準」では，レ形，K 形開先で被覆アーク溶接の場合には，ルート部の溶込みの不確かを考慮して，開先深さから 3 mm 減ずることになっている。

$$\sigma_a \geqq \sigma_d = P/(a \times \ell)$$

P：想定される荷重
a：のど厚
ℓ：溶接の有効長さ*

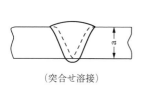
（突合せ溶接）

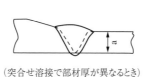
（突合せ溶接で部材厚が異なるとき）

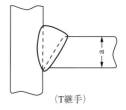
（T継手）

図 7.21 完全溶込み継手ののど厚

〔2〕すみ肉継手

すみ肉継手の強度計算も突合せ継手と同様に，作用する力によって生じるせん断応力 τ_d（タウ）が，その材料の許容せん断応力 τ_a を超えないようにのど厚と溶接部の有効長さを決める。

$$\tau_a \geqq \tau_d = P/(a \times \ell)$$

P：想定される荷重
a：のど厚
ℓ：溶接の有効長さ*

＊溶接の有効長さは，全溶接長のうち確実に力を伝達すると考える長さである。

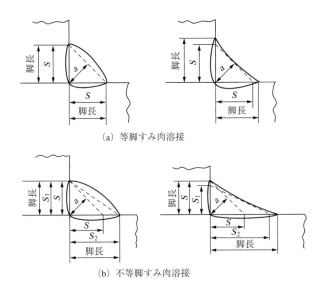

図7.22 すみ肉継手の脚長, サイズ (S) 及びのど厚 (a)

図7.22にすみ肉継手の脚長とすみ肉のサイズ (S) とのど厚 (a) の関係を示す。脚長はルートからすみ肉溶接の止端までの距離をいう。すみ肉のサイズは, 等脚すみ肉溶接の場合には, 溶接金属の断面内に描けるルートを頂点とする面積が最大となる直角二等辺三角形の等辺の寸法Sをいい, のど厚 (a) は頂角から底辺までの長さとして次式で求められる。

$$a = S/\sqrt{2} \fallingdotseq 0.7S$$

不等脚すみ肉の場合のサイズは, ルートを頂点とする面積が最大となる直角三角形の二辺の寸法S_1, S_2をいう。また強度計算に用いるのど厚[*]は, 安全側に考慮し, 一般には等脚すみ肉のサイズ (S) を前提とし, 面積が最大となる直角二等辺三角形の頂角から底辺までの長さをのど厚 (a) とし, 上式で求める。(脚長とすみ肉のサイズについては, 表1.4参照)

図7.23は, 十字継手をすみ肉溶接した場合の破断箇所の可能性を示したも

---

[*] 強度計算に用いるのど厚は, 表1.4のJIS Z 3001-1:2018溶接用語では「公称のど厚」と定義され,「設計のど厚」, 又は「理論のど厚」ともいう。また, 鋼構造許容応力度設計規準では「有効のど厚」となっているが, これらはすべて同じであり, すみ肉断面に内包される最大の二等辺三角形から求めたのど厚を示す。

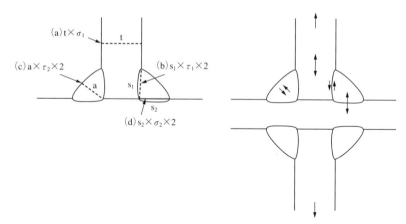

図7.23 すみ肉溶接による十字継手の破断

のである。すなわち (a), (b), (c), (d) の,どの箇所で破断するかは,(a) の母材の引張強度,(b) の上脚側のすみ肉せん断強度,(c) ののど厚部のせん断強度,(d) の下脚側のすみ肉引張強度の比較によって決まる。例えば,非常に大きなすみ肉溶接を置けば母材で破断する。また,すみ肉部で破断するような場合においても,通常のど厚寸法が脚長寸法より小さいためにのど厚部で破断するが,極端な凸状のすみ肉溶接では,上脚側で破断することもある。

7.8.4 開先形状

図7.24 に代表的な開先形状の種類を示す。開先を広くするとルート部の溶込みは容易となるが,反面,溶接量が増えコストが高くなるばかりか,溶接ひずみも大きくなり製品の寸法精度にも影響する。そのため開先は,健全な溶接ができる範囲で断面積を小さくするのが原則である。V形やレ形などの開先断面積は開先深さの2乗で増加するため,板厚が 50 mm 前後になると,レ形開先又は V 形開先より,両面の加工となるが断面積は少なくなる K 形開先又は X 形開先を採用するのがよい。一般に開先形状は溶接の容易さからは左右対称が通常であるが,両側の部材に開先加工が必要となる。ただし,横向姿勢では,溶接の垂れ防止から上に開先をとったレ形が用いられる。極厚板で採用される J 形開先あるいは H 形開先は,ルート部の溶込みが容易でありかつ断面積を小

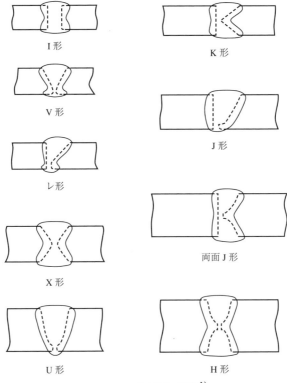

図 7.24　開先形状の種類[1]

さくすることができるが，機械加工となるため開先の加工費が高くなる。I 形開先の適用板厚は，溶接方法，溶接条件などから決まる溶込み深さを考慮して決める。

《引　用　文　献》

1) 溶接学会編：新版溶接・接合技術特論，2005，産報出版
2) 溶接学会編：溶接技術の基礎，1986，産報出版
3) 溶接部が壊れる－阪神大震災における鋼構造物溶接部の損傷例をみる－，溶接学会誌 64-4 (1995)

4）溶接学会・日本溶接協会編：新版改訂溶接・接合技術入門, 2019, 産報出版
5）（一社）日本建築学会：鋼構造許容応力度設計規準, 2019, 丸善出版

《 参 考 文 献 》

7.1　内藤多仲：建築構造学1構造力学－Ⅰ, 1969, 鹿島出版会
7.5　長谷川稔：初学者のための機械材料, 1960, 理工学社

《本章の内容を補足するための参考図書》

溶接学会・日本溶接協会編：新版改訂 溶接・接合技術入門, 2019, 産報出版
溶接学会・日本溶接協会編：溶接・接合技術総論, 2016, 産報出版
成田圀郎：継手設計と溶接記号, 1998, 産報出版

第8章　非破壊試験

8.1　非破壊試験の定義と目的

　非破壊試験という用語は，JIS Z 2300：2020「非破壊試験用語」において，「素材又は製品を破壊せずに，品質又はきず，埋設物などの有無及びその存在位置，大きさ，形状，分布状態などを調べる試験」と定義されており，一般に最終的に合否を判定するのに必要な情報やデータを収集するために行われる試験を指す。一方，非破壊試験の結果を，規格などの基準と照らし合わせて合否を判定することを，非破壊検査と定義している*。このような試験・検査を経て，材料や構造物が使用できるものであるか，あるいはこれまで使用してきたものを継続して使用できるかの判断が下される。

　溶接構造物に対する非破壊試験の目的は，**表 8.1** のように分類される。一般

表8.1　非破壊試験の目的

目　的	内容の一例
きずの検出	溶接部の割れなど表面又は内部に発生するきずの検出
厚さ測定	タンクの底板の腐食減肉などを対象とした板厚測定
材料劣化診断	水素侵食，クリープなど使用中の材料の損傷の評価
材質判定	使用材料の，成分，粒度，熱処理効果などの判定
応力ひずみ測定	力が加わる材料や構造物のひずみ測定
漏洩検出	容器や配管などのガスや液体の漏れ検出
設備異常検出	音響，振動，圧力，温度などの情報を用いた異常検出

＊非破壊試験を NDT（Non-destructive Testing），非破壊検査を NDI（Non-destructive Inspection）と略す

に構造物製造時の溶接継手に対しては表面や内部に発生する割れなどのきずを検出することが主目的であるが，使用中の溶接構造物に対するメンテナンスにおいては表8.1のすべての項目が試験の目的となることがある．

8.2 各種非破壊試験方法と溶接部への適用

8.2.1 非破壊試験方法の分類

非破壊試験の基本は，品物を目で見たり，外観形状を測定する外観試験である．その結果を基に品物の良否を判断する．対象物にもよるが，正確にかつ速く外観試験を実施するためにはかなりの熟練度が要求される．しかし，いくら熟練した技術が備わっても，この方法では微細なきずの検出や製品の内部の良否を判断することはできない．

溶接部の表面又は表面近傍のきずを検出するためには，外観を目で見る方法の他に磁気や浸透現象が用いられ，内部のきずを検出するためには主として放射線や超音波が用いられる．表8.2に溶接部に適用される非破壊試験方法の分類及び名称を示す．

この他に，一般の材料や構造物に対しては，電気を用いてきずを検出する渦電流探傷試験（ET：Eddy Current Testing）や，構造物の応力・ひずみ（歪）を測定するひずみゲージ試験（ST：Strain Gauge Testing）なども適用される．

表8.2　溶接部に適用される非破壊試験方法の分類

分　類	試験方法	略　称	英文名称
表面及び表層部の試験	外観試験	VT	Visual Testing
	磁粉探傷試験	MT	Magnetic Particle Testing
	浸透探傷試験	PT	Penetrant Testing
内部の試験	放射線透過試験	RT	Radiographic Testing
	超音波探傷試験	UT	Ultrasonic Testing

8.2.2　非破壊試験技術者

　非破壊試験技術者については，JIS Z 2305：2024「非破壊試験技術者の資格及び認証」に規定されており，主要な方法である放射線透過試験，超音波探傷試験，磁気探傷試験，浸透探傷試験，渦電流探傷試験及びひずみゲージ試験の6部門に対して，上級者から順にレベル3，レベル2及びレベル1の技量資格が記載されている。レベル3技術者は客先からの仕様書に基づいて非破壊試験に関する手順書（NDT手順書）を作成し，検査業務全体の計画，管理，判定に対して責任をもつ。レベル2技術者は，NDT手順書に基づいて試験実施のための指示書（NDT指示書）を作成したり，自らが試験を実施するか又はレベル1技術者の試験業務を監督する。レベル1技術者は，与えられたNDT指示書に従って試験の実務を行う。現在，（一社）日本非破壊検査協会が，これらの技術者に対する試験を実施しており，これに合格しかつ規定の経験を有すると認められて資格を取得することができる。

8.2.3　外観試験

　外観試験は，JIS Z 3090：2022「溶融溶接継手の外観試験方法」に規定されている。実施する際には，溶接継手及びその周辺について，目視によってその形状，きずなどを確認する方法と，継手の形状，すみ肉脚長，きずの寸法などを，計測器を用いて測定する方法に分類される。

　目視によって確認の対象とされるきずとしては，割れ，オーバラップ，ピット，アンダカット，スパッタ，クレータなどがあげられる。

　計測器を用いて測定する項目としては，目違い，余盛高さ，アンダカット，ビード表面の凹凸，角変形などがある。これらの寸法を測定する方法の例を図8.1に示す。

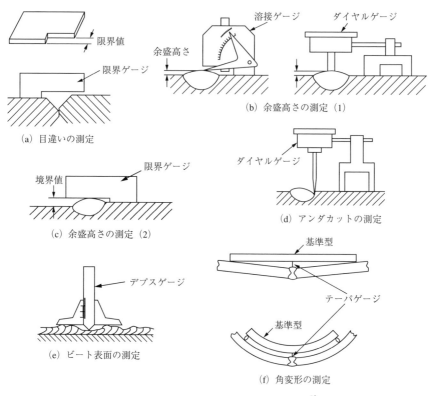

図 8.1 計測器を用いて測定する項目の例[1]

8.2.4 磁粉探傷試験

〔1〕原理

図 8.2 のように，電磁石などを用いることにより試験体に磁場を形成させると，きずなどの不連続部で磁力線が漏洩して磁極（N と S）が発生する。そこに磁粉（細かい鉄粉）を散布する（乾式法）か，又は磁粉を含んだ試験液を流す（湿式法）と，この部分に磁粉が吸着され指示模様が現れる。このような方法を磁粉探傷試験とよび，この指示模様が実際のきずの幅よりも拡大されており，非常に微細なきずでも検出できる方法である。表面が閉ざされていても直

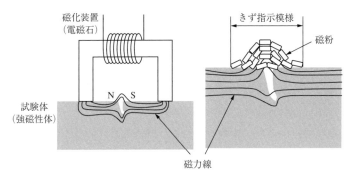

図 8.2　磁粉探傷試験の原理[2]

下のきずは検出できるが，適用できる材料は強磁性体，すなわち磁石に吸着する材料である炭素鋼，低合金鋼などに限られ，アルミニウム合金，オーステナイト系ステンレス鋼のような非磁性体の試験には適用できない。

蛍光を発する磁粉を用いて暗所で紫外線照射灯（ブラックライト）を当てて観察する方法と，非蛍光で試験体表面とコントラストが得られやすい色の磁粉，例えば金属光沢をもつ場合には黒色の磁粉を用いて，明るい場所で観察する方法がある。蛍光磁粉の方がより微細な割れを検出できるが，屋外で昼間にこの方法を用いる場合は，暗幕を張るなどして試験する場所を暗くする必要がある。

〔2〕溶接部への適用

溶接部に対して磁粉探傷試験を実施する場合，一般に図 8.3 に示す極間法と

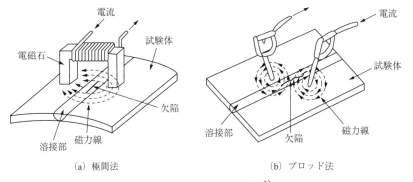

(a) 極間法　　　　　　　　　(b) プロッド法

図 8.3　溶接部の磁化方法[1]

プロッド法のいずれかの磁化方法が適用される。極間法では電磁石を用いて試験体を直接磁化させるのに対して、プロッド法では試験体に電気を流すことによってその周りに生じる磁界を利用する。両者の特徴をまとめて**表8.3**に示す。プロッド法はアークストライクの恐れがあることから、溶接部の試験には一般に極間法が用いられることが多い。

極間法とプロッド法のいずれの場合も、磁束をさえぎる方向にきずがあると検出されやすい。**図8.4**に極間法で磁極を結んだ直線ときずの方向とのなす角 θ が変化したときのきずの検出状況を示す。明らかに θ が大きく、磁束の方向

表8.3 溶接部の磁粉探傷試験に用いられる磁化方法の特徴

磁化方法	特　徴
極間法	①一般に交流電磁石を用いて試験体を直接磁化させる方法であるため、アークストライクによる損傷の心配がない。 ②装置の取り扱いが比較的簡単である。 ③通常商用電源を用いる場合が多く、交流の表皮効果により表面近傍のきずの検出ができるが、数ミリメートル以上の深いところにあるきずの検出は困難である。
プロッド法	①試験体に二つの電極を接触させ電流を流すことによって磁束を形成させるため、電極の接触部でアークストライクを発生しやすく、高張力鋼などの試験には用いないほうが良い。 ②検出しようとするきずの深さや大きさに応じて、直流と交流の選定、電流値の設定により試験条件の調整が可能である。

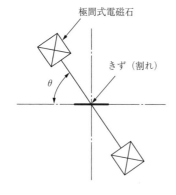

図8.4 磁場の方向ときずの磁粉模様[1]

ときずが直角に近くなるほど指示模様が明瞭になり検出が容易であり，磁束の方向に近いきずは見落とす可能性があることが分かる。このことから，溶接部の磁粉探傷試験を行う場合は，少なくとも直交した2方向（溶接線に直角及び平行）に対して磁化させて探傷する。

8.2.5　浸透探傷試験

〔1〕原理

浸透探傷試験は，表面割れなどのきずに浸透液を染み込ませ，余分な表面の浸透液を除去した後，現像剤を適度に薄く塗布することによりきずの中の浸透

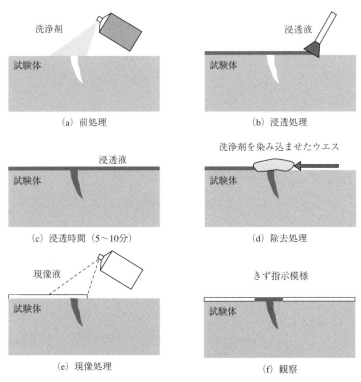

図8.5　浸透探傷試験の手順[2)]

液を染み出させて，拡大したきずの像を得る方法である。一般には赤色の浸透液に対して白色の現像剤を用いて明るいところできずを見やすくする方法と，蛍光を発する浸透液を用いて暗所で紫外線照射灯（ブラックライト）を当てて観察する方法がある。浸透探傷試験は，磁粉探傷試験の試験対象が強磁性体に限られるのとは異なり，セラミックス，プラスチックなど非磁性体を含む固体材料全般に適用可能であるが，検出できるきずは表面に開口したものに限られる。浸透液の種類，除去方法及び現像方法によっていくつかの方法に分けられ，一般には，赤色の染色浸透液，溶剤による除去処理及び速乾式現像法を組み合わせる方法が最も多く用いられる。その手順を，**図 8.5** 及び以下に示す。

①前処理：試験体の表面及びきずの内部を洗浄液で清浄にした後，速やかに乾燥させる（図 8.5 (a)）。

②浸透処理：試験対象部に浸透液を刷毛で塗ったりスプレーで吹き付けて（図 8.5 (b)），その後一定時間放置してきず内部に浸透液を浸透させる（図 8.5 (c)）。

③除去処理：きず内部のみに浸透液が残るように，洗浄剤を含ませたウエス（布切れ）で表面の余分な浸透液をふき取る（図 8.5 (d)）。

④現像処理：スプレー式の速乾式現像剤を試験体表面に吹き付け，表面に薄い現像剤の膜を形成させる（図 8.5 (e)）。

⑤観察：きず内部の浸透液が現像剤の薄膜に染み出していく状況を観察する（図 8.5 (f)）。

〔2〕 溶接部への適用

溶接部に対して浸透探傷試験を適用する場合は，図 8.5 に示した溶剤除去性染色浸透液と速乾式現像法を組み合わせて用いる探傷法が一般的である。この方法は，電気や水道などの設備が不要で，非常に簡便に行えるという利点を有している。ただし，試験を行うに当たって最も問題となるのは表面状況である。ビードの凹凸が著しい場合や止端部の形状によっては浸透液がたまりやすく，除去処理が困難となる場合がある。このような箇所に対してはできる限りていねいに除去処理を行わなければならない。

溶接部に対して磁粉探傷試験及び浸透探傷試験を適用し，両者の結果を比較した例を**写真 8.1** に示す。上の写真は極間法で磁化させて蛍光磁粉を用いた場合の結果であり，下の写真は赤色の染色浸透液を用いて速乾式現像法により白

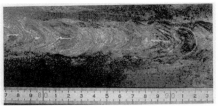

(a) 磁粉探傷試験（MT）結果の例（湿式蛍光磁粉を用いた極間法）

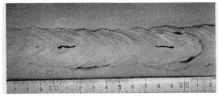

(b) 浸透探傷試験（PT）結果の例（速乾式現像法による溶剤除去性染色浸透探傷試験）

写真 8.1　溶接部の表面きずの検出状況[3]

色の現像剤でバックグランドを形成させたものである。いずれも，溶接ビード中央で溶接線に沿って断続的に割れ状の指示が見られるが，磁粉探傷試験では左側の小さなきずまで明瞭に観察されている。また，浸透探傷試験では溶接ビード形状による疑似指示と推定される指示模様が見られる。

8.2.6　放射線透過試験

〔1〕原理

　放射線透過試験は，図 8.6 のように X 線又は γ（ガンマ）線を試験体に照射して透過した放射線を反対側に配置したフィルムで検出して，ブローホールや割れなどの不連続部を撮影する方法である。放射線は透過する厚さが大きくなるほど弱くなるが，ブローホールや割れなどは空隙（くうげき）であるため，健全部よりも放射線が強く透過してその部分が黒い像として現れる。逆に内部に密度の大きい物質が存在すると白い像として現れる。このように試験結果が平面画像として得られ，きずの形状・寸法，種類などの推定が可能であるが，きずの深さ方向の位置は分からない。その他の短所としては，試験体を挟んで線源とフィルムを配置する必要があること，通常の方法では，フィルムを現像するまで結果

356　第8章　非破壊試験

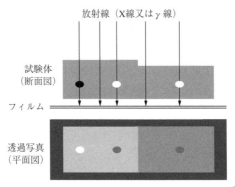

図 8.6　放射線透過試験 (RT) によるきずの検出[4]

が分からないことなどがあげられる。

　放射線透過試験には，周波数が高く波長の短い電磁波であるX線とガンマ線が線源として用いられるが，これらはいずれも電離放射線であり，使用に際して法的規制を受け特別な資格を有する主任者がいなければ作業を実施することができない。また，試験を実施する場合には，管理区域を設けて部外者が立ち入らないように表示を行う必要があり，同じ区域内で他の作業と同時に行うことができない。X線発生装置を用いて放射線透過試験を行う場合は通常持ち運びするときに規制を受けることはないが，ガンマ線の場合は放射線同位元素を用いるため，その保管管理に十分留意する必要があり，移動運搬に際しても，届出，表示などの申請が必要である。

〔2〕溶接部への適用

　溶接部の放射線透過試験を実施した場合，通常余盛のある部分は母材部より厚いため，透過する放射線は弱くなり，透過写真上で溶接ビードは白く観察される。一方，ブローホールや割れなどの溶接部に発生するきずは，透過写真上で黒い像として観察される。

　図 8.7 に，放射線透過試験で検出されたきずの例を示す。放射線が透過する方向に厚さの差がある場合に検出されやすく，ブローホール，スラグ巻込みなど体積をもつものが検出されやすい。それに対して溶込不良や融合不良のような面状のきずに対しては，その面に平行に放射線が透過すると検出されやすい。溶接部に対する放射線透過試験の撮影配置の一例を図 8.8 に示す。きずを的確

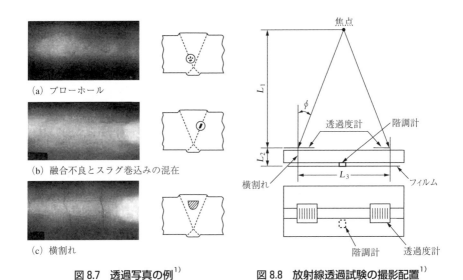

図8.7　透過写真の例[1]　　　図8.8　放射線透過試験の撮影配置[1]

に検出するには，透過写真の品質すなわち像質が良くなければならない。良好な像質の透過写真を撮影するために，JIS Z 3104：1995「鋼溶接継手の放射線透過試験方法」では，以下の通り，撮影配置及び透過写真の必要条件を規定している。

撮影配置については，きずの像がぼけないように，L_2に対してL_1の値を十分に大きくすること，また溶接線方向の端になるほど放射線の透過方向は斜めになることから，例えば横割れに対する検出能力が低下しないように，L_3に対してL_1を十分に大きくしてϕの値が小さくなるように配置して撮影することが規定されている。

また，撮影された透過写真の良否を判定する目的で，図8.8に示すように透過度計（太さの異なる細い針金を入れたプラスチックのケース）や階調計（板厚1〜4 mm，15〜25 mm角の鋼片）を同時に撮影し，規定された太さの透過度計の針金像が観察されること，階調計の部分と試験体の母材部とのフィルム濃度の差が所定の値を満足することが要求される。さらに，フィルムの濃度が濃すぎても薄すぎても像質が低下するため，試験範囲全体において所定の濃度範囲にあることが要求される。このような必要事項が満たされて初めて透過写真として認められ，これらを満足しない透過写真を用いてきずの評価や判定

を行ってはならない。

〔3〕試験結果の評価方法

　得られた透過写真上のきずの評価基準は，JIS Z 3104：1995 の附属書 4 に規定されている。まず，透過写真上で観察されるきずに対して，**表 8.4** に従ってきずの種別分けを行い，第 1 種及び第 4 種のきずに対しては，特定の視野内におけるきずの数と大きさから点数をつける。また第 2 種のきずに対してはその長さを，さらに連続して存在する場合はそれらの間隔を考慮してきず群の長さを測定する。これらのきずの点数や長さによって軽微なものから順に 1 類から 4 類まで分類して評価を行う。ただし，第 3 種のきずは全て 4 類に分類される。どのレベルまでを合格にするかは，適用される法規や仕様書などにおいて規定される。

表 8.4　鋼溶接部の放射線透過試験の評価に用いられるきずの種別

(JIS Z 3014：1995　附属書 4　抜粋)

きずの種別	きずの種類
第 1 種	丸いブローホール及びこれに類するきず
第 2 種	細長いスラグ巻込み，パイプ，溶込み不良，融合不良及びこれに類するきず
第 3 種	割れ及びこれに類するきず
第 4 種	タングステン巻込み

8.2.7　超音波探傷試験

〔1〕原理

　超音波探傷試験は，超音波パルスを試験体に伝搬させ，きずや裏面などから反射したパルスを電気信号に変換してその信号の大きさや伝搬時間を用いて，きずを検出し評価する方法である。**図 8.9** (a) は，きずがない試験体を垂直探傷した状況を示しており，送信パルス T と裏面からのエコー B のみが表示器上に現れる。表示器の横軸である時間は，探触子（試験体表面）から試験体裏面までの距離すなわち厚さに比例するので，B の位置を読み取ることにより材料の厚さ測定ができる。(b) のように球状のきずが存在すると，T と B の信号

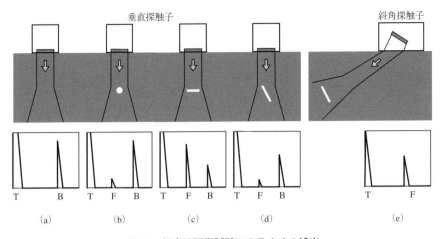

図 8.9　超音波探傷試験によるきずの検出

の間にきずエコー F が現れるが，この場合超音波は四方八方に散乱して反射するためあまり大きな信号としては受信されない。このためきずエコー F は小さく，裏面からのエコー B は大きく表示される。F エコーの位置からきず深さが推定できる。(c) のように表面に平行な広がりをもつきずの場合は，超音波は強く反射し大きなきずエコー F が現れ，この陰となって裏面のエコー B は小さくなる。(d) ように傾いたきずの場合は，超音波は入射方向とは別の方向に反射するためきずエコー F は小さくなり，きずエコーが検出されない場合もある。このような場合は，(e) のように斜角探傷法とよばれる方法で超音波を斜め方向に伝搬させることによって，大きなきずエコー F が得られる。きずがなければ，斜角探傷法では裏面に当たった超音波は探触子とは反対方向へ進んでいき戻ってこないため，裏面からのエコー B は現れない。

　超音波探傷試験では，一般に反射法が用いられ，超音波の送信と受信を同一の探触子で行うため，片面からの試験が可能であること，また試験結果がその場ですぐに分かることが大きな長所である。しかし，図 8.9 に示すように試験結果が表示器上の電気信号の波形として得られるため，きずの形状，大きさ及び種類の判別が困難である。また，材料によっては超音波が伝搬しにくいオーステナイト系ステンレス鋼溶接部のようなものや，厚さが薄いもの，複雑な形状のものなど試験が困難なものもある。

〔2〕溶接部への適用

溶接継手の超音波探傷試験では，継手形状によってその適用方法が異なる。一般に，図 8.10 に示すように，突合せ継手に対しては斜角探傷法を，T 継手や角（かど）継手に対しては垂直探傷法と斜角探傷法も適用でき，多くの場合これらを併用する。

溶接部に余盛がある突合せ継手に対しては，図 8.10 (a) に示すように母材の表面から斜めに超音波を入射させる斜角探傷法が適用される。きずを見落とすことなく検出するためには，いくつかの方向から超音波を入射させることが

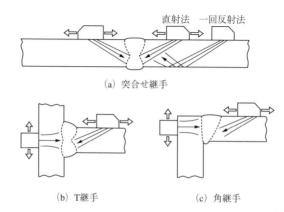

図 8.10　各溶接継手に対する超音波探傷試験の適用方法[1]

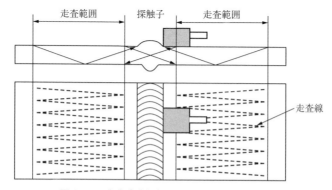

図 8.11　ジグザグ走査による溶接部全体の探傷

望ましい。このため溶接部をはさんで両側から探傷するのが基本であり，母材が厚い場合は板の両面から探傷する。母材が薄い場合は，図 8.10 (a) のように，片面両側から直射法と一回反射法で探傷する。図中の白い矢印で示すように探触子を前後に移動させること（前後走査）により，溶接部の断面全体に超音波を伝搬させることができる。さらに，この前後走査を繰返しながら，**図 8.11** のように溶接線方向へ探触子を移動（ジグザグ走査）させることによって，溶接部全体を試験できることになる。

余盛を削除すれば突合せ継手に対しても垂直探傷法を適用することも可能であるが，溶接部で有害な板厚方向に伸びたきずの検出は困難であることを考慮する必要がある。

斜角探傷法では，超音波の伝搬距離は，**図 8.12** に示すように斜めに伝搬した超音波の経路が表示器上に現れる。したがって，反射源の位置は幾何学的に計算又は作図で求める。

溶接部に発生するきずのうち，ブローホールのような球状の場合は，超音波

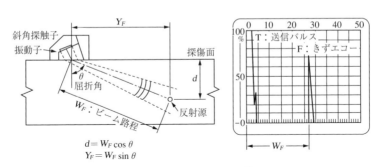

図 8.12　斜角探傷の原理[1)]

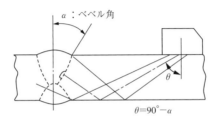

図 8.13　開先面の融合不良の検出[1)]

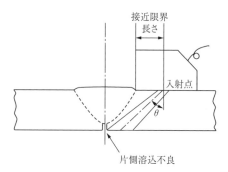

図 8.14　余盛付き溶接部の片側溶込不良の検出[1]

が散乱して反射するため大きな信号が期待できない。このため，融合不良や溶込不良のような面状のきずが主として検出対象とされる。ただし，この場合きずの面にできる限り垂直に超音波が入射すること，きずの位置に超音波が伝搬することが必要である。

例えば，開先面の融合不良を検出しようとする場合は，図 8.13 に示すように超音波がベベル面に垂直に入射するように伝搬方向を決める必要がある。また，図 8.14 のように溶込不良を検出する場合は，余盛が邪魔になり超音波がきずに届かないことがあるため，屈折角 θ が十分に大きな探触子を選定する必要がある。このような場合，代表的な屈折角としては $\theta = 70°$ が多く用いられる。

〔3〕試験結果の評価方法

鋼溶接部の超音波探傷試験は，通常 JIS Z 3060：2015「鋼溶接部の超音波探傷試験方法」に従って行われる。この規格では上記のような探触子の配置や試験条件について規定しており，さらに，得られた結果を用いたきずの評価方法は，上記 JIS の附属書 G に規定されている。

まず，対象とする溶接部全域に超音波が伝搬するように探触子を走査させ，規定されるエコー高さレベル（検出レベル）を超えるエコーを検出する。次に，そのエコー高さが最大となるように探触子を走査して，そのときの探触子位置及びビーム路程からきずの位置を推定する。さらに探触子を溶接線方向に左右に走査してエコー高さが所定の高さを超える範囲をきずの指示長さとして求

め，エコー高さときずの指示長さによって，軽微な順に1類から4類まで分類して評価を行う．どのレベルまでを合格にするかは，適用される法規や仕様書などにおいて規定される．

8.2.8 その他の試験方法

　上記の試験方法はすでに規格・基準などでその手法が標準化されており，溶接構造物の非破壊試験において広い分野で実績を上げている．この他に，品質管理やメンテナンスに表8.5に示す試験方法が用いられている．

　まず，コイルに電流を流したときに生じる磁界によって試験体に渦電流を発生させ，きずにより乱れた渦電流のインピーダンス変化によってきずを検出する渦電流探傷試験（ET）がある．溶接部の試験に用いられることは稀であるが，非接触で電気信号として結果が得られるので，軸やチューブなどを高速で試験するのに適している．

　また，電気抵抗ひずみゲージなどを用いて構造物に加わる応力を解析するひずみゲージ試験（ST），ヘリウムなどのガスを容器や配管の内部に注入して漏れを調べる漏れ試験（LT），材料や構造物に外力が加わったときあるいは亀裂が進展するときに発生する音を検知するアコースティック・エミッション試験（AT），赤外線を用いて構造物の表面温度を遠隔で測定してその健全性を評価する赤外線サーモグラフィ試験（TT）などがある．

　さらに非破壊試験には分類されないが，容器などに内圧を加えたときの損傷や変形の状況を調べる耐圧試験（PRT）も構造物の評価に用いられる場合がある．

表8.5　その他の試験方法

試験方法	略　称	英文名称
渦電流探傷試験	ET	Eddy Current Testing
ひずみゲージ試験	ST	Strain Gauge Testing
アコースティック・エミッション試験	AT	Acoustic Emission Testing
耐圧試験	PRT	Pressure Testing
赤外線サーモグラフィー試験	TT	Infrared Thermography Testing
漏れ試験	LT	Leak Testing

364　第8章　非破壊試験

これらの試験の目的，対象物の状況や環境などを考慮して，適した方法を選出することが重要である。

8.2.9　各種非破壊試験方法の特徴の比較

上記に示した各種の非破壊試験方法のうち，特に溶接部の試験に用いられる，放射線透過試験（RT），超音波探傷試験（UT），磁粉探傷試験（MT）及び浸透探傷試験（PT）の，それぞれの長所と短所を比較して表 8.6 に示す。

表 8.6　各種非破壊試験方法の特徴[4]

方法	長所	短所
磁粉探傷試験（MT）	・比較的経済的 ・操作が容易 ・装置がポータブル ・表面に非開口の欠陥も検出可	・強磁性体以外には適用不可 ・試験前後の洗浄が必要 ・磁化方向の決定に欠陥の方向の考慮が必要
浸透探傷試験（PT）	・携帯性がよく経済的 ・試験結果の評価が容易 ・照明以外の電源が不必要 ・欠陥の形状及び方向性の影響なし	・表面に非開口の欠陥は検出不可 ・表面にコーティング，スケールなどがある場合には適用不可 ・試験前後の洗浄が必要 ・浸透後の過洗浄や洗浄不足に注意が必要
放射線透過試験（RT）	・ポロシティ，スラグ巻込みなどの立体状欠陥の検出が容易 ・表層部欠陥の検出も可能 ・透過写真上できずの種類の推定が可能 ・記録性が良好	・試験体の両面に接近できる必要有 ・面状欠陥で照射方向と欠陥面が平行でない場合には検出困難 ・消耗品（フィルムなど）が高価 ・観察までに現象時間が必要 ・放射線は人体に有害であり，作業に当たって管理区域を設けるなど取扱いに注意が必要
超音波探傷試験（UT）	・割れなど面状欠陥の検出可 ・片面からの探傷が可能 ・欠陥の板厚方向の位置・寸法の測定が可能 ・試験結果の即答性が良好 ・厚板の探傷も可能 ・T継手やかど継手の探傷も可 ・消耗品が少なく経済的	・ブローホールなど球状欠陥の検出が困難 ・表面状態の影響を受け易い ・接触媒質が必要 ・薄板の探傷には不適 ・欠陥の種類判別が困難 ・記録性に劣る ・探傷技術者の熟練が必要

《引　用　文　献》

1) 溶接学会・日本溶接協会編：新版改訂　溶接・接合技術入門 2019，産報出版
2) 横野：溶接接合教室 溶接施工管理 4-4 溶接・接合部の非破壊試験法と検査，溶接学会誌 78-3（2009），37-47
3) 鉄鋼材料の磁粉及び浸透探傷試験による欠陥指示模様の参考写真集，(社) 日本非破壊検査協会
4) 溶接学会・日本溶接協会編：溶接・接合技術総論，2015，産報出版

《本章の内容を補足するための参考図書》

溶接学会・日本溶接協会編：新版改訂 溶接・接合技術入門，2019，産報出版

付録1. 鋼材の製造工程

次の図は，鉄鉱石から各種製品に至る，鉄鋼製品の製造工程を図示したものである。

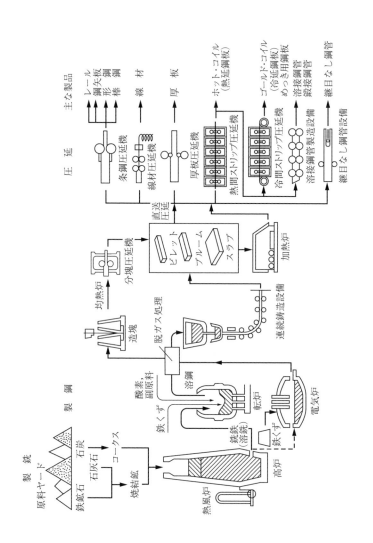

付図1　鉄鋼の製造工程の概要

付録 2. 溶接構造物に使用される圧延鋼材の JIS

次の表は，主要な低炭素鋼材の規格，JIS G 3101:2024「一般構造用圧延鋼材」(SS 材)，JIS G 3106:2024「溶接構造用圧延鋼材」(SM 材)，JIS G 3136:2022「建築構造用圧延鋼材」(SN 材) から抜粋して比較したものである。

高張力鋼については，JIS G 3106 に SM520 及び SM570 が，それより強度の高い高張力鋼は，JIS G 3128:2021「溶接構造用高降伏点鋼板」などに規格化されている。

付表 1(a) SN 材と SS 材，SM 材の化学成分の比較

強度区分	JIS区分	種類の記号	C 厚さ6 ≦ (mm) ≦50	C 50< ≦100	Si	Mn	P	S	C_{eq}(%) 厚さ6 ≦ (mm) ≦40	C_{eq}(%) 40< 100	溶接割れ感受性組成 P_{CM}(%)
400 N/mm² 級鋼	JIS G 3136 (SN材)	SN400A	≦0.24	—	—	—	≦0.050	≦0.050	—	—	—
		SN400B	≦0.20[a]	≦0.22	≦0.35	0.60 ~1.50	≦0.030	≦0.015	≦0.36		≦0.26
		SN400C					≦0.020	≦0.008			
	JIS G 3101 (SS材)	SS400	—	—	—	—	≦0.050	≦0.050	—	—	—
	JIS G 3106 (SM材)	SM400A	≦0.23	≦0.25	—	2.5C≦	≦0.035	≦0.035	—	—	—
		SM400B	≦0.20	≦0.22	≦0.35	0.60 ~1.50			—	—	—
		SM400C	≦0.18						—	—	—
490 N/mm² 級高張力鋼	JIS G 3136 (SN材)	SN490B	≦0.18[a]	≦0.20	≦0.55	≦1.65	≦0.030	≦0.015	≦0.44[b]	≦0.46[c]	≦0.29[b,c]
		SN490C					≦0.020	≦0.008			
	JIS G 3101 (SS材)	SS490	—	—	—	—	≦0.050	≦0.050	—	—	—
	JIS G 3106 (SM材)	SM490A	≦0.20	≦0.22			≦0.035	≦0.035	b), c)		b), c)
		SM490B	≦0.18	≦0.20	≦0.55	≦1.65			b), c)		b), c)
		SM490C	≦0.18						b), c)		b), c)
		SM490YA	≦0.20		≦0.55	≦1.65	≦0.035	≦0.035	b), c)		b), c)
		SM490YB									

a) SN400C 及び SN490C の鋼板については，厚さ 16mm 以上 50mm 以下
b) 熱加工制御を行った厚さ 50mm 以下の鋼板については，$C_{eq} \leq 0.38\%$，$P_{CM} \leq 0.24\%$
c) 熱加工制御を行った厚さ 50mm を超え，100mm 以下の鋼板については，$C_{eq} \leq 0.40\%$，$P_{CM} \leq 0.26\%$

付表 1(b) SN 材と SS 材, SM 材の機械的性質及び超音波探傷試験の比較

強度区分	JIS区分	種類の記号	降伏点または耐力 N/mm² (鋼材の厚さ mm) 6 ≦ <12	12 ≦ <16	16	16 < ≦40	40 < ≦100	引張強さ N/mm²	降伏比 %	伸び % (鋼材の厚さ mm) 1A号 ≦16	1A号 16< ≦50	4号 40<	シャルピー vE₀ J [d]	厚さ方向絞り %	超音波探傷試験
400 N/mm² 級鋼	JIS G 3136 (SN材)	SN400A		235 ≦		215 ≦		400 ～510	—	17 ≦	21 ≦	23 ≦	—	—	—
		SN400B	235 ≦		235 ～355	215 ～335			≦80YP 上限規定のあるもの	18 ≦	22 ≦	24 ≦	27 ≦		13 ≦ t につい てオプション
		SN400C	—	—										25 ≦	JIS G 0901 等級 Y
	JIS G 3101 (SS材)	SS400							—	17 ≦	21 ≦	23 ≦	—	—	—
	JIS G 3106 (SM材)	SM400A	245 ≦		235 ≦	215 ≦		400 ～510	—	18 ≦	22 ≦	24 ≦	—		13 ≦ t につい てオプション
		SM400B											27 ≦		
		SM400C											47 ≦		
490 N/mm² 級高張力鋼	JIS G 3136 (SN材)	SN490B	325 ≦		325 ～445	295 ～415		490 ～610	≦80YP 上限規定のあるもの	17 ≦	21 ≦	23 ≦	27 ≦		13 ≦ t につい てオプション
		SN490C	—	—										25 ≦	JIS G 0901 等級 Y
	JIS G 3101 (SS材)	SS490	285 ≦		275 ≦	255 ≦		490 ～610	—	15 ≦	19 ≦	21 ≦	—	—	—
	JIS G 3106 (SM材)	SM490A	325 ≦		315 ≦	295 ≦			—	17 ≦	21 ≦	23 ≦	27 ≦		13 ≦ t につい てオプション
		SM490B													
		SM490C											47 ≦		
		SM490YA	365 ≦		355 ≦	e)		490 ～610	—	15 ≦	19 ≦	21 ≦	—		13 ≦ t につい てオプション
		SM490YB											27 ≦		

d) 厚さ 12mm を超える鋼材
e) 40 < t ≦ 75 : 335 ≦, 75 < t ≦ 100 : 325 ≦

付録 3　369

付録 3. アーク溶接作業に関わる法令等

　アーク溶接作業に関わる日本国内における法令について参考として示す。なお，すべての法令を網羅していないので，作業環境に応じて必要となる法令を確認し，最新の法令を必ず参照し必要な措置を行うことが重要である。

付表 2　アーク溶接電源の設置・接続に関わる法令

関連する法規・条項		内容（概要）
電気設備に関する技術基準を定める省令	第 10 条	電気設備の接地
	第 15 条	地絡に対する保護対策
電気設備の技術基準の解釈について	第 17 条	接地工事の種類及び施設方法
	第 29 条	機械器具の金属製外箱等の接地
	第 36 条	地絡遮断装置の施設
	第 190 条	アーク溶接装置の施設 2 次側電路（溶接用ケーブル），D 種接地工事 　（一次電圧 400V の場合は C 種接地工事）
労働安全衛生規則	第 325 条	強烈な光線を発散する場所：区画と保護具
	第 331 条	溶接棒等のホルダー 　必要な絶縁効力及び耐熱性を有する
	第 332 条	交流アーク溶接機用自動電撃防止装置 船舶の二重底，タンク内部，高さが 2m 以上の場所
	第 333 条	漏電による感電の防止
	第 352 条	電気機械器具等の使用前点検等 その日の使用を開始する前 溶接棒等のホルダー，溶接機用自動電撃防止装置，漏電遮断装置，接地
労働安全衛生規則 第 36 条 （特別教育を必要とする業務） 第 38 条 （特別教育の記録の保存）		特別教育を必要とする業務 第 4 号　低圧の充電電路の敷設若しくは修理の業務又は配電盤室，変電室等区画された場所に設置する低圧の電路のうち充電部分が露出している開閉器の操作 事業者は記録を作成し，これを 3 年間保存しておかなければならない。
安全衛生特別教育規程 第 6 条（電気取扱業務に係る特別教育）		第 1 号　学科教育及び実技教育により行う。
電気工事士法		接地工事は電気工事士の資格を有する人が法規に従い接地工事を行う。
労働安全衛生法　第 44 条の 2 （型式検定を受けるべき機械等） 労働安全衛生法施行令 第 14 条の 2		第 9 号　交流アーク溶接機用自動電撃防止装置

付表3(1) アーク溶接作業等に関わる法令

関連する法規・条項		内容(概要)
労働安全衛生規則 第35条(雇入れ時等の教育)		事業者は,労働者を雇い入れ,又は労働者の作業内容を変更したときは,遅滞なく,従事する業務に関する安全又は衛生のための教育を行う。
第36条 (特別教育を必要とする業務)		特別教育を必要とする業務 第1号 研削といしの取替え又は取替え時の試運転 第3号 アーク溶接機を用いて行う金属の溶接,溶断など
第38条 (特別教育の記録の保存)		事業者は記録を作成し,これを3年間保存しておかなければならない。
安全衛生特別教育規程 第4条(アーク溶接等の業務に係る特別教育)		第1号 学科教育及び実技教育により行う。
労働安全衛生規則 第40条(職長等の教育)		危険性又は有害性等に係る措置,異常時等における措置,その他現場監督者として行うべき労働災害防止活動に関すること
労働安全衛生規則	第279条	危険等がある場所における火気等の使用禁止
	第285条	油類等の存在する配管又は容器の溶接等
	第286条	通風等の不十分な場所での溶接等
	第288条	立入禁止等
労働安全衛生法施行令 別表第3 　33 　34の2 別表第6 別表第6の2 別表第6		特定化学物質 　第2類物質 マンガン及びその化合物 　第2類物質 溶接ヒューム 酸素欠乏危険場所 有機溶剤 酸素欠乏危険場所
酸素欠乏症等防止規則	第11条	酸素欠乏危険作業主任者技能講習の修了者からの作業主任者の選任と任務
	第12条	酸素欠乏危険作業に従事する際の特別教育 (酸素欠乏危険作業特別教育規程)
	第21条	溶接に係る措置:通風が不十分な場所では酸素濃度を18%以上に保つように換気又は空気呼吸器等の使用
労働安全衛生規則	第576条	有害原因の除去 有害な光線,高温,高熱,騒音,振動を除去
	第577条	ガス等の発散の抑制等 空気中のガス,蒸気又は粉じんの発散抑制
	第585条	立入禁止等
	第593条	呼吸用保護具類等
	第595条	騒音障害防止用の保護具
	第596条	保護具の数等
	第648条	特定元方事業者等に関する特別規制 交流アーク溶接機についての措置

付表3(2) アーク溶接作業等に関わる法令

関連する法規・条項	内容（概要）
粉じん障害防止規則	局所排気装置や全体換気装置の設置，呼吸用保護具の使用，休憩設備の設置，清掃の実施
令和5年3月30日付け基発0330第3号 第10次粉じん障害防止総合対策	呼吸用保護具の使用の徹底及び適正な着用 アーク溶接作業に係る粉じん障害対策防止 じん肺健康診断の着実な実施 離職後の健康管理
じん肺法 第7条（就業時健康診断） 第8条（定期健康診断） 第9条2（離職時健康診断）	じん肺に関し，適正な予防及び健康管理その他必要な措置
じん肺法施行規則 第2条　別表	該当する労働者の健康管理 20　屋内，坑内又はタンク，船舶，管，車両等の内部において，金属を溶断し，又はアークを用いてガウジングする作業 20の2　金属をアーク溶接する作業 21　金属を溶射する場所における作業
労働安全衛生規則 第12条の5 第12条の6 （保護具着用管理責任者の専任等） 第12条の6第2項 第34条の2の7	化学物質管理者が管理する事項等 労働者に保護具を使用させるときは，保護具着用管理責任者を選任する。 保護具に関する知識及び経験を有すると認められるうちから選任する。 リスクアセスメントの実施時期等
令和4年5月31日付け基発第0531第9号 第4の1 第4の2(2)	化学物質管理者の選任、管理すべき事項等 ラベル・SDS等、リスクアセスメント 保護具着用管理責任者に対する教育実施要領
特定化学物質障害予防規則 第12条の2 第21条 第24条 第25条 第27条 第27条の2 第28条 第37条 第38条 第38条の2 第38条の21第1項 第38条の21第2項から第4項，第10項 第38条の21第5項から第8項	ヒュームで汚染されたウエス等は，ふたをした不浸透性容器に納める。 作業場の床は不浸透性のものとする。 「関係者以外の立入禁止」を表示する。 漏れたりこぼれたりしない堅固な容器を使用し，保管場所を定める。 特定化学物質作業主任者の選任 金属アーク溶接等作業主任者の選任 特定化学物質作業主任者の職務 作業場以外でヒュームが入らないところに休憩室を設ける。 洗眼，うがいのための設備を設置する。 作業場での喫煙・飲食を禁止し，表示する。 全体換気装置による換気等 溶接ヒューム濃度の測定 「個人ばく露測定」は十分な知識と経験を持つ「第1種作業環境測定士」や「作業環境測定機関」が行なうことが望ましい。 呼吸用保護具の使用，選定

第38条の21第9項	呼吸用保護具の適切な装着の確認
第38条の21第11項	屋内作業場の床等は毎日1回以上掃除する。
第39条から第42条	特殊健康診断の実施，5年間の保存
第43条	呼吸用保護具
第45条	保護具の数等
労働安全衛生法　第42条 (譲渡等の制限等) 労働安全衛生法施行令　第13条	第5号　防じんマスク（ろ過材及び面体を有するものに限る。）
労働安全衛生法　第44条の2 (型式検定を受けるべき機械等) 労働安全衛生法施行令 第14条の2	第5号　防じんマスク（ろ過材及び面体を有するものに限る。）
平成17年7月29日付け基安発第0729001号	熱中症の予防対策におけるWBGTの活用について
平成21年6月19日付け基発第0619001号	職場における熱中症の予防について

付表4　ガス溶接・溶断作業等に関わる法令

関連する法規・条項	内容（概要）
労働安全衛生法 第76条（技能講習） 別表第18 第77条（登録教習機関）	学科講習又は実技講習によって行う。 第28号　ガス溶接技能講習 教習機関の登録
労働安全衛生規則 第79条（技能講習） 別表第6（講習科目） 第81条（技能講習修了証）	学科講習，実技講習 技能講習終了証の交付
ガス溶接技能講習規程	通風等による爆発又は火災の防止 　通風，換気，除じん等の措置
労働安全衛生規則　第261条	通風等による爆発又は火災の防止 　通風，換気，除じん等の措置
労働安全衛生規則　第263条	ガス等の容器の取扱い

付表5 産業用ロボットに関わる法令

関連する法規・条項	内容(概要)
労働安全衛生規則第36条(特別教育を必要とする業務)	特別教育を必要とする業務 第31号 産業用ロボットの教示等に係る機器の操作 第32号 産業用ロボットの検査,修理,調整等に係る機器の操作
第38条(特別教育の記録の保存)	事業者は記録を作成し,これを3年間保存しておかなければならない。
労働安全衛生規則	第150条の3 教示等
	第150条の4 運転中の危険の防止
	第150条の5 検査等
	第151条 点検
安全衛生特別教育規程 第18条 第19条	産業用ロボットの教示等の業務に係る特別教育 産業用ロボットの検査等の業務に係る特別教育
昭和58年9月1日 技術上の指針公示第13号	産業用ロボットの使用等の安全基準に関する技術上の指針
平成19年7月31日付け基発第0731001号	機械の包括的な安全基準に関する指針
平成25年12月24日付け基発1224第2号	産業用ロボットに係る労働安全衛生規則第150条4の施行通達の一部改正について

付表6 溶接作業に関わる日本溶接協会規格(WES)

WES番号	規格名称
WES 2302	溶接材料の管理指針
WES 2801	ガス切断面の品質基準(英)
WES 7101	溶接作業者の資格と標準作業範囲
WES 7103	鋳鉄のガス溶接作業標準
WES 7104	鋳鉄の被覆アーク溶接作業標準
WES 7105	硬化肉盛被覆アーク溶接作業標準
WES 8101	すみ肉溶接技能者の資格認証基準
WES 8102	溶接士技量検定基準(石油工業関係)
WES 8103	溶接管理技術者認証基準(英)
WES 8105	PC工法溶接技能者の資格認証基準
WES 8106	基礎杭溶接技能者の資格認証基準
WES 8107	溶接作業指導者認証基準(英)
WES 8110	建築鉄骨ロボット溶接オペレータの技術検定における試験方法及び判定基準
WES 8111	建築鉄骨ロボット溶接オペレータの資格認証基準
WES 8201	手溶接技能者の資格認証基準
WES 8205	チタン溶接技能者の資格認証基準
WES 8221	ステンレス鋼溶接技能者の資格認証基準
WES 8241	半自動溶接技能者の資格認証基準

WES 8281-1 WES 8281-2 WES 8281-3	ISO 9606-1に基づく溶接技能者の資格認証基準 －第1部：総則 －第2部：標準溶接施工要領書による認証 －第3部：外観試験及びマクロ試験
WES 9009-1 WES 9009-2 WES 9009-3 WES 9009-4 WES 9009-5 WES 9009-6 WES 9020	溶接，熱切断及び関連作業における安全衛生 第1部：一般 第2部：ヒューム及びガス 第3部：有害光 第4部：電撃及び高周波ノイズ 第5部：火災及び爆発 第6部：熱，騒音及び振動 高出力レーザ溶接及び切断の安全基準
WES-TR2032	各種溶接構造物における溶接部外観に関する基準の例

（英）英訳版あり

《参 考 文 献》

付録1．日本鉄鋼連盟編：鉄ができるまで，1984，日本鉄鋼連盟一部改変
付録2．溶接学会・日本溶接協会編：溶接・接合技術総論，2016，産報出版

《本章の内容を補足するための参考図書》

・日本溶接協会 溶接情報センター編：WE-COMマガジンバックナンバー http：//www-it.jwes.or.jp/we-com_bn.jsp アーク溶接作業の安全と衛生（第1回），Vol.4 (2012.4) から（第7回），Vol.11 (2014.1) まで
・日本溶接協会安全衛生・環境委員会：溶接および溶断の安全・衛生に係る法令，溶接技術 (2003.7)，産報出版，日本溶接協会HP溶接情報センター最新技術情報にて公開
・日本溶接協会ガス溶断部会技術委員会溶断小委員会：熱切断作業の品質と安全講習会テキスト
・芳司：産業用ロボットによる溶接作業の安全対策，溶接技術 (2019.1)，71-74，産報出版

索　引

数　字

0.2%耐力 ……………………………… 331
2電極タンデム方式 …………………… 236

英　字

F値 …………………………………… 341
HAZ …………………………………… 22
K形開先 ……………………………… 45
PDCAサイクル ……………………… 273
PWHT ………………………………… 24
QC七つ道具 ………………………… 274
SI単位 ………………………………… 320
S－N線図 …………………………… 327
T継手 ………………………………… 36
TMCP鋼 ……………………………… 21
V形開先 ……………………………… 44
WPS …………………………………… 278
X形開先 ……………………………… 44

あ

アーク・アイ ………………………… 299
アークストライク ………………… 292, 352
アークセンサ ………………………… 263
アーク電圧フィードバック方式 …… 236
アーク溶接ロボット ………………… 250
亜鉛中毒 ……………………………… 316
アコースティック・エミッション試験 363
アシストガス ………………………… 122
アセチレン ……………… 114, 206, 303, 312
圧縮力 ………………………………… 319
当て板継手 …………………………… 37
後戻りスタート運棒法 … 68, 74, 99, 157, 176
アフタフロー ………………………… 202
アルゴン …………………………… 195, 205
アルミニウム合金 …………………… 223
安全電圧 ……………………………… 61
安全衛生特別教育 …………………… 265

安全係数 ……………………………… 340
安全柵 ………………………………… 266
安全電圧 ……………………………… 299
安全プラグ …………………………… 266
安全率 ………………………………… 340
アンダカット ……………… 29, 167, 349
板厚区分 ……………………………… 51
一元調整 ……………………………… 138
一酸化炭素 ………………………… 305, 315
イナートガス ………………………… 195
入熱 ………………………………… 101, 106
イルミナイト系 ……………………… 68
インターロック ……………………… 261
インバータ制御 ……………………… 137
ウィービング ……… 32, 75, 155, 214, 214
裏当て ………………………………… 43
裏当て金 …………………………… 82, 94
裏当て材 ……………………………… 171
裏当て溶接 …………………………… 43
裏波ビード …………………………… 171
裏波溶接 ……………… 43, 94, 95, 131, 184
裏曲げ ………………………………… 335
上向姿勢 ……………………………… 91
エアプラズマ切断 …………………… 117
エコー高さ …………………………… 362
エレクトロガスアーク溶接 ……… 20, 247
エレクトロスラグ溶接法 ………… 19, 244
塩基性系 ……………………………… 142
円形カット …………………………… 186
エンコーダ …………………………… 257
円弧補間 ……………………………… 259
エンジン溶接機 ……………………… 56
延性 …………………………………… 21
延性破壊 ……………………………… 324
延性破面 ……………………………… 333
鉛直固定管 …………………………… 215
エンドタブ …………………………… 28
応力 ……………………………… 319, 320
応力集中 ………………………… 323, 326
応力集中係数 ………………………… 323

応力度……………………………… 320
応力-ひずみ曲線………………… 331
応力腐食割れ……………………… 328
応力振幅…………………………… 327
オーバラップ…………………… 29, 167, 349
オープンアーク溶接……………… 20
オームの法則……………………… 24
遅れ割れ…………………………… 109
帯状電極…………………………… 237
表曲げ……………………………… 335

か

外観試験…………………………… 348
開先形状…………………………… 344
開先深さ…………………………… 46
階調計……………………………… 357
外力………………………………… 319, 320
ガウジング………………………… 111
化学成分分析……………………… 335
拡散性水素………………… 68, 69, 102, 103
角変形……………………………… 349
重ね継手…………………………… 35
ガスシールドアーク溶接…… 127, 132, 195
ガス切断…………………… 113, 294, 302
ガス溶断…………………………… 311
ガス溶接技能講習………………… 50
ガス流量調整器…………………… 293
硬さ試験…………………………… 335
片振り……………………………… 326
渦電流探傷試験…………………… 363
可動鉄心…………………………… 54
角（かど）継手…………………… 36
可燃物……………………………… 302
上降伏点…………………………… 331
側曲げ……………………………… 335
完全溶込み溶接…………………… 37
乾燥温度…………………………… 70, 290
乾燥回数…………………………… 71
感電………………………………… 298, 306
管理区域…………………………… 356
管理図・グラフ…………………… 277
管理の目的………………………… 297
機械的性質………………………… 329
基準強さ…………………………… 340

帰線………………………………… 41, 59
脚長………………………………… 38, 47
逆ひずみ…………………………… 83, 189
逆火………………………………… 303
キャブタイヤケーブル…… 57, 59, 292, 307
吸収エネルギー…………………… 329, 333
狭あい……………………………… 296, 301
仰角………………………………… 164
凝固割れ…………………………… 33, 108
強磁性体…………………………… 351
強度………………………………… 21
極間法……………………………… 351
許容応力…………………………… 340
許容応力度………………………… 341
許容使用率………………………… 63
許容濃度…………………………… 305
金属組織試験……………………… 336
屈折角……………………………… 362
組合せ溶接………………………… 51
グラビティ溶接法………………… 64
クリーニング作用……… 198, 205, 208, 226
クリープ…………………………… 328
クリープ試験……………………… 336
クレータ…………… 77, 78, 79, 88, 96, 97
クレータ処理……………… 77, 157, 202
クレータ制御機能………………… 157
クレータ割れ……………………… 33, 108
グロビュール移行………………… 131
形状係数…………………………… 109
欠陥度……………………………… 338
検出レベル………………………… 362
現像処理…………………………… 354
減速機……………………………… 257
検定………………………………… 50
高温割れ……………… 33, 108, 229, 238
高合金鋼…………………………… 21
高酸化チタン系…………………… 68
高周波……………………………… 202
高周波発生装置…………………… 200
高所作業…………………………… 296
後進溶接…………………………… 41
高セルロース系…………………… 68
拘束………………………………… 110, 189
後退角……………………………… 155, 176
後退法……………………………… 189

高張力鋼	65, 105, 113	磁粉探傷試験	350
工程内検査	282	絞り	329, 331
工程能力	271, 288	下降伏点	331
降伏	330	斜角探傷法	359
降伏点	329	遮光度番号	301
降伏比	331	シャルピー衝撃試験	332
交流アーク溶接機	53, 60, 292	十字継手	36, 343
交流ティグ溶接	198	収縮孔	173
高力ボルト接合	339	収縮割れ	157
固形フラックス	171	充填材	172
後熱	104	充填フラックス	142
固溶化熱処理	222	周波数	57
混合ガス	128, 143, 149	重力式溶接法	64
コンジットケーブル	133, 134, 139, 293	上級教育	289
コンタクトチップ	48, 135	衝撃試験	332
		衝撃試験温度	145, 148
さ		消耗ノズル式	246
		使用率	58, 62
サーボ制御	256	ショートアーク溶接	130
最終層	85, 88, 90, 93	除去処理	354
サイリスタ制御	137, 200	初心者教育	289
作業標準	272, 279	初層	83, 86, 89, 92
座屈	321, 328	じん肺法	305
座屈変形	321	靭性	21, 222, 224, 325, 332
サブマージアーク溶接	20, 233	心線	64, 73
酸化皮膜	225	浸透液	353
酸素	206, 302, 310	浸透処理	354
酸素欠乏	304, 313	浸透探傷試験	353
酸素欠乏症	305	垂下特性	55, 135, 248
散布図	276	水素源	68, 69
残留応力	24, 187, 336	垂直応力	321
仕上げ層	85	垂直探傷法	360
シールドガス	20, 127, 148, 196	水平固定管	216
シェブロン模様	325	水平すみ肉溶接	167
磁気吹き	26, 27, 159, 236	スカーフ継手	36
事業者	49	ストリンガ	73
シグマ相ぜい化	219, 223	ストレートノズル	115
自己制御作用	136, 236	スパッタ	349
始終端	156	スプレー移行	128, 131
自主管理	282, 288	すみ肉	38, 45, 47
下向姿勢	82, 94, 160, 176, 184	すみ肉継手	37
止端(したん)	40	すみ肉のサイズ	38, 343
止端割れ	34, 109	スライダ	252
自動電撃防止装置	60	スラグ系	142
磁粉	350	スラグ巻込み	32

索引

ぜい化 …………………………… 101, 217
制御装置 ………………………………… 254
生産能力 ………………………………… 271
ぜい性破壊 ………………………… 324, 339
ぜい性破壊試験 ………………………… 336
ぜい性破面 ……………………………… 333
静的強度 ………………………………… 331
静的破壊 ………………………………… 324
静的引張 …………………………… 338, 339
成分分析 ………………………………… 335
赤外線サーモグラフィ試験 …………… 363
せぎり継手 ……………………………… 36
是正処置 …………………………… 286, 289
接地 ………………………… 58, 203, 292
設計応力 ………………………………… 340
切断カーフ ……………………………… 115
切断トーチ ……………………………… 119
セラミックス系 ………………………… 171
セルフシールドアーク溶接 20, 129, 138, 174
遷移温度 ………………………………… 334
前後ウィービング法 ……………… 156, 186
センサ …………………………………… 262
前進角 ……………………………… 155, 167
センシング機能 ………………………… 262
前進溶接 ………………………… 40, 155, 168
せん断応力 ……………………………… 321
せん（剪）断変形 ……………………… 321
線焼き …………………………………… 191
層間温度 ………………………………… 105
層数 ……………………………………… 111
層別 ……………………………………… 276
塑性変形 ………………………… 322, 324, 330
ソリッドワイヤ …………………… 20, 142, 150

た

耐圧試験 ………………………………… 363
ダイアフラム …………………………… 247
対称法 …………………………………… 189
ダイバーゼントノズル ………………… 115
耐摩耗性試験 …………………………… 336
多関節ロボット ………………………… 251
タコジェネレータ ……………………… 257
立向姿勢 …………………………… 86, 164
タック溶接 ………………… 80, 160, 211, 241
タッピング法 …………………………… 72
縦弾性係数 ……………………………… 330
多電極 …………………………………… 236
タングステン電極 ………………… 195, 207
炭酸ガス ………………………………… 148
炭酸ガスアーク溶接 ……………… 20, 128
探触子 …………………………………… 358
弾性変形 …………………………… 324, 330
炭素当量 …………………………… 99, 335
端部処理 ………………………………… 156
短絡 ……………………………………… 95
短絡移行 …………………………… 128, 130, 181
チェックシート …… 276, 278, 282, 291, 294
チタニア系 ……………………………… 142
窒素 ……………………………………… 303
チップ－母材間距離 ……………… 152, 154
千鳥断続 ………………………………… 45
中間層 …………………………… 84, 87, 90, 93
突合せ継手 ……………………………… 35
突合せ溶接継手 …………………… 82, 161
突出し長さ ……………………………… 210
継手効率 ………………………………… 339
超音波探傷試験 ………………………… 358
調質鋼 …………………………………… 105
直応力 …………………………………… 321
直後熱 ……………………………… 103, 109
直線補間 ………………………………… 259
直流ティグ溶接 ………………………… 197
直流被覆アーク溶接機 ………………… 56
直流溶接電源 …………………………… 137
ティーチング …………………… 255, 258
低温用鋼 ……………… 21, 65, 139, 203, 216
低温割れ ………………………… 33, 102, 108
定格出力電流 …………………………… 62
定格使用率 ……………………………… 62
ティグ溶接 ………………… 20, 195, 227
低合金鋼 ………………………………… 21
低水素系 ……………… 66, 68, 70, 97, 99, 109
定速送給 ………………………… 136, 138, 151
定電圧特性 ………………… 135, 236, 248
定電流特性 ………………… 135, 198, 200
手溶接 …………………………………… 64
点火源 …………………………………… 302
電気性眼炎 ……………………………… 299
電極プラス ……………………………… 197

索引　379

電極棒 207, 208
電極マイナス 197
電撃 298
電撃防止装置 60, 296, 308
電源の自己制御作用 136
電防装置 60
点焼き 191
電力 25
電力損失 60
透過度計 357
等脚すみ肉溶接 343
トーチ 118, 132, 207, 255, 293
トーチ角度 155, 164
特性要因図 274
特別教育 49
溶込み 40
溶込不良 31
飛石法 189
トレーサビリティ 291

な

内力 319
梨形ビード 173, 238
梨形割れ 33, 109, 244
肉盛溶接 237
二次災害 297
二相ステンレス鋼 222
日常教育 289
ニュートン 320
ねじり変形 321
ねじりモーメント 321
熱影響部 22, 35, 99, 101
熱中症 304
熱的矯正法 190
ノズル 209
ノズル－母材間距離 152, 153
のど厚 39, 342
伸び 320, 329, 331
ノンガスアーク溶接 20

は

爆発限界 303
爆発性 304, 309

パス間温度 105, 219, 221
パス数 111
破断伸び 331
破面遷移温度 101, 334
パルス 198
パルス移行 132
パルスティグ溶接 198
パレート図 274
ビード形状係数 109
ビード下割れ 34, 109
ビード継ぎ 78, 96, 159
ピーニング 190
ビーム路程 362
非消耗ノズル式 246
ヒストグラム 276
ひずみ 320
ひずみゲージ試験 363
ひずみ取り 190
ビッカース硬さ 335
ピット 30
引張試験 329
引張強さ 329, 331
引張力 319, 337
非破壊検査 347
非破壊試験 347
被覆アーク溶接機 53
被覆アーク溶接棒 64
ヒューム 304
非溶極式 195
疲労限度 327
疲労試験 336, 339
疲労破壊 326, 339
品質管理（QC） 272, 273
品質管理工程表 273, 279, 280
品質保証 269
品質マネジメント 269, 278
フィルム 355
俯角 164
不活性ガス 20, 195, 205
不具合 289
腐食 328
腐食環境暴露試験 336
腐食疲労 329
不適合 269, 286, 289
不適合品の処置 286

380　索　引

不等脚すみ肉·················· 343
部分溶込み溶接················ 38
プラズマアークガウジング········· 113
フラックス·············· 233, 237, 240
フラックス入りワイヤ
　··············· 20, 128, 129, 141, 147, 150
ブラッシング法··················· 72
ブリネル硬さ···················· 335
プリフロー······················ 201
フレア継手······················· 37
フレア溶接······················· 43
ブローホール············ 30, 99, 226, 228
プロセスの妥当性確認············· 278
プロッド法····················· 352
プロパン···················· 114, 310
粉じん障害····················· 304
並列断続························· 45
ヘリ継手························· 37
ポアソン比····················· 320
ボイラー溶接士··················· 51
放射線透過試験·················· 355
防じんマスク··················· 305
保護具·························· 48
保護筒····················· 73, 95, 98
ポジショナ····················· 252
補修溶接··················· 222, 287
ホルダ························· 292
ポロシティ······················ 30
ボンド部················· 23, 35, 101

ま

マグ溶接···················· 20, 128
マクロ組織試験·················· 336
曲げ試験······················· 335
曲げ変形······················· 321
摩擦撹拌接合··················· 229
マニピュレータ·················· 252
ミグ溶接················· 20, 129, 227
ミクロ組織試験·················· 336
無負荷電圧················ 53, 60, 62
メタル系······················· 142
目違い························· 349
メッシュサイズ·················· 240
漏れ試験······················· 363

や

焼入れ·························· 21
焼戻し·························· 21
焼なまし························ 22
焼ならし························ 22
火傷··························· 301
やせ馬························· 328
ヤング率······················· 330
融合不良························ 31
融接························ 19, 35
溶加棒···················· 203, 212
溶極式···················· 127, 136
溶接管理シート············· 278, 282
溶接記号························ 42
溶接金属························ 35
溶接欠陥······················· 338
溶接後検査····················· 285
溶接後熱処理··············· 24, 219
溶接作業環境··················· 296
溶接作業指導者·················· 15
溶接順序······················· 188
溶接施工法試験············· 278, 284
溶接施工要領書············· 278, 279
溶接ひずみ················ 178, 187
溶接深さ···················· 39, 46
溶接の有効長さ················· 342
溶接変形······················· 187
溶接棒乾燥器··················· 292
溶接棒ホルダ···················· 58
溶接用ケーブル·········· 24, 59, 139
溶接ロボット··················· 250
溶接割れ感受性指数·············· 102
溶接割れ感受性組成········· 109, 335
溶着金属························ 35
溶着順序······················· 188
溶融境界部··················· 23, 35
溶融速度··············· 127, 136, 234
溶融池························· 22
横向姿勢············ 89, 165, 177, 215
予熱··················· 81, 102, 104
予防処置·················· 288, 289
余盛高さ······················· 349

ら

ライム系	142
ライムチタニア系	65, 68
リベット接合	339
リモコン接触子	55
両振り	326
臨界電流	131
粒界腐食	221, 222
ルート割れ	34, 109
ルチール系	142
冷却水循環装置	294
レーザ光	121
レーザ切断	121
レーザセンサ	264
レ形開先	44
漏電遮断器	307
労働安全衛生規則	49, 58, 60
労働安全衛生法	62, 265
ロックウェル硬さ	335

わ

ワイヤ送給装置	133, 293
ワイヤタッチセンサ	262
ワイヤ突出し長さ	152, 153, 175
ワイヤねらい位置	161
割れ	349, 351

●産報出版のホームページ
https://www.sanpo-pub.co.jp

―――――――――――――――――――――――――――
新版 溶接実務入門 [増補4版] 手溶接からロボットまで

　　　1996年11月 1 日　　初版第 1 刷発行
　　　2000年11月10日　　初版第 3 刷発行
　　　2002年 5 月30日　　新版第 1 刷発行
　　　2008年 3 月31日　　新版第 3 刷発行
　　　2010年 4 月30日　　増補版第 1 刷発行
　　　2014年 8 月30日　　増補 2 版第 1 刷発行
　　　2020年 4 月10日　　増補 3 版第 1 刷発行
　　　2025年 3 月20日　　増補 4 版第 1 刷発行

　編　　　者　一般社団法人日本溶接協会
　発　行　者　大　　友　　　　亮
　発　行　所　産　報　出　版　株　式　会　社
　〒101-0025　東京都千代田区神田佐久間町 1 丁目11番地
　　　　　　TEL.03-3258-6411／FAX.03-3258-6430

　　　印刷・製本　株 式 会 社 精 興 社
　　　　　定価はカバーに表示しています。

　　　ⓒJWES，2025／ISBN 978-4-88318-193-3 C3057
―――――――――――――――――――――――――――